"十二五"普通高等教育本科国家级规划教材

互换性与测量技术基础

第4版

主　编　周兆元　李翔英
副主编　何小龙
参　编　陈于萍　张　涛
主　审　王树逵

机械工业出版社

随着科学技术的发展，我国新修订、颁布了一批国家标准。本教材的修订主要是针对互换性与测量技术所涉及的有关内容做相应的更新。

本教材共分十一章，内容包括绪论，测量技术基础，尺寸的公差、配合与检测，几何公差与检测，表面粗糙度与检测，圆锥和角度公差与检测，尺寸链基础，光滑极限量规设计，常用结合件公差与检测，渐开线圆柱齿轮传动公差与检测以及计算机在本课程中的应用举例。

本教材可作为本科高等工科院校和高职高专院校机械类各专业教学用书，也可供有关工程技术人员参考。

图书在版编目（CIP）数据

互换性与测量技术基础/周兆元，李翔英主编. —4 版. —北京：机械工业出版社，2018.3（2025.2 重印）

"十二五"普通高等教育本科国家级规划教材

ISBN 978-7-111-58517-6

Ⅰ.①互… Ⅱ.①周… ②李… Ⅲ.①零部件-互换性-高等学校-教材②零部件-测量技术-高等学校-教材 Ⅳ.①TG801

中国版本图书馆 CIP 数据核字（2017）第 283193 号

机械工业出版社（北京市百万庄大街 22 号 邮政编码 100037）
策划编辑：刘小慧 责任编辑：刘小慧 王勇哲 杨 璇
责任校对：王 延 封面设计：张 静
责任印制：单爱军
北京虎彩文化传播有限公司印刷
2025 年 2 月第 4 版第 16 次印刷
184mm×260mm · 16.5 印张 · 367 千字
标准书号：ISBN 978-7-111-58517-6
定价：49.80 元

电话服务　　　　　　　　　　　网络服务
客服电话：010-88361066　　　　机 工 官 网：www.cmpbook.com
　　　　　010-88379833　　　　机 工 官 博：weibo.com/cmp1952
　　　　　010-68326294　　　　金 书 网：www.golden-book.com
封底无防伪标均为盗版　　　　　机工教育服务网：www.cmpedu.com

第4版前言

"互换性与测量技术基础"是高等工科院校机械类各专业必修的重要技术基础课程。它包含几何量公差与误差检测两大方面的内容，将标准化和计量学两个领域的有关部分有机地结合在一起，与机械设计、机械制造和产品质量控制等多方面密切相关，是机械工程技术人员和管理人员必备的基本知识和技能。本教材可作为本科高等工科院校和高职高专院校机械类各专业教学用书，也可供有关工程技术人员参考。

本教材自1998年5月出版以来，受到读者的普遍认同，尽管在2005年和2011年分别进行了修订，但是，随着科学技术的发展，我国又新修订、颁布了一批国家标准；再有，读者对教材的要求越来越高，因此，本教材在此次修订中对相应的国家标准全部进行了更新，并且进行了全方位的立体化建设，配套了教案和CAI课件；对于教材中重要和重点内容用双色的形式加以实现。为了更好地对本教材进行学习，本教材配套有《互换性与测量技术基础学习指导及习题集》（李翔英主编），供读者参考使用。

本教材共分十一章，内容包括绪论，测量技术基础，尺寸的公差、配合与检测，几何公差与检测，表面粗糙度与检测，圆锥和角度公差与检测，尺寸链基础，光滑极限量规设计，常用结合件公差与检测，渐开线圆柱齿轮传动公差与检测以及计算机在本课程中的应用举例。

参加本教材修订的有：南京工程学院陈于萍（第一章）、沈阳大学周兆元（第二章、第三章、第四章）、南京工程学院李翔英（第五章、第六章、第七章、第九章、第十一章、附录）、沈阳大学张涛（第八章）、南京工程学院何小龙（第十章）。本教材由周兆元、李翔英任主编，何小龙任副主编，沈阳大学王树逵任主审。

本教材在修订过程中难免存在不足之处，敬请广大读者批评指正。

编　者

第3版前言

本教材自 1998 年 5 月出版以来，已经使用多年，尽管在 2005 年进行了修订，但是，随着科学技术的发展，我国又新修订、颁布了一批国家标准，本教材中涉及的有关内容也应做相应的更新。为此，特进行本次教材修订。

这次修订的主要内容是：全部采用最新国家标准，内容涉及多个章、节，重点是几何公差（形位公差）、表面粗糙度等。

本教材可作为本科高等工科院校和高职高专院校机械类各专业教学用书，也可供有关工程技术人员参考。

本教材共分十一章，内容包括绪论，测量技术基础，尺寸的公差、配合与检测，几何公差与检测，表面粗糙度与检测，圆锥和角度公差与检测，尺寸链基础，光滑极限量规设计，常用结合件的公差与检测，渐开线圆柱齿轮传动公差与检测以及计算机在本课程中的应用举例。

参加本教材修订的有：南京工程学院陈于萍（第一章）、沈阳大学周兆元（第二章、第三章、第四章）、南京工程学院李翔英（第五章、第六章、第七章、第九章、第十一章、附录）、哈尔滨理工大学工业技术学院徐晓希（第八章）、南京工程学院何小龙（第十章）。本教材由周兆元、李翔英任主编，何小龙任副主编，沈阳大学王树逵任主审。

本教材在修订过程中难免存在缺点和错误，敬请广大读者批评指正。

编　者

第2版前言

本教材自 1998 年 5 月出版以来，已经使用多年。一方面随着科学技术的发展，我国又新修订、颁布了一批国家标准，本教材中涉及的有关内容也应做相应的更新；另一方面，我国的高等教育形势发生了很大变化，对教材提出了更高的要求。为此，特进行本次教材修订。

这次修订的主要内容是：

1) 全部采用最新国家标准，内容涉及多个章、节，重点是尺寸公差、表面粗糙度、渐开线圆柱齿轮等。

2) 根据新的教学要求，并总结 6 年来使用的经验，在保持教材原有优点的基础上，对各章节的内容和习题进行了充实、调整和完善，使之更加有利于教学。

3) 将第十一章第二节直线度误差处理的程序由原来的 True Basic 语言改为目前应用广泛的 Visual Basic 语言。

4) 为了使广大读者更好地掌握教材的有关内容，加深理解并增强处理实际问题的能力，还编写了《互换性与测量技术基础学习指导及习题集》一书，与主教材相互配套。

修订后的教材可作为本科高等工科院校和高职高专院校机械类各专业教学用书，也可供有关工程技术人员参考。

参加此次修订的有南京工程学院的陈于萍、何小龙、李翔英和沈阳大学的周兆元。

编　者
于南京市
2005 年 11 月

第1版前言

　　"互换性与测量技术基础"是高等工科院校机械类各专业的重要技术基础课。它包含几何量公差与误差检测两大方面的内容，把标准化和计量学两个领域的有关部分有机地结合在一起，与机械设计、机械制造、质量控制等多方面密切相关，是机械工程技术人员和管理人员必备的基本知识和技能。

　　本教材是在广泛征求意见的基础上，并根据全国高校机械专业教学指导委员会审批的教材编写大纲而编写的。书中采用最新国家标准，重点讲清基本概念和标准的应用，列举了较多的选用实例；误差检测紧跟在相应的公差标准之后，有助于对公差概念的理解；较全面地介绍了几何量各种误差检测方法的原理，而把不便在课堂上讲授的具体仪器的结构、操作步骤留在实验指导书中介绍，既使学生对几何量检测的全貌有所了解，又使教材内容精炼、重点突出；书中吸收了各校多年的教学经验和成果，增加了计算机在本课程中的应用等内容。

　　由于近年来各校对"互换性与测量技术基础"课程教学内容改革的情况不同，本教材为扩大适用面，按45学时编写，以便各校根据具体情况进行取舍。

　　本教材共分十一章，内容包括绪论、测量技术基础、尺寸的公差、配合与检测、形位公差与检测、表面粗糙度与检测、圆锥和角度公差与检测、尺寸链基础、光滑极限量规设计、常用结合件的公差与检测、渐开线圆柱齿轮传动公差与检测以及计算机在本课程中的应用举例。

　　参加本教材编写的有：南京工程学院陈于萍（第一章、第六章、第七章、第九章第四节、第十一章）、沈阳大学周兆元（第二章、第三章）、哈尔滨理工大学工业技术学院徐晓希（第四章、第五章、第八章）、南京工程学院何小龙（第九章第一节、第二节、第三节以及第十章）。本教材由陈于萍任主编，周兆元任副主编，东南大学范德梁、南京林业大学章玉麟任主审。

　　对给予本教材编写以热情支持和帮助的长春大学于永芳教授及全国高等工程专科机械工程协会"公差与检测"课程组的各兄弟学校表示诚挚的谢意。

　　由于编者水平有限，书中难免存在缺点和错误，敬请广大读者批评指正。

编　者

1997 年 6 月

目 录

第 4 版前言
第 3 版前言
第 2 版前言
第 1 版前言

第一章　绪论 …………………………… 1
　　导读 ……………………………………… 1
　　第一节　互换性 ………………………… 1
　　第二节　公差与检测 …………………… 2
　　第三节　标准化 ………………………… 3
　　小结 ……………………………………… 6
　　习题 ……………………………………… 6

第二章　测量技术基础 ………………… 7
　　导读 ……………………………………… 7
　　第一节　概述 …………………………… 7
　　第二节　长度和角度计量单位与量值
　　　　　　传递 …………………………… 8
　　第三节　计量器具与测量方法 ………… 12
　　第四节　测量误差 ……………………… 15
　　第五节　直接测量列的数据处理 ……… 21
　　小结 ……………………………………… 26
　　习题 ……………………………………… 26

第三章　尺寸的公差、配合与检测 …… 27
　　导读 ……………………………………… 27
　　第一节　术语和定义 …………………… 28
　　第二节　尺寸的极限与配合 …………… 33
　　第三节　尺寸极限与配合的选择 ……… 46
　　第四节　尺寸的检测 …………………… 58
　　小结 ……………………………………… 65
　　习题 ……………………………………… 66

第四章　几何公差与检测 ……………… 68
　　导读 ……………………………………… 68

第一节　基本概念 ……………………… 69
　　第二节　形状公差与误差 ……………… 74
　　第三节　方向、位置和跳动公差与误差 … 76
　　第四节　几何公差与尺寸公差的关系——
　　　　　　公差原则 ……………………… 85
　　第五节　几何公差的选择 ……………… 92
　　第六节　几何误差的检测原则 ………… 98
　　小结 ……………………………………… 103
　　习题 ……………………………………… 103

第五章　表面粗糙度与检测 …………… 107
　　导读 ……………………………………… 107
　　第一节　概述 …………………………… 107
　　第二节　表面粗糙度的评定 …………… 109
　　第三节　表面粗糙度的标注 …………… 113
　　第四节　表面粗糙度的选择 …………… 118
　　第五节　表面粗糙度的检测 …………… 120
　　小结 ……………………………………… 123
　　习题 ……………………………………… 123

第六章　圆锥和角度公差与检测 ……… 124
　　导读 ……………………………………… 124
　　第一节　圆锥与圆锥配合 ……………… 124
　　第二节　圆锥公差及其应用 …………… 131
　　第三节　角度与角度公差 ……………… 136
　　第四节　未注公差角度的极限偏差 …… 138
　　第五节　角度和锥度的检测 …………… 139
　　小结 ……………………………………… 142
　　习题 ……………………………………… 142

第七章　尺寸链基础 …………………… 144
　　导读 ……………………………………… 144
　　第一节　概述 …………………………… 144
　　第二节　尺寸链的确立与分析 ………… 146
　　第三节　用完全互换法解尺寸链 ……… 148
　　第四节　用大数互换法解尺寸链 ……… 153

第五节　用其他方法解装配尺寸链 ……… 156
小结 …………………………………… 158
习题 …………………………………… 158

第八章　光滑极限量规设计 ………… 160
导读 …………………………………… 160
第一节　概述 ………………………… 160
第二节　量规设计原则 ……………… 161
第三节　工作量规设计 ……………… 164
小结 …………………………………… 167
习题 …………………………………… 168

第九章　常用结合件公差与检测 ……… 169
导读 …………………………………… 169
第一节　单键公差与检测 …………… 169
第二节　花键公差与检测 …………… 173
第三节　普通螺纹联接公差与检测 …… 177
第四节　滚动轴承的极限与配合 …… 190
小结 …………………………………… 197
习题 …………………………………… 198

第十章　渐开线圆柱齿轮传动公差与
　　　　检测 ………………………… 200
导读 …………………………………… 200
第一节　对齿轮传动的基本要求 ……… 200
第二节　影响渐开线圆柱齿轮精度的

因素 ………………………………… 201
第三节　渐开线圆柱齿轮精度的评定
　　　　参数与检测 ………………… 204
第四节　渐开线圆柱齿轮精度等级
　　　　及其应用 …………………… 209
第五节　齿轮坯的精度与齿面粗糙度 …… 216
第六节　渐开线圆柱齿轮副的精度 ……… 219
第七节　齿轮精度设计示例 ………… 225
第八节　新旧国家标准对照 ………… 226
小结 …………………………………… 229
习题 …………………………………… 230

第十一章　计算机在本课程中的应用
　　　　　举例 ……………………… 231
导读 …………………………………… 231
第一节　概述 ………………………… 231
第二节　直线度误差的计算机处理 …… 232
第三节　光滑极限量规的计算机辅助
　　　　设计 ………………………… 241
小结 …………………………………… 250
习题 …………………………………… 251

附录　新旧国家标准对照表 ………… 252

参考文献 ……………………………… 254

第一章
绪论

> **导读**

本章主要介绍了互换性的含义、意义、分类及其与公差、测量技术和标准化之间的关系，并介绍了保证互换性的条件。通过本章学习，读者应了解标准、标准化、公差的标准化和优先数系，掌握互换性的含义，充分认识互换性的重要意义，明确互换性的分类，掌握互换性、公差、测量技术和标准化之间的关系，提高对标准和标准化重要性的认识，了解 GB/T 321—2005《优先数和优先数系》的有关规定。

本章内容涉及的相关国家标准主要是 GB/T 321—2005《优先数和优先数系》。

第一节 互换性

一、互换性及其意义

在日常生活和生产中，经常使用可以相互替换的零部件。例如：汽车、缝纫机、手表等机器或仪表的零件坏了，只要换一个相同规格的新零件即可。同一规格的零部件，不需要进行任何挑选、调整或修配，就能装配到机器上去，并且符合使用性能要求，这种特性就称为互换性。

互换性给产品的设计、制造和使用维修都带来了很大的方便。

从设计方面看，按互换性进行设计，就可以最大限度地采用标准件、通用件，大大减少计算、绘图等工作量，缩短设计周期，并有利于产品品种的多样化和计算机辅助设计。

从制造方面看，互换性有利于组织大规模专业化生产，有利于采用先进工艺和高效率的专用设备，以至用计算机辅助制造，有利于实现加工和装配过程的机械化、自动化，从而减轻工人的劳动强度，提高生产率，保证产品质量，降低生产成本。

从使用维修方面看，零部件具有互换性，可以及时更换那些已经磨损或损坏了的零部件，减少机器的维修时间和费用，保证机器能连续而持久地运转，提高设备的利用率。

综上所述，互换性对于保证产品质量、提高生产率和增加经济效益具有重大的意义。它不仅适用于大批量生产，即便是单件小批生产，也常常采用已标准化了的具有互换性的零部件。显然，互换性已成为现代机械制造业中一个普遍遵守的原则。

二、互换性的分类

按互换的范围，可分为几何参数互换和功能互换。几何参数互换是指零部件的尺寸、形状、位置、表面粗糙度等几何参数具有互换性。零部件的物理性能、化学性能以及力学性能等具有互换性，称为功能互换。本课程主要研究几何参数的互换性。

按互换程度，可分为完全互换与不完全互换。若一批零部件在装配时不需分组、挑选、调整和修配，装配后即能满足预定的要求，这些零部件就属于完全互换。当装配精度要求较高时，采用完全互换将使零部件制造精度要求很高，加工困难，成本增高。这时可适当降低零部件的制造精度，使之便于加工，而在零部件完工后，通过测量将零部件按实际尺寸的大小分为若干组，按对应组进行装配，这样既可保证装配的精度，又能解决加工难的问题。此时，仅组内零部件具有互换性，组与组之间不能互换的零部件，属于不完全互换。装配时需要进行挑选或调整的零部件也属于不完全互换。

一般地说，使用要求与制造水平、经济效益没有矛盾时，可采用完全互换；反之采用不完全互换。不完全互换通常用于部件或机构的制造厂内部的装配，而厂外协作往往要求完全互换。

凡装配时要进行附加修配或辅助加工的，则该零部件不具有互换性。

第二节　公差与检测

零件在加工过程中，不可避免地会产生各种误差。要想把同一规格的一批零件的几何参数做得完全一致是不可能的，实际上也没有必要。只要把几何参数的误差控制在一定的范围内，就能满足互换性的要求。

零件几何参数误差的允许范围称为公差。它包括尺寸公差、几何公差和角度公差等。

完工后的零件是否满足公差要求，要通过检测加以判断。检测包含检验与测量。检验是指确定零件的几何参数是否在规定的极限范围内，并做出合格性判断，而不必得出被测量的具体数值；测量是指将被测量与作为计量单位的标准量进行比较，以确定被测量具体数值的过程。检测不仅用来评定产品质量，而且用于分析产生不合格品的原因，及时调整生产，监督工艺过程，预防废品产生。检测是机械制造的"眼睛"。无数事实证明，产品质量的提高，除设计和加工精度的提高外，往往更有赖于检测精度的提高。

综上所述，合理确定公差与正确进行检测，是保证产品质量、实现互换性生产的两个必不可少的条件和手段。

第三节 标准化

现代化生产的特点是品种多、规模大、分工细和协作多。为使社会生产有序地进行，须通过标准化使产品规格品种简化，使分散的、局部的生产环节相互协调和统一。

几何量的公差与检测也应纳入标准化的轨道。标准化是实现互换性的前提。

一、标准

标准是对重复性事物和概念所做的统一规定，其以科学、技术和实践经验的综合成果为基础，经有关方面协商一致，由主管机构批准，以特定形式发布，作为共同遵守的准则和依据。

标准的范围极广，种类繁多，涉及人类生活的各个方面。本课程研究的公差标准、检测器具和方法标准，大多属于国家基础标准。

标准按不同的级别颁发。我国标准分为国家标准、行业标准、地方标准和企业标准。

对需要在全国范围内统一的技术要求，应当制定国家标准，代号为 GB；对没有国家标准而又需要在全国某个行业范围内统一的技术要求，可制定行业标准，如机械标准（代号为 JB）等；对没有国家标准和行业标准而又需要在某个范围内统一的技术要求，可制定地方标准（代号为 DB）或企业标准（代号为 Q）。

我国于 1988 年发布的《中华人民共和国标准化法》中规定，国家标准和行业标准又分为强制性标准和推荐性标准两大类。少量的有关人身安全、健康、卫生及环境保护之类的标准属于强制性标准。国家将用法律、行政和经济等各种手段来维护强制性标准的实施。大量的标准（80% 以上）属于推荐性标准。推荐性标准也应积极采用。因为标准是科学技术的结晶，是多年实践经验的总结，代表了先进的生产力，对生产具有普遍的指导意义。推荐性国家标准的代号为 GB/T。自 1998 年起还启用了 GB/Z 这一代号，它表示"国家标准化指导性技术文件"，是国家标准的补充。

在国际上，为了促进世界各国在技术上的统一，成立了国际标准化组织（简称 ISO）和国际电工委员会（简称 IEC），由这两个组织负责制定和颁发国际标准。我国于 1978 年恢复参加 ISO 组织后，陆续修订了自己的标准。修订的原则是，在立足我国生产实际的基础上向 ISO 靠拢，以利于加强我国在国际上的技术交流和产品互换。

二、标准化

标准化是指在经济、技术、科学及管理等社会实践中，对重复性事物和概念通过制定、发布和实施标准，达到统一，以获得最佳秩序和社会效益的全部活动过程。

标准化是组织现代化生产的重要手段，是实现互换性的必要前提，是国家现代化水平的重要标志之一。它对人类进步和科学技术发展起着巨大的推动作用。

三、优先数和优先数系标准

工程上各种技术参数的简化、协调和统一，是标准化的重要内容。

在机械设计中，常常需要确定很多参数，而这些参数往往不是孤立的，一旦选定，这个数值就会按照一定规律，向一切有关的参数传播。例如：螺栓的尺寸一旦确定，将会影响螺母的尺寸、丝锥和板牙的尺寸、螺栓孔的尺寸以及加工螺栓孔的钻头的尺寸等。这种技术参数的传播扩散在生产实际中是极为普遍的现象。

由于数值如此不断关联、不断传播，所以机械产品中的各种技术参数不能随意确定，否则会出现规格品种恶性膨胀的混乱局面，给生产组织、协调配套以及使用维护带来极大的困难。

为使产品的参数选择能遵守统一的规律，使参数选择一开始就纳入标准化轨道，必须对各种技术参数的数值做出统一规定。国家标准 GB/T 321—2005《优先数和优先数系》就是其中最重要的一个标准，要求工业产品技术参数尽可能采用它。

GB/T 321—2005 中规定以十进制等比数列为优先数系，并规定了五个系列，分别用系列符号 R5、R10、R20、R40 和 R80 表示，其中前四个系列作为基本系列，R80 为补充系列，仅用于分级很细的特殊场合。各系列的公比为

R5 的公比：$q_5 = \sqrt[5]{10} \approx 1.60$

R10 的公比：$q_{10} = \sqrt[10]{10} \approx 1.25$

R20 的公比：$q_{20} = \sqrt[20]{10} \approx 1.12$

R40 的公比：$q_{40} = \sqrt[40]{10} \approx 1.06$

R80 的公比：$q_{80} = \sqrt[80]{10} \approx 1.03$

优先数系的五个系列中任一个项值均为优先数。按公比计算得到的优先数的理论值，除 10 的整数幂外，都是无理数，工程技术上不能直接应用。实际应用的都是经过圆整后的近似值。根据圆整的精确程度，可分为计算值和常用值。

（1）计算值　取五位有效数字，供精确计算用。

（2）常用值　即经常使用的、通常所称的优先数，取三位有效数字。

表 1-1 中列出了 1~10 范围内基本系列的常用值和计算值。如将表中所列优先数乘以 10、100、…，或乘以 0.1、0.01、…，即可得到所有大于或等于 10 或小于或等于 1 的优先数。

标准还允许从基本系列和补充系列中隔项取值组成派生系列。例如：在 R10 系列中每隔两项取值得到 R10/3 系列，即 1.00、2.00、4.00、8.00、…，它即是常用的倍数系列。

国家标准规定的优先数系分档合理，疏密均匀，有广泛的适用性，简单易记，便于使用。常见的量值，如长度、直径、转速及功率等分级，基本上都是按一定的优先数系进行的。本课程所涉及的有关标准里，诸如尺寸分段、公差分级及表面粗糙度的参数系列等，基本上采用优先数系。

表 1-1　优先数系的基本系列（摘自 GB/T 321—2005）

基本系列（常用值）				计算值
R5	R10	R20	R40	
1.00	1.00	1.00	1.00	1.0000
			1.06	1.0593
		1.12	1.12	1.1220
			1.18	1.1885
	1.25	1.25	1.25	1.2589
			1.32	1.3335
		1.40	1.40	1.4125
			1.50	1.4962
1.60	1.60	1.60	1.60	1.5849
			1.70	1.6788
		1.80	1.80	1.7783
			1.90	1.8836
	2.00	2.00	2.00	1.9953
			2.12	2.1135
		2.24	2.24	2.2387
			2.36	2.3714
2.50	2.50	2.50	2.50	2.5119
			2.65	2.6607
		2.80	2.80	2.8184
			3.00	2.9854
	3.15	3.15	3.15	3.1623
			3.35	3.3497
		3.55	3.55	3.5481
			3.75	3.7584
4.00	4.00	4.00	4.00	3.9811
			4.25	4.2170
		4.50	4.50	4.4668
			4.75	4.7315
	5.00	5.00	5.00	5.0119
			5.30	5.3088
		5.60	5.60	5.6234
			6.00	5.9566
6.30	6.30	6.30	6.30	6.3096
			6.70	6.6834
		7.10	7.10	7.0795
			7.50	7.4989
	8.00	8.00	8.00	7.9433
			8.50	8.4140
		9.00	9.00	8.9125
			9.50	9.4406
10.00	10.00	10.00	10.00	10.0000

▶ 小结

本章主要讲述互换性原理，围绕标准、标准化和技术测量来学习误差与公差的关系。完全互换性是现代化大工业生产的基础，而国家标准是现代化大工业生产的依据，技术测量则是现代化大工业生产的保证。互换性作为一根主线贯穿本书的所有章节。本章的重点是互换性的含义和意义以及互换性、公差、测量技术和标准化之间的关系。读者应了解 GB/T 321—2005《优先数和优先数系》的有关规定。

习 题

1-1 什么是互换性？它在机械制造中有何重要意义？是否只适用于大批量生产？

1-2 完全互换与不完全互换有何区别？各用于何种场合？

1-3 公差、检测、标准化与互换性有什么关系？

1-4 按标准颁发的级别分，我国标准有哪几种？

1-5 下面两列数据属于哪种系列？公比 q 为多少？

1）电动机转速有：（单位为 r/min）：375，750，1500，3000 等。

2）摇臂钻床的主参数（最大钻孔直径，单位为 mm）：25，40，63，80，100，125 等。

第二章
测量技术基础

▶ 导读

本章主要介绍了量值传递系统、量块基本知识、测量用仪器和量具的基本计量参数、测量误差的特点及分类、测量误差的处理方法、测量结果的数据处理步骤等。通过本章学习，读者应掌握有关测量的概念及其四要素，了解"米"的定义及长度量值传递系统的概况，掌握量块的特点、精度和使用，了解角度量值传递系统概况、计量器具的分类，掌握计量器具的基本度量指标、测量方法的分类及其特点，理解测量误差的含义及来源，掌握测量误差的种类及处理原则、随机误差的特点及处理方法、系统误差的处理方法、粗大误差的处理方法和直接测量列数据处理方法。

本章内容涉及的相关标准主要有：GB/T 6093—2001《几何量技术规范（GPS） 长度标准 量块》，JJG 146—2011《量块检定规程》等。

第一节 概述

在机械制造中，加工后的零件，其几何参数（尺寸、几何公差及表面粗糙度等）需要测量，以确定它们是否符合技术要求和实现其互换性。

测量是指为确定被测量的量值而进行的实验过程，其实质是将被测几何量 L 与复现计量单位 E 的标准量进行比较，从而确定比值 q 的过程，即

$$q = \frac{L}{E} \quad 或 \quad L = qE \tag{2-1}$$

一个完整的测量过程应包括以下四个要素。

（1）测量对象 本课程涉及的测量对象是几何量，包括长度、角度、表面粗糙度、几何误差等。

（2）计量单位　在机械制造中常用的单位为毫米（mm）。在机械图样上以毫米（mm）为单位的量可省略不写。

（3）测量方法　它是指测量时所采用的测量原理、计量器具以及测量条件的总和。

（4）测量精确度　它是指测量结果与真值的一致程度。

测量是互换性生产过程中的重要组成部分，是保证各种公差与配合标准贯彻实施的重要手段，也是实现互换性生产的重要前提之一。为了实现测量的目的，必须使用统一的标准量，采用一定的测量方法，而且要达到必要的测量精确度，以确保零件的互换性。

第二节　长度和角度计量单位与量值传递

一、长度单位与量值传递系统

为了进行长度计量，必须规定一个统一的标准，即长度计量单位。1984年国务院发布了《关于在我国统一实行法定计量单位的命令》，决定在采用先进的国际单位制的基础上，进一步统一我国的计量单位，并发布了《中华人民共和国法定计量单位》，其中规定长度的基本单位为米（m）。机械制造中常用的长度单位为毫米（mm），$1mm = 10^{-3}m$。精密测量时，多采用微米（μm）为单位，$1μm = 10^{-3}mm$。超精密测量时，则用纳米（nm）为单位，$1nm = 10^{-3}μm$。

米的最初定义始于1791年的法国，以通过巴黎的地球子午线的四千万分之一为长度单位米，并制成一米的基准尺。1889年在第一届国际计量大会上规定，用热胀系数小的铂铱合金制成具有刻度线的基准尺作为国际米原器。随着科学技术的发展，对米的定义不断进行完善。1983年，第十七届国际计量大会正式通过米的新定义："米是光在真空中$1/299792458s$时间间隔内所经路径的长度。"

1985年，我国用自己研制的碘吸收稳定的$0.633μm$氦氖激光辐射来复现我国的国家长度基准。

在实际生产和科研中，不便于用光波作为长度基准进行测量，而是采用各种计量器具进行测量。为了保证量值统一，必须把长度基准的量值准确地传递到生产中应用的计量器具和工件上去。因此，必须建立一套从长度的最高基准到被测工件的严密而完整的长度量值传递系统。我国从组织上，自国务院到地方，已建立起各级计量管理机构，负责其管辖范围内的计量工作和量值传递工作。在技术上，从国家波长基准开始，长度量值分两个平行的系统向下传递（图2-1）：一个是端面量具（量块）系统；另一个是刻纹量具（线纹尺）系统。其中以量块为媒介的传递系统应用较广。

二、量块

量块是没有刻度的、截面为矩形的平面平行的端面量具。量块用特殊合金钢制成，具有线胀系数小、不易变形、硬度高、耐磨性好、工作面表面粗糙度值小以及研合性好等特点。

如图2-2a所示，量块上有两个平行的测量面，其表面光滑平整。两个测量面间具有

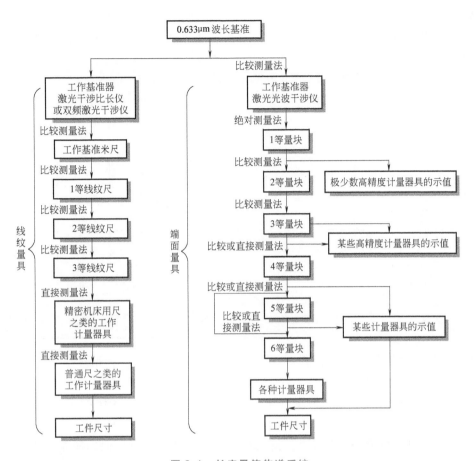

图 2-1 长度量值传递系统

精确的尺寸。另外量块还有四个非测量面。从量块一个测量面上任意一点（距边缘 0.5mm 区域除外）到与此量块另一个测量面相研合的面的垂直距离称为量块长度 L_i，从量块一个测量面上中心点到与此量块另一个测量面相研合的面的垂直距离称为量块的中心长度 L。量块上标出的尺寸称为量块的标称长度。

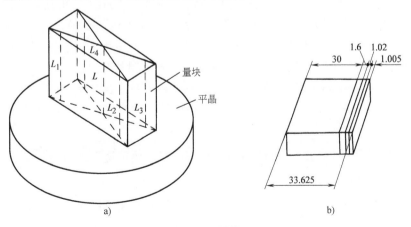

图 2-2 量块

为了能用较少的块数组合成所需要的尺寸，量块应按一定的尺寸系列成套生产供应。国家标准共规定了 17 种系列的成套量块。表 2-1 列出了其中两种成套量块的尺寸系列。

表 2-1　两种成套量块的尺寸系列（摘自 GB/T 6093—2001）

套别	总块数	级别	尺寸系列/mm	间隔/mm	块数
1	83	0, 1, 2	0.5	—	1
			1	—	1
			1.005	—	1
			1.01, 1.02, …, 1.49	0.01	49
			1.5, 1.6, …, 1.9	0.1	5
			2.0, 2.5, …, 9.5	0.5	16
			10, 20, …, 100	10	10
2	46	0, 1, 2	1, 2, …, 9	1	9
			1.001, 1.002, …, 1.009	0.001	9
			1.01, 1.02, …, 1.09	0.01	9
			1.1, 1.2, …, 1.9	0.1	9
			10, 20, …, 100	10	10

根据不同的使用要求，量块做成不同的精度等级。划分量块精度有两种规定：按"级"划分和按"等"划分。

GB/T 6093—2001 按制造精度将量块分为 K、0、1、2、3 级共五级，精度依次降低，K 级为校准级。量块按"级"使用时，是以量块的标称长度为工作尺寸的，该尺寸包含了量块的制造误差，它们将被引入到测量结果中。但因不需要加修正值，故使用较方便。

国家计量局标准 JJG 146—2011《量块检定规程》按检定精度将量块分为 1~5 等，精度依次降低。量块按"等"使用时，不再以标称长度作为工作尺寸，而是用量块经检定后所给出的实测中心长度作为工作尺寸，该尺寸排除了量块的制造误差，仅包含检定时较小的测量误差。

量块在使用时，常常用几个量块组合成所需要的尺寸，如图 2-2b 所示。组合量块时，为减小量块组合的累积误差，应力求使用最少的块数获得所需要的尺寸，一般不超过四块。可以从消去尺寸的最末位数开始，逐一选取。例如：使用 83 块一套的量块组，从中选取量块组成 33.625mm。查表 2-1，可按如下步骤选择量块尺寸。

$$33.625 \quad\cdots\cdots\cdots\cdots\text{量块要组合的尺寸}$$
$$-\quad 1.005 \quad\cdots\cdots\cdots\cdots\text{第一块量块尺寸}$$
$$\overline{\quad 32.62\quad}$$
$$-\quad 1.02 \quad\cdots\cdots\cdots\cdots\text{第二块量块尺寸}$$
$$\overline{\quad 31.6\quad}$$
$$-\quad 1.6 \quad\cdots\cdots\cdots\cdots\text{第三块量块尺寸}$$
$$\overline{\quad 30\quad} \quad\cdots\cdots\cdots\cdots\text{第四块量块尺寸}$$

量块除了作为长度基准的传递媒介以外，也可以用来检定、校对和调整计量器具，还可以用于测量工件、精密划线和精密调整机床。

三、角度单位与量值传递系统

角度也是机械制造中重要的几何参数之一。

我国法定计量单位规定平面角的角度单位为弧度（rad）及度（°）、分（′）、秒（″）。

1rad 是指在一个圆的圆周上截取弧长与该圆的半径相等时所对应的中心平面角。$1° = (\pi/180)$ rad。度、分、秒的关系采用六十进位制，即 $1° = 60′$，$1′ = 60″$。

由于任何一个圆周均可形成封闭的 360°（2πrad）中心平面角，因此，角度不需要和长度一样再建立一个自然基准。但在计量部门，为了工作方便，在高精度的分度中，仍常以多面棱体（图 2-3）作为角度基准来建立角度传递系统。

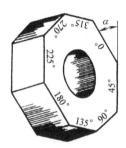

图 2-3　正八面棱体

多面棱体是用特殊合金钢或石英玻璃精细加工而成。常见的有 4、6、8、12、24、36、72 等正多面棱体。图 2-3 所示为正八面棱体，在任意轴切面上，相邻两面法线间的夹角为 45°。它可作为 $n×45°$ 角度的测量基准，其中 $n = 1$，2，3，…。

以多面棱体为基准的角度量值传递系统如图 2-4 所示。

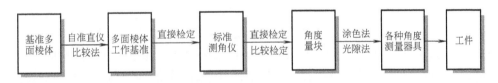

图 2-4　角度量值传递系统

四、角度量块

在角度量值传递系统中，角度量块是量值传递媒介。它的性能与长度量块类似，用于检定和调整普通精度的测角仪器，校正角度样板，也可直接用于检验工件。

角度量块有三角形和四边形两种，如图 2-5 所示。三角形角度量块只有一个工作角，角度值在 10°~79° 范围内。四边形角度量块有四个工作角，角度值在 80°~100° 范围内，并且短边相邻的两个工作角之和为 180°，即 $\alpha+\delta=\beta+\gamma$。

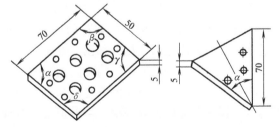

图 2-5　角度量块

同成套的长度量块一样，角度量块也由若干块组成一套，以满足测量不同角度的需要。角度量块可以单独使用，也可以在 10°~350° 范围内组合使用。

第三节 计量器具与测量方法

一、计量器具的分类

计量器具可按用途、结构和工作原理分类。

1. 按用途分类

（1）标准计量器具 标准计量器具是指测量时体现标准量的测量器具。通常用来校对和调整其他计量器具，或作为标准量与被测几何量进行比较，如线纹尺、量块、多面棱体等。

（2）通用计量器具 通用计量器具是指通用性大、可用来测量某一范围内各种尺寸（或其他几何量），并能获得具体读数值的计量器具，如千分尺、百分表、测长仪等。

（3）专用计量器具 专用计量器具是指用于专门测量某种或某个特定几何量的计量器具，如量规、圆度仪、基节仪等。

2. 按结构和工作原理分类

（1）机械式计量器具 机械式计量器具是指通过机械结构实现对被测量的感受、传递和放大的计量器具，如机械式比较仪、百分表和扭簧比较仪等。

（2）光学式计量器具 光学式计量器具是指用光学方法实现对被测量的转换和放大的计量器具，如光学比较仪、投影仪、自准直仪和工具显微镜等。

（3）气动式计量器具 气动式计量器具是指靠压缩空气通过气动系统时的状态（流量或压力）变化来实现对被测量的转换的计量器具，如水柱式和浮标式气动量仪等。

（4）电动式计量器具 电动式计量器具是指将被测量通过传感器转变为电量，再经变换而获得读数的计量器具，如电动轮廓仪和电感测微仪等。

（5）光电式计量器具 光电式计量器具是指利用光学方法放大或瞄准，通过光电元件再转换为电量进行检测，以实现几何量测量的计量器具，如光电显微镜、光电测长仪等。

二、计量器具的基本度量指标

度量指标是用来说明计量器具的性能和功用的。它是选择和使用计量器具，研究和判断测量方法正确性的依据。如图 2-6 所示，基本度量指标主要有以下几项。

（1）分度值 i 分度值 i 是指在计量器具的标尺或分度盘上，相邻两刻线间所代表被测量的量值。例如：千分表的分度值为 0.001mm，百分表的分度值为 0.01mm。对于数显式仪器，其分度值称为分辨率。一般说来，分度值越小，计量器具的精度越高。

（2）标尺间距 c 标尺间距 c 是指计量器具的标尺或分度盘上相邻两刻线中心之间的距离。为便于目视估计，一般标尺间距为 0.75~2.5mm。

（3）标尺范围 标尺范围是指计量器具所显示或指示的最小值到最大值的范围。图 2-6 所示计量器具的标尺范围为 $\pm 100\mu m$。

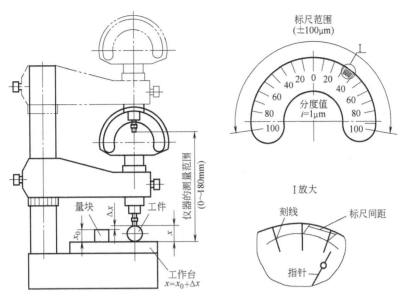

图 2-6　计量器具的基本度量指标

（4）测量范围　测量范围是指计量器具所能测量零件的最小值到最大值的范围。图 2-6 所示计量器具的测量范围为 0~180mm；如某一千分尺的测量范围为 75~100mm。

（5）灵敏度　灵敏度是指计量器具对被测量变化的反应能力。若被测量变化为 ΔL，计量器具上相应变化为 Δx，则灵敏度 S 为

$$S = \frac{\Delta x}{\Delta L} \tag{2-2}$$

当 Δx 和 ΔL 为同一类量时，灵敏度又称为放大比，其值为常数。放大比 K 可用下式来表示，即

$$K = \frac{c}{i} \tag{2-3}$$

式中　c——计量器具的标尺间距；

i——计量器具的分度值。

（6）测量力　测量力是指计量器具的测头与被测表面之间的接触力。在接触测量中，要求要有一定的恒定的测量力。测量力太大会使零件或测头产生变形，测量力不恒定会使示值不稳定。

（7）示值误差　示值误差是指计量器具上的示值与被测量真值的代数差。

（8）示值变动量　示值变动量是指在测量条件不变的情况下，用计量器具对被测量测量多次（一般 5~10 次）所得示值中的最大差值。

（9）回程误差（滞后误差）　回程误差是指在相同条件下，对同一被测量进行往返两个方向测量时，计量器具示值的最大变动量。

（10）不确定度　不确定度是指由于测量误差的存在而对被测量值不能肯定的程度。不确定度用极限误差表示。它是一个综合指标，包括示值误差、回程误差等。例如：分度值为 0.001mm 的千分尺，在车间条件下测量一个尺寸小于 50mm 的零件

时，其不确定度为±0.004mm。

三、测量方法的分类

按照不同的出发点，测量方法有各种不同的分类。

1. 直接测量和间接测量

直接测量是指直接从计量器具获得被测量的量值的测量方法，如用游标卡尺、千分尺或比较仪测量轴径。

间接测量是指测量与被测量有一定函数关系的量，然后通过函数关系算出被测量的测量方法。例如：测量大尺寸圆柱形零件直径 D 时，先测出其周长 L，然后再按公式 $D = L/\pi$ 求得零件的直径 D。

为减小测量误差，一般都采用直接测量，必要时才采用间接测量。

2. 绝对测量和相对测量

绝对测量是指被测量的全值从计量器具的读数装置直接读出。例如：用测长仪测量零件，其尺寸由刻度尺上直接读出。

相对测量是指计量器具的示值仅表示被测量对已知标准量的偏差，而被测量的量值为计量器具的示值与标准量的代数和。例如：用比较仪测量时，先用量块调整仪器零位，然后测量被测量，所获得的示值就是被测量相对于量块尺寸的偏差。

一般说来，相对测量的测量精度比绝对测量的测量精度高。

3. 单项测量和综合测量

单项测量是指分别测量零件的各个参数的测量，如分别测量螺纹的中径、螺距和牙型半角。

综合测量是指同时测量零件上某些相关的几何量的综合结果，以判断综合结果是否合格的测量。例如：用螺纹量规检验螺纹的单一中径、螺距和牙型半角实际值的综合结果，即作用中径。

单项测量的效率比综合测量低，但单项测量结果便于工艺分析。

4. 接触测量和非接触测量

接触测量是指计量器具在测量时，其测头与被测表面直接接触的测量，如用卡尺、千分尺测量零件。

非接触测量是指计量器具的测头与被测表面不接触的测量，如用气动量仪测量孔径和用显微镜测量零件的表面粗糙度。

接触测量有测量力，会引起被测表面和计量器具有关部分产生弹性变形，因而影响测量精度，非接触测量则无此影响。

5. 在线测量和离线测量

在线测量是指在加工过程中对工件的测量，其测量结果用来控制工件的加工过程，决定是否需要继续加工或调整机床，可及时防止废品的产生。

离线测量是指在加工后对工件进行的测量。它主要用来发现并剔除废品。

在线测量使检测与加工过程紧密结合，以保证产品质量，也是检测技术的发展方向。

6. 等精度测量和不等精度测量

等精度测量是指决定测量精度的全部因素或条件都不变的测量。例如：由同一人员，使用同一台仪器，在同样的条件下，以同样的方法和测量次数，同样仔细地测量同一个量的测量。

不等精度测量是指在测量过程中，决定测量精度的全部因素或条件可能完全改变或部分改变的测量，如上述的测量当改变其中任何一个或几个甚至全部因素或条件的测量。

一般情况下都采用等精度测量。不等精度测量的数据处理比较麻烦，只运用于重要的科研实验中的高精度测量。

第四节　测量误差

一、测量误差的概念

任何测量过程，由于受到计量器具和测量条件的影响，不可避免地会产生测量误差。所谓测量误差 δ 是指测得值 x 与真值 Q 之差，即

$$\delta = x - Q \tag{2-4}$$

由式（2-4）所表达的测量误差，反映了测得值偏离真值的程度，也称为绝对误差。由于测得值 x 可能大于或小于真值 Q，因此测量误差可能是正值或负值。若不计其符号正负，则可用绝对值表示，即

$$|\delta| = |x - Q|$$

这样，真值 Q 可用下式表示，即

$$Q = x \pm \delta \tag{2-5}$$

式（2-5）表明，可用测量误差来说明测量的精度。当测量误差的绝对值越小，说明测得值越接近于真值，测量精度也越高；反之，测量精度就越低。但这一结论只适用于测量尺寸相同的情况下。因为测量精度不仅与绝对误差的大小有关，而且还与被测量的尺寸大小有关。为了比较不同尺寸的测量精度，可应用相对误差的概念。

相对误差 ε 是指绝对误差的绝对值 $|\delta|$ 与被测量真值之比，即

$$\varepsilon = \frac{|\delta|}{Q} \approx \frac{|\delta|}{x} \times 100\% \tag{2-6}$$

相对误差是一个量纲为1的数值，通常用百分数（%）表示。例如：某两个轴颈的测得值分别为 $x_1 = 500\text{mm}$，$x_2 = 50\text{mm}$；$\delta_1 = \delta_2 = 0.005\text{mm}$，则其相对误差分别为 $\varepsilon_1 = 0.005/500 \times 100\% = 0.001\%$，$\varepsilon_2 = 0.005/50 \times 100\% = 0.01\%$，由此可看出前者的测量精度要比后者高。

二、测量误差的来源

产生测量误差的原因很多，通常可归纳为以下几个方面。

（一）计量器具误差

计量器具误差是指计量器具本身在设计、制造和使用过程中造成的各项误差。

设计计量器具时，为了简化结构而采用近似设计，或者设计的计量器具不符合"阿贝原则"等因素，都会产生测量误差。例如：杠杆齿轮比较仪中测杆的直线位移与指针的角位移不成正比，而表盘标尺却采用等分刻度，由于采用了近似设计，测量时就会产生测量误差。

"阿贝原则"是指"在设计计量器具或测量工件时，将被测长度与基准长度沿测量轴线成直线排列。"例如：千分尺的设计是符合"阿贝原则"的，即被测两点间的尺寸线与标尺（基准长度）在一条线上，从而提高了测量精度。而游标卡尺的设计则不符合"阿贝原则"，如图2-7所示，被测长度与基准刻线尺相距 s 平行配置，在测量过程中，卡尺活动量爪倾斜一个角度 φ，此时产生的测量误差为

$$\delta = x - x' = -s\tan\varphi \approx -s\varphi$$

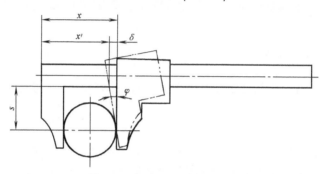

图2-7 用游标卡尺测量轴径

计量器具零件的制造和装配误差也会产生测量误差，如游标卡尺刻线不准确，刻度盘与指针的回转轴的安装有偏心等。

计量器具零件在使用过程中的变形，滑动表面的磨损等，也会产生测量误差。

此外，相对测量时使用的标准器，如量块、线纹尺等的误差，也将直接反映到测量结果中。

（二）测量方法误差

测量方法误差是指测量方法不完善所引起的误差。它包括计算公式不准确、测量方法选择不当、测量基准不统一、工件安装不合理以及测量力等引起的误差。例如：测量大圆柱的直径 D，先测量周长 L，再按 $D = L/\pi$ 计算直径，若取 $\pi = 3.14$，则计算结果会带入 π 取近似值的误差。

（三）测量环境误差

测量环境误差是指测量时的环境条件不符合标准条件所引起的误差。环境条件是指湿度、温度、振动、气压和灰尘等。其中，温度对测量结果的影响最大。在长度测量中，规定标准温度为20℃。若不能保证在标准温度20℃条件下进行测量，则引起的测量误差为

$$\Delta L = L\left[\alpha_2(t_2 - 20) - \alpha_1(t_1 - 20)\right] \tag{2-7}$$

式中　ΔL——测量误差；

　　　L——被测尺寸；

t_1，t_2——计量器具和被测工件的温度，单位为℃；

α_1，α_2——计量器具和被测工件的线胀系数。

（四）人员误差

人员误差是指测量人员的主观因素（如技术熟练程度、分辨能力、思想情绪等）引起的误差，如测量人员眼睛的最小分辨能力和调整能力、量值估读错误等。

总之，造成测量误差的因素很多，有些误差是不可避免的，有些误差是可以避免的。测量时应采取相应的措施，设法减小或消除它们对测量结果的影响，以保证测量的精度。

三、测量误差的种类和特性

测量误差按其性质分为随机误差、系统误差和粗大误差（过失或反常误差）。

（一）随机误差

随机误差是指在一定测量条件下，多次测量同一量值时，其数值大小和符号以不可预见的方式变化的误差。它是由于测量中的不稳定因素综合形成的，是不可避免的。例如：测量过程中温度的波动、振动、测量力的不稳定、量仪的示值变动、读数不一致等。对于某一次测量结果无规律可循，但如果进行大量、多次重复测量，随机误差分布则服从统计规律。

1. 随机误差的分布规律

随机误差可用试验方法来确定。实践表明，大多数情况下，随机误差符合正态分布。为便于理解，现举例说明。

例如：对一圆柱销轴，用同样的方法在同样条件下重复测量销轴的同一部位尺寸 200 次，得到 200 个数据，其中最大值为 20.012mm，最小值为 19.990mm，然后按测得值大小分别归入 11 组，分组间隔为 0.002mm，有关数据见表 2-2。

表 2-2 测量数据统计表

组 号	尺寸分组区间/mm	区间中心值/mm	频数（n_i）	频率（n_i/n）
1	19.990~19.992	19.991	2	0.01
2	19.992~19.994	19.993	4	0.02
3	19.994~19.996	19.995	10	0.05
4	19.996~19.998	19.997	24	0.12
5	19.998~20.000	19.999	37	0.185
6	20.000~20.002	20.001	45	0.225
7	20.002~20.004	20.003	39	0.195
8	20.004~20.006	20.005	23	0.115
9	20.006~20.008	20.007	12	0.06
10	20.008~20.010	20.009	3	0.015
11	20.010~20.012	20.011	1	0.005
区间间隔 $\Delta x = 0.002$		算术平均值 $\bar{x} = \dfrac{1}{n}\sum_{i=1}^{n} x_i = 20.001$	$n = \sum n_i = 200$	$\sum_{i=1}^{n}(n_i/n) = 1$

根据表 2-2 所统计的数据，以尺寸为横坐标，以频数或频率为纵坐标，画出频率直方图，如图 2-8a 所示。连接直方图各顶线中点，得到一条折线，称为实际分布曲线。如果将上述测量次数无限增大（$n \to \infty$），再将分组间隔无限缩小（$\Delta x \to 0$），则实际分布曲线就会变成一条光滑的曲线，如图 2-8b 所示。该曲线称为正态分布曲线，也称为高斯（Gauss）曲线。中心坐标为均值 μ，这时横坐标表示随机误差 δ，纵坐标表示对应各随机误差的概率密度函数 y。正态分布曲线的数学表达式为

$$y = f(\delta) = \frac{1}{\sigma\sqrt{2\pi}} e^{-\frac{\delta^2}{2\sigma^2}} \tag{2-8}$$

式中　　y——概率密度函数；

　　　　δ——随机误差；

　　　　σ——标准偏差（均方根误差）；

　　　　e——自然对数的底，e = 2.71828…。

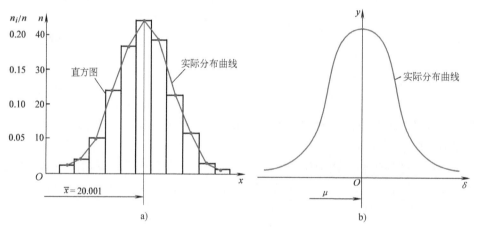

图 2-8　频率直方图和正态分布曲线

a）频率直方图　b）正态分布曲线

当 $\delta = 0$ 时，y 最大，$y_{max} = \frac{1}{\sigma\sqrt{2\pi}}$。不同的 σ 对应不同形状的正态分布曲线，σ 越小，y_{max} 值越大，曲线越陡，随机误差越集中，即测得值分布越集中，测量精度越高；σ 越大，y_{max} 值越小，曲线越平坦，随机误差越分散，即测得值分布越分散，测量精度越低。图 2-9 所示为 $\sigma_1 < \sigma_2 < \sigma_3$ 时三种正态分布曲线。因此，σ 可作为表征各测得值的精度指标。

从理论上讲，正态分布中心位置的均值 μ 代表被测量的真值 Q，标准偏差 σ 代表测得值的集中与分散程度。

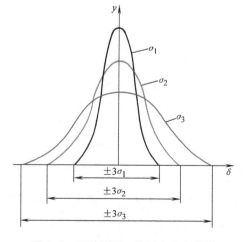

图 2-9　三种不同 σ 的正态分布曲线

根据误差理论，标准偏差 σ 是各随机误差 δ 平方和的平均值的正平方根，即

$$\sigma = \sqrt{\frac{\delta_1^2 + \delta_2^2 + \cdots + \delta_n^2}{n}} = \sqrt{\frac{\sum\limits_{i=1}^{n} \delta_i^2}{n}} \qquad (2\text{-}9)$$

式中 n——测量次数；

    δ_i——随机误差（为测得值 x_i 与真值 Q 之差，记作 $\delta_i = x_i - Q$）。

2. 随机误差的特性

从正态分布曲线可以看出，随机误差具有如下特性。

（1）对称性   绝对值相等、符号相反的随机误差出现的概率相等。

（2）单峰性   绝对值小的随机误差出现的概率比绝对值大的随机误差出现的概率大。随机误差为零时，概率最大，存在一个最高点。

（3）抵偿性   在一定的测量条件下，多次重复进行测量，各次随机误差的代数和趋近于零。

（4）有界性   在一定的测量条件下，随机误差的绝对值不会超出一定的界限。

3. 正态分布随机误差概率的计算

计算概率实际上是求正态分布曲线与横坐标之间在随机误差 δ 的指定区间内的面积。由概率论可知，如果随机误差落在整个分布范围（$-\infty \sim +\infty$），则其概率 P 为

$$P_{(-\infty, +\infty)} = \int_{-\infty}^{+\infty} y \mathrm{d}\delta = \int_{-\infty}^{+\infty} \frac{1}{\sigma\sqrt{2\pi}} e^{-\frac{\delta^2}{2\sigma^2}} \mathrm{d}\delta = 1 \qquad (2\text{-}10)$$

随机误差落在 $-\delta$ 至 $+\delta$ 之间的概率为

$$P_{(-\delta, +\delta)} = \int_{-\delta}^{+\delta} y \mathrm{d}\delta = \int_{-\delta}^{+\delta} \frac{1}{\sigma\sqrt{2\pi}} e^{-\frac{\delta^2}{2\sigma^2}} \mathrm{d}\delta \qquad (2\text{-}11)$$

为计算方便，令 $z = \delta/\sigma$，则 $\mathrm{d}z = \mathrm{d}\delta/\sigma$，将其代入式（2-11），得

$$P = \frac{1}{\sqrt{2\pi}} \int_{-z}^{+z} e^{-\frac{z^2}{2}} \mathrm{d}z = 2\frac{1}{\sqrt{2\pi}} \int_0^{+z} e^{-\frac{z^2}{2}} \mathrm{d}z \qquad (2\text{-}12)$$

令 $P = 2\phi(z)$，则

$$\phi(z) = \frac{1}{\sqrt{2\pi}} \int_0^{+z} e^{-\frac{z^2}{2}} \mathrm{d}z \qquad (2\text{-}13)$$

式（2-13）是将所求概率转化为变量 z 的函数，该函数称为拉普拉斯（Laplace）函数，也称为概率函数积分。只要确定了 z 值，就可由式（2-12）计算出 $2\phi(z)$ 值。实际使用时，可直接查表，函数值 $\phi(z)$ 见表2-3。下面列出几个特殊区间的概率值。

当 $z = 1$ 时 $\delta = \pm\sigma$， $\phi(z) = 0.3413$， $P = 0.6826 = 68.26\%$

当 $z = 2$ 时 $\delta = \pm2\sigma$， $\phi(z) = 0.4772$， $P = 0.9544 = 95.44\%$

当 $z = 3$ 时 $\delta = \pm3\sigma$， $\phi(z) = 0.49865$， $P = 0.9973 = 99.73\%$

当 $z = 4$ 时 $\delta = \pm4\sigma$， $\phi(z) = 0.499968$，$P = 0.9999 = 99.99\%$

4. 极限误差的确定

由上述可见，正态分布的随机误差的99.73%可能分布在 $\pm3\sigma$ 范围内，而超出该范围

的概率仅为 0.27%，认为这种可能性几乎很小了。因此，可将 $\pm 3\sigma$ 看作是单次测量的随机误差的极限值，将此值称为极限误差，记作

$$\delta_{\lim} = \pm 3\sigma = \pm 3\sqrt{\frac{\sum_{i=1}^{n}\delta_i^2}{n}} \tag{2-14}$$

表2-3　$\phi(z) = \dfrac{1}{\sqrt{2\pi}}\int_0^{+z} e^{-\frac{z^2}{2}}\mathrm{d}z$

z	$\phi(z)$	z	$\phi(z)$	z	$\phi(z)$	z	$\phi(z)$	z	$\phi(z)$	z	$\phi(z)$
0.00	0.0000	0.20	0.0793	0.40	0.1554	0.70	0.2580	1.25	0.3944	2.50	0.4938
0.01	0.0040	0.21	0.0832	0.41	0.1591	0.72	0.2642	1.30	0.4032	2.60	0.4953
0.02	0.0080	0.22	0.0871	0.42	0.1628	0.74	0.2703	1.35	0.4115	2.70	0.4965
0.03	0.0120	0.23	0.0910	0.43	0.1664	0.76	0.2764	1.40	0.4192	2.80	0.4974
0.04	0.0160	0.24	0.0948	0.44	0.1700	0.78	0.2823	1.45	0.4265	2.90	0.4981
0.05	0.0199	0.25	0.0987	0.45	0.1736	0.80	0.2881	1.50	0.4332	3.00	0.49865
0.06	0.0239	0.26	0.1026	0.46	0.1772	0.82	0.2939	1.55	0.4394	3.20	0.49931
0.07	0.0279	0.27	0.1064	0.47	0.1808	0.84	0.2995	1.60	0.4452	3.40	0.49966
0.08	0.0319	0.28	0.1103	0.48	0.1844	0.86	0.3051	1.65	0.4505	3.60	0.499841
0.09	0.0359	0.29	0.1141	0.49	0.1879	0.88	0.3106	1.70	0.4554	3.80	0.499928
0.10	0.0398	0.30	0.1179	0.50	0.1915	0.90	0.3159	1.75	0.4599	4.00	0.499968
0.11	0.0438	0.31	0.1217	0.52	0.1985	0.92	0.3212	1.80	0.4641	4.50	0.499997
0.12	0.0478	0.32	0.1255	0.54	0.2054	0.94	0.3264	1.85	0.4678	5.00	0.499999
0.13	0.0517	0.33	0.1293	0.56	0.2123	0.96	0.3315	1.90	0.4713	—	—
0.14	0.0557	0.34	0.1331	0.58	0.2190	0.98	0.3365	1.95	0.4744	—	—
0.15	0.0596	0.35	0.1368	0.60	0.2257	1.00	0.3413	2.00	0.4772	—	—
0.16	0.0636	0.36	0.1406	0.62	0.2324	1.05	0.3531	2.10	0.4821	—	—
0.17	0.0675	0.37	0.1443	0.64	0.2389	1.10	0.3643	2.20	0.4861	—	—
0.18	0.0714	0.38	0.1480	0.66	0.2454	1.15	0.3749	2.30	0.4893	—	—
0.19	0.0753	0.39	0.1517	0.68	0.2517	1.20	0.3849	2.40	0.4918	—	—

　　然而 $\pm 3\sigma$ 不是唯一的极限误差估算式。选择不同的 z 值，就对应不同的概率，可得到不同的极限误差，其可信度也不一样。例如：选 $z=2$，则 $P=95.44\%$，可信度达 95.44%。如果选 $z=3$，则 $P=99.73\%$，可信度达 99.73%。为了反映这种可信度，将这些百分比称为置信概率。在几何量测量时，一般取 $z=3$，所以把式（2-14）作为极限误差估算式，其置信概率为 99.73%。例如：某次测量的测得值为 40.002mm，若已知标准偏差 $\sigma=0.0003$mm，置信概率取 99.73%，则此测得值的极限误差为 $\pm 3 \times 0.0003$mm $= \pm 0.0009$mm，即被测量的真值有 99.73% 的可能性在 40.0011~40.0029mm 之间，写作（40.002±0.0009）mm。即单次测量的测量结果为

$$x = x_i \pm \delta_{\lim} = x_i \pm 3\sigma \tag{2-15}$$

式中 x_i——某次测得值。

（二）系统误差

系统误差是指在一定测量条件下，多次测量同一量时，误差的大小和符号均不变或按一定规律变化的误差，前者称为定值（或常值）系统误差，如千分尺的零位不正确而引起的测量误差；后者称为变值系统误差。按其变化规律的不同，变值系统误差又分为以下三种类型。

（1）线性变化的系统误差 它是指在整个测量过程中，随着测量时间或量程的增减，误差值成比例增大或减小的误差。例如：随着时间的推移，温度在逐渐均匀变化，由于工件的热膨胀，长度随着温度而变化，所以在一系列测得值中就存在着随时间而变化的线性系统误差。

（2）周期性变化的系统误差 它是指随着测得值或时间的变化呈周期性变化的误差。例如：百分表的指针回转中心与刻度盘中心有偏心，指针在任一转角位置的误差，按正弦规律变化。

（3）复杂变化的系统误差 按复杂函数变化或按实验得到的曲线图变化的误差，如由线性变化的误差与周期性变化的误差叠加形成复杂函数变化的误差。

（三）粗大误差

粗大误差是指由于主观疏忽大意或客观条件发生突然变化而产生的误差。在正常情况下，一般不会产生这类误差。例如：由于操作者的粗心大意，在测量过程中看错、读错、记错以及突然的冲击振动而引起的测量误差。在通常情况下，这类误差的数值都比较大。

第五节 直接测量列的数据处理

测量数据处理的目的，是为了寻求被测量最可信赖的数值和评定这一数值所包含的误差。在测量数据中，可能同时存在系统误差、随机误差和粗大误差，对于这些误差做如何处理，现分述如下。

一、测量列中随机误差的处理

从前述的分析可知，随机误差的出现是不规则的，也是不可避免和不可能消除的，用数理统计的方法将多次测量同一量的各测得值做统计处理，估计和评定测量结果。

（一）测量列的算术平均值 $\bar{x}$

设测量列为 x_1，x_2，$\cdots$，x_n，则算术平均值为

$$\bar{x} = \frac{1}{n} \sum_{i=1}^{n} x_i \tag{2-16}$$

式中 n ——测量次数。

当 $n \to \infty$ 时，$\bar{x}$ 趋近于 μ，在无系统误差或已消除系统误差的条件下，均值 μ 表示被

测量的真值 Q。实际上 n 不可能无限大，用有限次数的测得值 x_i 求 $\bar{x}$ 并不一定就是 Q，$\bar{x}$ 只能近似地作为 Q。

用算术平均值 $\bar{x}$ 代表真值 Q 后计算得到的误差，称为剩余误差（简称为残差），记作 v_i，则

$$v_i = x_i - \bar{x} \tag{2-17}$$

当测量次数 n 足够多时，残差的代数和趋近于零，即 $\sum\limits_{i=1}^{n} v_i \approx 0$。

（二）测量列中任一测得值的标准偏差 σ

前面已经谈到，随机误差的集中与分散程度可用标准偏差 σ 这一指标来描述。由于随机误差 δ_i 是未知量，实际测量时，常用残差 v_i 代替 δ_i，所以不能直接用式（2-9）求得 σ 值，而是按贝塞尔（Bessel）公式求得 σ 的估计值，即

$$\sigma \approx \sqrt{\frac{\sum\limits_{i=1}^{n} v_i^2}{n-1}} = \sqrt{\frac{\sum\limits_{i=1}^{n} (x_i - \bar{x})^2}{n-1}} \tag{2-18}$$

（三）测量列算术平均值的标准偏差 $\sigma_{\bar{x}}$

标准偏差 σ 代表一组测得值中任一测得值的精密程度，但在多次重复测量中是以算术平均值作为测量结果的。因此，更重要的是要知道算术平均值的精密程度，即用算术平均值的标准偏差表示。根据误差理论，测量列算术平均值的标准偏差 $\sigma_{\bar{x}}$ 用下式计算，即

$$\sigma_{\bar{x}} = \frac{\sigma}{\sqrt{n}} \approx \sqrt{\frac{\sum\limits_{i=1}^{n} v_i^2}{n(n-1)}} \tag{2-19}$$

（四）测量列算术平均值的极限误差 $\delta_{\lim(\bar{x})}$ 和测量结果

测量列算术平均值的极限误差为

$$\delta_{\lim(\bar{x})} = \pm 3\sigma_{\bar{x}} \tag{2-20}$$

测量列的测量结果可表示为

$$Q = \bar{x} \pm \delta_{\lim(\bar{x})} = \bar{x} \pm 3\sigma_{\bar{x}} = \bar{x} \pm 3\frac{\sigma}{\sqrt{n}} \tag{2-21}$$

这时的置信概率 $P = 99.73\%$。

二、测量列中系统误差的处理

系统误差以一定的规律对测量结果产生较显著的影响。因此，分析处理系统误差的关键，首先在于发现系统误差，进而设法消除或减少系统误差，以便有效地提高测量精度。

（一）系统误差的发现

1. 定值系统误差的发现

定值系统误差可以用实验对比的方法发现，即通过改变测量条件进行不等精度的测

量来揭示系统误差。例如：量块按标称尺寸使用时，由于量块的尺寸偏差，使测量结果中存在着定值系统误差，这时可用高精度仪器对量块的实际尺寸进行鉴定来发现，或用另一块高一级精度的量块进行对比测量来发现。

2. 变值系统误差的发现

变值系统误差可以从测得值的处理和分析观察中揭示。常用的方法是剩余误差观察法，即将测量列按测量顺序排列（或作图）观察各剩余误差的变化规律，若各剩余误差大体上正负相间，无明显的变化规律，如图 2-10a 所示，则不存在变值系统误差；若各剩余误差有规律地递增或递减，且在测量开始与结束时符号相反，如图 2-10b 所示，则存在线性系统误差；若各剩余误差的符号有规律地周期变化，如图 2-10c 所示，则存在周期性系统误差；若剩余误差按某种特定的规律变化，如图 2-10d 所示，则存在复杂变化的系统误差。显然在应用剩余误差观察法时，必须有足够的重复测量次数以及按各测得值的先后顺序排列，否则变化规律不明显，判断的可靠性就差。

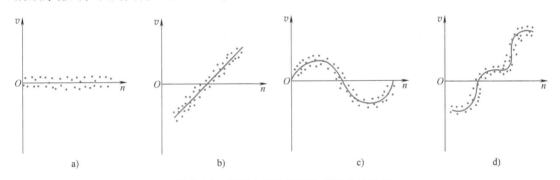

图 2-10　用剩余误差作图来判断系统误差

（二）系统误差的消除

系统误差常用以下方法消除或减小。

1. 从产生误差根源上消除

这是消除系统误差最根本的方法，因此，在测量前，应对测量过程中可能产生系统误差的环节进行仔细分析，将误差从产生根源上加以消除。例如：在测量前仔细调整仪器工作台，调准零位，测量器具和被测工件应处于标准温度状态，测量人员要正对仪器指针读数和正确估读等。

2. 用加修正值的方法消除

这种方法是预先检定出测量器具的系统误差，将其数值反号后作为修正值，用代数法加到实际测得值上，即可得到不包含该系统误差的测量结果。例如：量块的实际尺寸不等于标称尺寸，若按标称尺寸使用，就要产生系统误差，而按经过检定的实际尺寸使用，就可避免此项误差的产生。

3. 用两次读数方法消除

若两次测量所产生的系统误差大小相等（或相近）、符号相反，则取两次测量的平均值作为测量结果，就可消除系统误差。例如：在工具显微镜上测量螺纹的螺距时，由于工件安装时其轴心线与仪器工作台纵向移动的方向不重合，使测量产生误差。从图2-11可以看出，实测左螺距比实际左螺距大，实测右螺距比实际右螺距小。为了减小安装误差对测量结果的影响，必须分别测出左右螺距，取两者的平均值作为测得值，从而减小安装不正确而引起的系统误差。

4. 用对称法消除

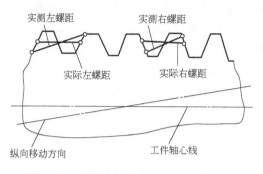

图 2-11　用两次读数方法消除系统误差

对于线性系统误差，可采用对称测量法消除。例如：用比较测量时，温度均匀变化，存在随时间呈线性变化的系统误差，可安排等时间间隔的测量步骤，即①测工件；②测标准件；③测标准件；④测工件。取①、④读数的平均值与②、③读数的平均值之差作为实测偏差。

5. 用半波法消除

对于周期变化的系统误差，可采用半波法消除，即取相隔半个周期的两测得值的平均值作为测量结果。

系统误差从理论上讲是可以完全消除的，但由于许多因素的影响，实际上只能消除到一定程度。若能将系统误差减小到使其影响相当于随机误差的程度，则可认为系统误差已被消除。

三、测量列中粗大误差的处理

粗大误差的特点是数值比较大，对测量结果产生明显的歪曲，应从测量数据中将其剔除。剔除粗大误差不能凭主观臆断，应根据判断粗大误差的准则予以确定。判断粗大误差常用拉依达（РайТа）准则（又称为 3σ 准则）。

该准则的依据主要来自随机误差的正态分布规律。从随机误差的特性中可知，测量误差越大，出现的概率越小，误差的绝对值超过 3σ 的概率仅为 0.27%，认为是不可能出现的。因此，凡绝对值大于 3σ 的剩余误差，就看作为粗大误差而予以剔除。其判断式为

$$|v_i| > 3\sigma \tag{2-22}$$

剔除具有粗大误差的测量值后，应根据剩下的测量值重新计算 σ，然后再根据 3σ 准则去判断剩下的测量值中是否还存在粗大误差。每次只能剔除一个，直到剔除完为止。

四、直接测量列的数据处理

对同一被测量进行多次重复测量获得的一系列测得值中，可能同时存在系统误差、随机误差和粗大误差，或者只含其中某一类或某两类误差。为了得到正确的测量结果，应对各类误差分别进行处理。对于定值系统误差，应在测量过程中予以判别处理，用修正值法消除或减小，而后得到的测量列的数据处理按以下步骤进行：①计算测量列的算术平均值；②计算测量列剩余误差；③判断变值系统误差；④计算任一测得值的标准偏差；⑤判断有无粗大误差，若有则应予剔除，并重新组成测量列，重复上述计算，直到

剔除完为止；⑥计算测量列算术平均值的标准偏差和极限误差；⑦确定测量结果。

例 2-1　对某一轴径等精度测量 10 次，测得值见表 2-4，假设已消除了定值系统误差，试求其测量结果。

解　1）计算算术平均值 $\bar{x}$。由式（2-16）得

$$\bar{x} = \frac{1}{n}\sum_{i=1}^{n} x_i = \frac{1}{10}\sum_{i=1}^{10} x_i = 29.997\text{mm}$$

表 2-4　测量数据表

序　号	测得值 x_i/mm	剩余误差 v_i/μm $= (x_i - \bar{x})$	剩余误差的平方 v_i^2/(μm)²
1	29.999	+2	4
2	29.994	−3	9
3	29.998	+1	1
4	29.996	−1	1
5	29.997	0	0
6	29.998	+1	1
7	29.997	0	0
8	29.995	−2	4
9	29.999	+2	4
10	29.997	0	0
	$\bar{x} = \frac{1}{10}\sum_{i=1}^{10} x_i = 29.997$	$\sum_{i=1}^{10} v_i = 0$	$\sum_{i=1}^{10} v_i^2 = 24$

2）计算剩余误差 v_i。用式（2-17）计算 v_i 值并记入表 2-4。同时计算出 v_i^2 及 $\sum_{i=1}^{n} v_i^2$（见表 2-4）。

3）判断变值系统误差。根据"剩余误差观察法"判断，由于该测量列中的剩余误差大体上正负相间，无明显的变化规律，所以认为无变值系统误差。

4）计算标准偏差 σ。由式（2-18）得

$$\sigma \approx \sqrt{\frac{\sum_{i=1}^{n} v_i^2}{n-1}} = \sqrt{\frac{\sum_{i=1}^{10} v_i^2}{10-1}} = \sqrt{\frac{24}{9}}\,\mu\text{m} \approx 1.63\,\mu\text{m}$$

单次测量的极限误差 $\delta_{\lim}$。由式（2-14）得

$$\delta_{\lim} = \pm 3\sigma = \pm 3 \times 1.63\,\mu\text{m} = \pm 4.89\,\mu\text{m}$$

5）判断粗大误差。用 3σ 准则判断，即式（2-22），由测量列剩余误差（表 2-4）可知，$|v_i| < 4.89\,\mu\text{m}$，故不存在粗大误差。

6）计算测量列算术平均值的标准偏差 $\sigma_{\bar{x}}$。由式（2-19）得

$$\sigma_{\bar{x}} = \frac{\sigma}{\sqrt{n}} = \frac{1.63}{\sqrt{10}}\,\mu\text{m} \approx 0.52\,\mu\text{m}$$

算术平均值的极限误差 $\delta_{\lim(\bar{x})}$。由式（2-20）得

$$\delta_{\lim(\bar{x})} = \pm 3\sigma_{\bar{x}} = \pm 3 \times 0.52\,\mu\text{m} = \pm 1.56\,\mu\text{m}$$

7）测量结果。由式（2-21）得

$$Q = \bar{x} \pm 3\sigma_{\bar{x}} = (29.997 \pm 0.00156) \text{mm}$$

置信概率 $P = 99.73\%$。

▶ 小结

本章主要介绍了测量的基本概念及测量四要素，长度的基本单位，长度量值传递系统，量块基本知识及组合方法，测量误差的概念，测量误差的分类，随机误差的分布规律及其特性以及测量列中随机误差的处理等。

习 题

2-1 何谓测量？其实质是什么？一个完整的测量过程包括哪几个要素？

2-2 长度的基本单位是什么？机械制造和精密测量中常用的长度单位是什么？

2-3 什么是长度量值传递系统？为什么要建立长度量值传递系统？

2-4 量块的"级"和"等"是根据什么划分的？按"级"和按"等"使用有何不同？

2-5 计量器具的基本度量指标有哪些？

2-6 何谓测量误差？其主要来源有哪些？

2-7 我国法定的平面角角度单位有哪些？它们有何换算关系？

2-8 何谓随机误差、系统误差和粗大误差？三者有何区别？如何进行处理？

2-9 试从83块一套的量块中，组合下列尺寸：48.98mm，29.875mm，10.56mm。

2-10 对某一尺寸进行等精度测量100次，测得值最大为50.015mm，最小为49.985mm。假设测量误差符合正态分布，求测得值落在49.995～50.010mm之间的概率是多少？

2-11 用比较仪对某尺寸进行了15次等精度测量，测得值如下：20.216，20.213，20.215，20.214，20.215，20.215，20.217，20.216，20.213，20.215，20.216，20.214，20.217，20.215，20.214。假设已消除了定值系统误差，试求其测量结果。

第三章
尺寸的公差、配合与检测

▷ 导读

　　本章主要介绍三大部分内容：①国家标准对有关尺寸公差、配合的主要规定；②实际工作中，如何选用尺寸的极限与配合；③如何检测尺寸。这些都是机械类专业人员应掌握并应用最广、最基础的知识，故本章是本课程中最重要的一章。通过本章学习，读者应了解有关公差标准化的基本术语和定义，掌握标准的内容和特点，初步掌握选用极限与配合进行精度设计的基本原则和方法。重点让学生在生产实际中遇到具体问题时，应根据国家标准的各项规定，针对具体情况进行具体分析，合理地选择极限与配合。

　　本章内容涉及的相关标准主要有：GB/T 1800.1—2009《产品几何技术规范（GPS）极限与配合　第1部分：公差、偏差和配合的基础》、GB/T 1800.2—2009《产品几何技术规范（GPS）　极限与配合　第2部分：标准公差等级和孔、轴极限偏差表》、GB/T 1801—2009《产品几何技术规范（GPS）　极限与配合　公差带和配合的选择》、GB/T 1803—2003《极限与配合　尺寸至18mm孔、轴公差带》、GB/T 1804—2000《一般公差　未注公差的线性和角度尺寸的公差》等。

　　尺寸的极限与配合是一项应用广泛而重要的标准，也是最基础、最典型的标准。本章介绍尺寸的极限与配合标准以及检测的国家标准中的基本概念、主要内容及其应用。

　　尺寸的极限与配合国家标准主要包括：GB/T 1800.1—2009《产品几何技术规范（GPS）　极限与配合　第1部分：公差、偏差和配合的基础》、GB/T 1800.2—2009《产品几何技术规范（GPS）　极限与配合　第2部分：标准公差等级和孔、轴极限偏差表》、GB/T 1801—2009《产品几何技术规范（GPS）　极限与配合　公差带和配合的选择》、GB/T 1803—2003《极限与配合　尺寸至18mm孔、轴公差带》、GB/T 1804—2000《一般公差　未注公差的线性和角度尺寸的公差》等。

第一节 术语和定义

一、有关尺寸、公差和偏差的术语及定义

（一）尺寸

尺寸是以特定单位表示线性尺寸的数值，如直径、半径、宽度、深度、高度、中心距等。

（二）公称尺寸（旧称为基本尺寸）（D，d）

公称尺寸是通过它应用上、下极限偏差可算出极限尺寸的尺寸。它通常由设计者给定，用 D 和 d 表示（大写字母表示孔，小写字母表示轴）。它是根据产品的使用要求，根据零件的强度、刚度等要求，计算出的或通过实验和类比方法而确定的，经过圆整后得到的尺寸，一般要符合标准尺寸系列。如图 3-1 所示，$\phi20\text{mm}$ 及 30mm 为圆柱销直径和长度的公称尺寸。

（三）实际尺寸（D_a，d_a）

实际尺寸是通过测量获得的某一孔、轴的尺寸。由于加工误差的存在，半径、宽度、深度、高度按同一图样要求所加工的各个零件，其实际尺寸往往不相同。即使是同一零件的不同位置、不同方向的实际尺寸也往往不一样（图 3-2），故实际尺寸是实际零件上某一位置的测得值。加之测量时还存在着测量误差，所以实际尺寸并非真值。

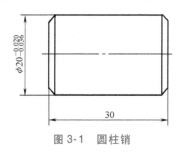

图 3-1 圆柱销

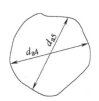

图 3-2 圆柱销实际尺寸

（四）极限尺寸

极限尺寸是指一个孔或轴允许的尺寸的两个极端，也就是允许的尺寸变化范围的两个界限值。实际尺寸应位于其中，也可达到极限尺寸。其中较大的称为上极限尺寸（$D_{\max}$，$d_{\max}$），较小的称为下极限尺寸（$D_{\min}$，$d_{\min}$），如图 3-3a 所示。

（五）尺寸偏差

尺寸偏差（简称为偏差）是指某一尺寸（极限尺寸、实际尺寸等）减去公称尺寸所得的代数差，其值可正、可负或零。

1. 实际偏差（E_a、e_a）

实际尺寸减去其公称尺寸所得的代数差。记为

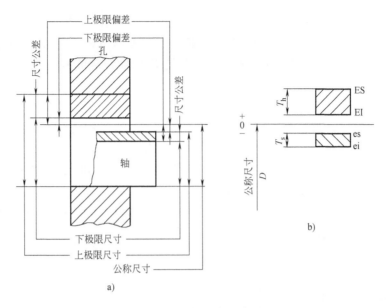

图 3-3　极限与配合示意图

$$E_a = D_a - D \atop e_a = d_a - d \Bigg\} \tag{3-1}$$

2. 极限偏差

极限尺寸减其公称尺寸所得的代数差。其中，上极限尺寸减其公称尺寸所得的代数差称为上极限偏差，用符号 ES，es 表示，下极限尺寸减其公称尺寸所得的代数差称为下极限偏差，用符号 EI，ei 表示，如图 3-3a 所示，分别记为

$$\begin{array}{ll} ES = D_{max} - D & es = d_{max} - d \\ EI = D_{min} - D & ei = d_{min} - d \end{array} \Bigg\} \tag{3-2}$$

（六）尺寸公差（T_h，T_s）

尺寸公差（简称为公差）是上极限尺寸减下极限尺寸之差，或上极限偏差减下极限偏差之差。它是允许尺寸的变动量，如图 3-3a 所示。公差、极限尺寸和极限偏差的关系为

$$\begin{array}{l} 孔公差\ T_h = D_{max} - D_{min} = ES - EI \\ 轴公差\ T_s = d_{max} - d_{min} = es - ei \end{array} \Bigg\} \tag{3-3}$$

由式（3-3）可知，公差值永远为正值。

（七）公差带图解

前述有关尺寸、极限偏差及公差是利用图 3-3a 进行分析的。从图中可见，公差的数值比公称尺寸的数值小得多，不便用同一比例表示。显然，图 3-3a 中的公差部分被放大了。如果只为了表明尺寸、极限偏差及公差之间的关系，可以不必画出孔与轴的全形，而采用简单明了的公差带图解表示，如图 3-3b 所示。公差带图解由两部分组成：零线和公差带。

1. 零线

在公差带图解中，确定偏差的一条基准直线称为零线。它是公称尺寸所指的线，是偏差的起始线。零线上方表示正偏差，零线下方表示负偏差。在画公差带图解时，注上相应的符号"0"、"+"和"-"号，在其下方画上带单箭头的尺寸线并注上公称尺寸值。

2. 公差带

在公差带图解中，由代表上、下极限偏差的两条直线所限定的区域称为公差带。它是由公差大小和其相对零线的位置（如基本偏差）来确定。通常孔公差带用由右上角向左下角的斜线表示，轴公差带用由左上角向右下角的斜线表示。公差带在垂直零线方向的宽度代表公差值，上面线表示上极限偏差，下面线表示下极限偏差。公差带沿零线方向的长度可适当选取。公差带图解中，尺寸单位为毫米（mm），极限偏差及公差的单位也可用微米（μm）表示，单位省略不写。

（八）标准公差（IT）

标准公差是指国家标准 GB/T 1800.1—2009 所规定的任一公差，它确定了公差带的大小。字母 IT 为"国际公差"的符号。

（九）基本偏差

基本偏差是指在极限与配合制中，确定公差带相对于零线位置的那个极限偏差。一般靠近零线的那个上极限偏差或下极限偏差作为基本偏差。以图 3-4 孔公差带为例，当公差带完全在零线上方或正好在零线上方时，其下极限偏差（EI）为基本偏差；当公差带完全在零线下方或正好

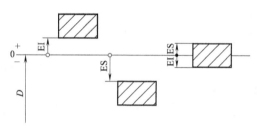

图 3-4　基本偏差

在零线下方时，其上极限偏差（ES）为基本偏差；而对称地分布在零线上时，其上、下极限偏差中的任何一个都可作为基本偏差。

二、有关配合的术语及定义

（一）配合

配合是指公称尺寸相同的、相互结合的孔、轴公差带之间的关系。

（二）孔与轴

孔是指工件的圆柱形内表面，也包括非圆柱形内表面（由两平行平面或切面形成的包容面），可用下标 h 表示。

轴是指工件的圆柱形外表面，也包括非圆柱形外表面（由两平行平面或切面形成的被包容面），可用下标 s 表示。

如图 3-5 所示，内表面中由尺寸 B、ϕD、L、B_1、L_1 所确定的部分都称为孔，外表面中由尺寸 ϕd、l、l_1 所确定的部分都称为轴。

（三）间隙（X）或过盈（Y）

在孔与轴的配合中，孔的尺寸减去轴的尺寸所得的代数差，当差值为正时称为间隙

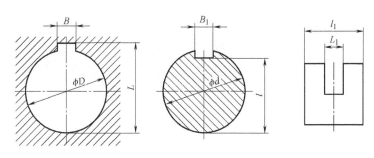

图 3-5 孔与轴

（用 X 表示），当差值为负时称为过盈（用 Y 表示）。

（四）配合的种类

根据孔、轴公差带之间的关系，配合分为三大类，即间隙配合、过盈配合和过渡配合。

1. 间隙配合

间隙配合是指具有间隙（包括最小间隙为零）的配合。此时，孔的公差带在轴的公差带之上，如图 3-6 所示。

间隙配合的性质用最大间隙 X_{max}、最小间隙 X_{min} 和平均间隙 X_{av} 来表示。计算式为

$$X_{max} = D_{max} - d_{min} = ES - ei = (+) \tag{3-4}$$

$$X_{min} = D_{min} - d_{max} = EI - es = (+ 或 0) \tag{3-5}$$

$$X_{av} = (X_{max} + X_{min})/2 = (+) \tag{3-6}$$

2. 过盈配合

过盈配合是指具有过盈（包括最小过盈为零）的配合。此时，孔的公差带在轴的公差带之下，如图 3-7 所示。

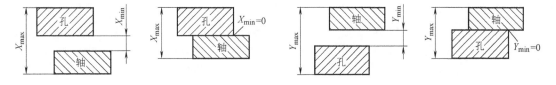

图 3-6 间隙配合   图 3-7 过盈配合

过盈配合的性质用最小过盈 Y_{min}、最大过盈 Y_{max} 和平均过盈 Y_{av} 来表示。计算式为

$$Y_{min} = D_{max} - d_{min} = ES - ei = (- 或 0) \tag{3-7}$$

$$Y_{max} = D_{min} - d_{max} = EI - es = (-) \tag{3-8}$$

$$Y_{av} = (Y_{max} + Y_{min})/2 = (-) \tag{3-9}$$

3. 过渡配合

过渡配合是指可能具有间隙或过盈的配合。此时，孔的公差带与轴的公差带相互交叠，如图 3-8 所示。它是介于间隙配合与过盈配合之间的一类配合，但其间隙或过盈都

不大。

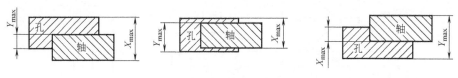

图 3-8　过渡配合

过渡配合的性质用最大间隙 X_{max}、最大过盈 Y_{max} 和平均间隙 X_{av} 或平均过盈 Y_{av} 来表示。计算式为

$$X_{max} = D_{max} - d_{min} = ES - ei = (+) \tag{3-10}$$

$$Y_{max} = D_{min} - d_{max} = EI - es = (-) \tag{3-11}$$

$$\begin{matrix} X_{av} \\ Y_{av} \end{matrix} = (X_{max} + Y_{max})/2 = \begin{matrix} (+) \\ (-) \end{matrix} \tag{3-12}$$

（五）配合公差（T_f）

配合公差是指组成配合的孔、轴公差之和。它是允许间隙或过盈的变动量。它表示配合精度，是评定配合质量的一个重要综合指标。计算式为

$$\left. \begin{matrix} 对于间隙配合 \quad T_f = |X_{max} - X_{min}| \\ 对于过盈配合 \quad T_f = |Y_{max} - Y_{min}| \\ 对于过渡配合 \quad T_f = |X_{max} - Y_{max}| \end{matrix} \right\} \tag{3-13}$$

将最大、最小间隙和过盈分别用孔、轴极限尺寸或极限偏差换算后代入式（3-13），则得三类配合的配合公差都为

$$T_f = T_h + T_s \tag{3-14}$$

此式表明配合精度（配合公差）取决于相互配合的孔和轴的尺寸精度（尺寸公差）。在设计时，可根据配合公差来确定孔和轴的尺寸公差。

（六）配合制（基准制）

配合制是指同一极限制的孔和轴组成配合的一种制度。以两个相配合的零件中的一个零件为基准件，并选定标准公差带，而改变另一个零件（非基准件）的公差带位置，从而形成各种配合的一种制度。国家标准 GB/T 1800.1—2009 中规定了两种平行的配合制，即基孔制配合和基轴制配合。

1. 基孔制配合

基孔制配合是指基本偏差为一定的孔的公差带，与不同基本偏差的轴的公差带形成各种配合的一种制度，如图 3-9a 所示。

基孔制配合中的孔称为基准孔。它是配合的基准件，而轴为非基准件。国家标准规定，基准孔以下极限偏差 EI 为基本偏差，其数值为零，上极限偏差为正值，其公差带偏置在零线上侧。

2. 基轴制配合

基轴制配合是指基本偏差为一定的轴的公差带，与不同基本偏差的孔的公差带形成各种配合的一种制度，如图 3-9b 所示。

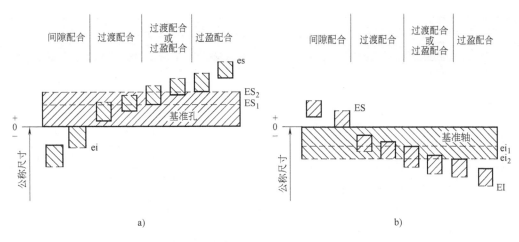

图 3-9　配合制

a）基孔制　b）基轴制

基轴制配合中的轴称为基准轴。它是配合的基准件，而孔为非基准件。国家标准规定，基准轴以上极限偏差 es 为基本偏差，其数值为零，下极限偏差为负值，其公差带偏置在零线下侧。

按照孔、轴公差带相对位置的不同，两种基准制都可以形成间隙、过盈和过渡三种不同的配合性质。如图 3-9 所示，基准孔的 ES 边界和基准轴的 ei 边界是两条虚线，而非基准件的公差带有一边界也是虚线，它们都表示公差带的大小是可变化的。

在"过渡配合或过盈配合"这部分区域，当非基准件的基本偏差一定时，由于基准件公差带大小不同，则与非基准件的公差带可能交叠，也可能不交叠。当两公差带交叠时，形成过渡配合；不交叠时，形成过盈配合。

综上所述可知，各种配合是由孔、轴公差带之间的关系决定的，而公差带的大小和位置则分别由标准公差和基本偏差所决定。标准公差和基本偏差是如何制定的？它们又是如何构成系列的？详见下一节。

第二节　尺寸的极限与配合

在机械制造业中，常用尺寸为小于或等于 500mm 的尺寸，该尺寸段在生产实践中应用最广。本节着重对该尺寸段进行介绍。

一、标准公差系列

标准公差系列是国家标准制定出的一系列标准公差数值，见表 3-1。标准公差系列包含三项内容，即标准公差等级、标准公差因子和公称尺寸分段。

表 3-1 标准公差数值（摘自 GB/T 1800.1—2009）

公称尺寸 /mm		标准公差等级																
		IT1	IT2	IT3	IT4	IT5	IT6	IT7	IT8	IT9	IT10	IT11	IT12	IT13	IT14	IT15	IT16	IT17	IT18
大于	至	μm											mm						
—	3	0.8	1.2	2	3	4	6	10	14	25	40	60	0.1	0.14	0.25	0.4	0.6	1	1.4
3	6	1	1.5	2.5	4	5	8	12	18	30	48	75	0.12	0.18	0.3	0.48	0.75	1.2	1.8
6	10	1	1.5	2.5	4	6	9	15	22	36	58	90	0.15	0.22	0.36	0.58	0.9	1.5	2.2
10	18	1.2	2	3	5	8	11	18	27	43	70	110	0.18	0.27	0.43	0.7	1.1	1.8	2.7
18	30	1.5	2.5	4	6	9	13	21	33	52	84	130	0.21	0.33	0.52	0.84	1.3	2.1	3.3
30	50	1.5	2.5	4	7	11	16	25	39	62	100	160	0.25	0.39	0.62	1	1.6	2.5	3.9
50	80	2	3	5	8	13	19	30	46	74	120	1900	0.3	0.46	0.74	1.2	1.9	3	4.6
80	120	2.5	4	6	10	15	22	35	54	87	140	220	0.35	0.54	0.87	1.4	2.2	3.5	5.4
120	180	3.5	5	8	12	18	25	40	63	100	160	250	0.4	0.63	1	1.6	2.5	4	6.3
180	250	4.5	7	10	14	20	29	46	72	115	185	290	0.46	0.72	1.15	1.85	2.9	4.6	7.2
250	315	6	8	12	16	23	32	52	81	130	210	320	0.52	0.81	1.3	2.1	3.2	5.2	8.1
315	400	7	9	13	18	25	36	57	89	140	230	360	0.57	0.89	1.4	2.3	3.6	5.7	8.9
400	500	8	10	15	20	27	40	63	97	155	250	400	0.63	0.97	1.55	2.5	4		6.3	9.7

注：1. 公称尺寸小于或等于 1mm 时，无 IT14 至 IT18。

2. IT01 和 IT0 的公差数值在标准附录 A 中给出。

（一）标准公差等级及代号

确定尺寸精确程度的等级称为标准公差等级。规定和划分公差等级的目的，是为了简化和统一公差的要求，使规定的等级既能满足不同的使用要求，又能大致代表各种加工方法的精度，为零件设计和制造带来极大的方便。

标准公差等级分为 20 级，用标准公差符号 IT 和数字组成，分别由 IT01、IT0、IT1、IT2、…、IT18 来表示。等级依次降低，标准公差数值依次增大。标准公差的计算公式见表 3-2。

表 3-2 标准公差的计算公式

公差等级	公 式	公差等级	公 式	公差等级	公 式	公差等级	公 式
IT01	$0.3+0.008D$	IT4	$(IT1)(IT5/IT1)^{3/4}$	IT9	$40i$	IT14	$400i$
IT0	$0.5+0.012D$	IT5	$7i$	IT10	$64i$	IT15	$640i$
IT1	$0.8+0.020D$	IT6	$10i$	IT11	$100i$	IT16	$1000i$
IT2	$(IT1)(IT5/IT1)^{1/4}$	IT7	$16i$	IT12	$160i$	IT17	$1600i$
IT3	$(IT1)(IT5/IT1)^{2/4}$	IT8	$25i$	IT13	$250i$	IT18	$2500i$

表 3-2 中的高精度等级 IT01、IT0、IT1，主要是考虑测量误差的影响，所以标准公差与公称尺寸呈线性关系。

IT2～IT4 是在 IT1 与 IT5 之间插入三级，使 IT1、IT2、IT3、IT4、IT5 成一等比数列，其公比为 $q=(IT5/IT1)^{1/4}$。

IT5～IT18 级的标准公差按下式计算，即

$$IT = ai \tag{3-15}$$

其中，a 是公差等级系数，除了 IT5 的公差等级系数 $a=7$ 以外，从 IT6 开始，公差等级系数采用 R5 优先数系，即公比 $q = \sqrt[5]{10} \approx 1.6$ 的等比数列。每隔 5 级，公差数值增大 10 倍。

i 称为标准公差因子，是以公称尺寸为自变量的函数。

（二）标准公差因子 i

标准公差因子是国家标准极限与配合制中，用以确定标准公差的基本单位。它是制定标准公差数值列的基础。根据生产实际经验和科学统计分析表明，加工误差与尺寸的关系基本上呈立方抛物线关系，即加工误差与尺寸的立方根成正比，如图 3-10 所示。而随着尺寸增大，测量误差的影响也增大，所以在确定标准公差数值时应考虑上述两个因素。国家标准总结出了标准公差因子的计算公式。

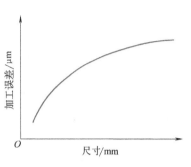

图 3-10 加工误差与尺寸的关系

公称尺寸 ≤500mm、IT5~IT18 的标准公差因子 i 的计算公式为

$$i = 0.45\sqrt[3]{D} + 0.001D \tag{3-16}$$

式中 D——公称尺寸段的几何平均值，单位为 mm；

i——标准公差因子，单位为 μm。

式（3-16）中的第一项反映的是加工误差的影响；第二项反映的是测量误差的影响，尤其是温度变化引起的测量误差。

（三）公称尺寸分段

根据表 3-2 所列的标准公差的计算公式可知，有一个公称尺寸就应该有一个相应的公差数值。生产实践中的公称尺寸很多，这样就会形成一个庞大的公差数值表，给生产、设计带来很多困难。而从图 3-10 所示加工误差与尺寸的关系可知，当公称尺寸变化不大时，其产生的误差变化很小。随着公称尺寸的数值增大，这种误差的变化更趋于缓慢。为了减少公差数值的数目、统一公差数值和方便使用，国家标准对公称尺寸进行了分段。尺寸分段后，同一尺寸分段内的所有公称尺寸，在相同公差等级的情况下，具有相同的标准公差。

公称尺寸分段见表 3-1。公称尺寸至 500mm 的尺寸范围分成 13 个尺寸段，这样的尺寸段称为主段落。另外还有把主段落中的一段又分成 2~3 段的中间段落。在公差表格中，一般使用主段落，而在基本偏差表中，对过盈或间隙较敏感的一些配合才使用中间段落。

在标准公差及后面的基本偏差计算公式中，公称尺寸 D 一律以所属尺寸段内的首尾两个尺寸（D_1、D_2）的几何平均值来进行计算，即

$$D = \sqrt{D_1 D_2} \tag{3-17}$$

这样，在一个尺寸段内只有一个公差数值，极大地简化了公差表格（对于公称尺寸 ≤3mm 的尺寸段，$D = \sqrt{1 \times 3}$ mm = 1.732mm）。

（四）标准公差数值

在公称尺寸和公差等级已定的情况下，就可以按表 3-2 所列的标准公差的计算公式计算出对应的标准公差数值。为了避免因计算时尾数化整方法不一致而造成计算结果的差异，国家标准对尾数圆整做了有关的规定（略）。最后编出标准公差数值表（见表 3-1）。

使用时可直接查此表。

二、基本偏差系列

（一）基本偏差及其代号

基本偏差是用来确定公差带相对于零线的位置的。不同的公差带位置与基准件将形成不同的配合。基本偏差的数量将决定配合种类的数量。为了满足各种不同松紧程度的配合需要，同时尽量减少配合种类，以利互换，国家标准对孔和轴分别规定了 28 种基本偏差，分别用拉丁字母表示，其中孔用大写字母表示，轴用小写字母表示。28 种基本偏差代号，由 26 个拉丁字母中去掉了 5 个易与其他参数相混淆的字母 I、L、O、Q、W（i、l、o、q、w），剩下的 21 个字母加上 7 个双写字母 CD、EF、FG、JS、ZA、ZB、ZC（cd、ef、fg、js、za、zb、zc）组成。这 28 种基本偏差代号反映了 28 种公差带的位置，构成了基本偏差系列，如图 3-11 所示。

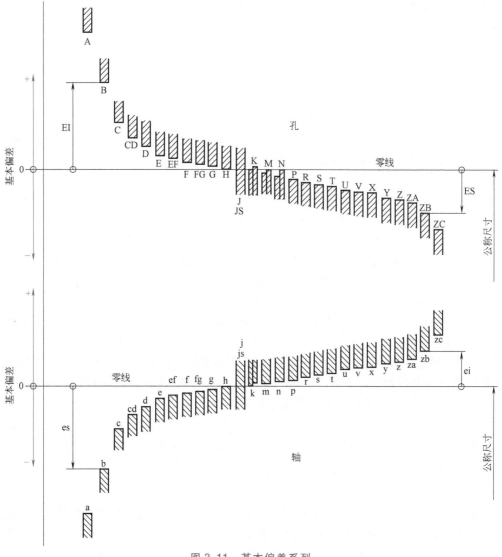

图 3-11　基本偏差系列

孔的基本偏差中，A～G 的基本偏差是下极限偏差 EI（正值）；H 的基本偏差 EI＝0，是基准孔；J～ZC 的基本偏差是上极限偏差 ES；JS 的基本偏差是 ES＝＋T_h/2 或 EI＝－T_h/2。

轴的基本偏差中，a～g 的基本偏差是上极限偏差 es（负值）；h 的基本偏差 es＝0，是基准轴；j～zc 的基本偏差是下极限偏差 ei；js 的基本偏差为 es＝＋T_s/2 或 ei＝－T_s/2。

基本偏差系列图中仅绘出了公差带的一端，未绘出公差带的另一端，它取决于公差大小。因此，任何一个公差带代号都由基本偏差代号和公差等级数联合表示，如 H7、h6、G8、p6 等。

基本偏差是公差带位置标准化的唯一参数，除去 JS 和 js 以及 J、j、K、k、M、m 和 N、n 以外，原则上基本偏差和公差等级无关。

孔和轴的偏差如图 3-12 所示。

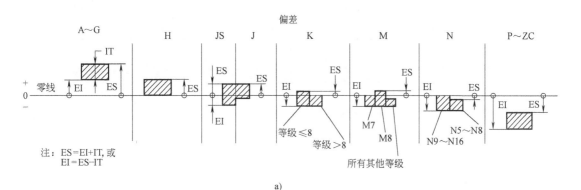

a)

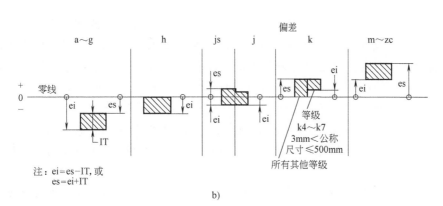

b)

图 3-12　孔和轴的偏差

a）孔　b）轴

（二）轴的基本偏差数值

轴的基本偏差数值是以基准孔为基础，根据各种配合的要求，在生产实践和大量实验的基础上，依据统计分析的结果整理出一系列公式而计算出来的。公称尺寸≤500mm 的轴的基本偏差计算公式见表 3-3。计算结果也要按一定规则将尾数进行圆整。

表 3-3 公称尺寸≤500mm 的轴的基本偏差计算公式　　　　（单位：μm）

代号	适用范围	基本偏差为上偏差（es）	代号	适用范围	基本偏差为上偏差（es）
a	$D \leqslant 120mm$	$-(265+1.3D)$	k	IT4~IT7	$+0.6\sqrt[3]{D}$
	$D > 120mm$	$-3.5D$	m		$+(IT7-IT6)$
b	$D \leqslant 160mm$	$-(140+0.85D)$	n		$+5D^{0.34}$
	$D > 160mm$	$-1.8D$	p		$+IT7+(0 \sim 5)$
c	$D \leqslant 40mm$	$-52D^{0.2}$	r		$+\sqrt{ps}$
	$D > 40mm$	$-(95+0.8D)$	s	$D \leqslant 50mm$	$+IT8+(1 \sim 4)$
cd		$-\sqrt{cd}$		$D > 50mm$	$+IT7+0.4D$
d		$-16D^{0.44}$	t		$+IT7+0.63D$
e		$-11D^{0.41}$	u		$+IT7+D$
ef		$-\sqrt{ef}$	v		$+IT7+1.25D$
f		$-5.5D^{0.41}$	x		$+IT7+1.6D$
fg		$-\sqrt{fg}$	y		$+IT7+2D$
g		$-2.5D^{0.34}$	z		$+IT7+2.5D$
h		0	za		$+IT8+3.15D$
j	IT5~IT8	经验数据	zb		$+IT9+4D$
k	≤IT3 及 ≥IT8	0	zc		$+IT10+5D$
$js = \pm \dfrac{IT}{2}$					

注：表中 D 的单位为 mm。

　　从图 3-11 和表 3-3 可知，在基孔制配合中，a~h 与基准孔形成间隙配合，基本偏差为上极限偏差 es，其绝对值正好等于最小间隙的数值。其中 a、b、c 三种用于大间隙配合，最小间隙采用与直径成正比的关系计算。d、e、f 主要用于一般润滑条件下的旋转运动，为了保证良好的液体摩擦，最小间隙与直径成平方根关系，但考虑到表面粗糙度的影响，间隙应适当减小，所以，计算公式中 D 的指数略小于 0.5。g 主要用于滑动、定心或半液体摩擦的场合，间隙取小，D 的指数有所减小。h 的基本偏差数值为零，它是最紧的间隙配合。至于 cd、ef 和 fg 的数值，则分别取 c 与 d、e 与 f 和 f 与 g 的基本偏差的几何平均值。

　　j~n 与基准孔形成过渡配合，其基本偏差为下极限偏差 ei，数值基本上是根据经验与统计的方法确定的。

　　p~zc 与基准孔形成过盈配合，其基本偏差为下极限偏差 ei，数值大小按与一定等级的孔相配合所要求的最小过盈而定。最小过盈系数的系列符合优先数系，规律性较好，便于应用。

　　在实际工作中，轴的基本偏差数值不必用公式计算，为方便使用，计算结果的数值已列成表，见表 3-4，使用时可直接查表。

　　当轴的基本偏差确定后，另一个极限偏差可根据轴的基本偏差数值和标准公差值按下列关系式计算，即

表 3-4　公称尺寸≤500mm 轴的基本偏差数值（摘自 GB/T 1800.1—2009）　　　　　　　　　　　　（单位：μm）

公称尺寸/mm 大于	至	上极限偏差 es a①	b①	c	cd	d	e	ef	f	fg	g	h	js②	j 5,6	j 7	j 8	k 4~7	k ≤3,>7	下极限偏差 ei m	n	p	r	s	t	u	v	x	y	z	za	zb	zc
—	3	-270	-140	-60	-34	-20	-14	-10	-6	-4	-2	0	偏差=±ITn/2	-2	-4	-6	0	0	+2	+4	+6	+10	+14	—	+18	—	+20	—	+26	+32	+40	+60
3	6	-270	-140	-70	-46	-30	-20	-14	-10	-6	-4	0		-2	-4	—	+1	0	+4	+8	+12	+15	+19	—	+23	—	+28	—	+35	+42	+50	+80
6	10	-280	-150	-80	-56	-40	-25	-18	-13	-8	-5	0		-2	-5	—	+1	0	+6	+10	+15	+19	+23	—	+28	—	+34	—	+42	+52	+67	+97
10	14	-290	-150	-95	—	-50	-32	—	-16	—	-6	0		-3	-6	—	+1	0	+7	+12	+18	+23	+28	—	+33	—	+40	—	+50	+64	+90	+130
14	18	-290	-150	-95	—	-50	-32	—	-16	—	-6	0		-3	-6	—	+1	0	+7	+12	+18	+23	+28	—	+33	+39	+45	—	+60	+77	+108	+150
18	24	-300	-160	-110	—	-65	-40	—	-20	—	-7	0		-4	-8	—	+2	0	+8	+15	+22	+28	+35	—	+41	+47	+54	+63	+73	+90	+136	+188
24	30	-300	-160	-110	—	-65	-40	—	-20	—	-7	0		-4	-8	—	+2	0	+8	+15	+22	+28	+35	+41	+48	+55	+64	+75	+88	+118	+160	+218
30	40	-310	-170	-120	—	-80	-50	—	-25	—	-9	0		-5	-10	—	+2	0	+9	+17	+26	+34	+43	+48	+60	+68	+80	+94	+112	+148	+200	+274
40	50	-320	-180	-130	—	-80	-50	—	-25	—	-9	0		-5	-10	—	+2	0	+9	+17	+26	+34	+43	+54	+70	+81	+97	+114	+136	+180	+242	+325
50	65	-340	-190	-140	—	-100	-60	—	-30	—	-10	0		-7	-12	—	+2	0	+11	+20	+32	+41	+53	+66	+87	+102	+122	+144	+172	+226	+300	+405
65	80	-360	-200	-150	—	-100	-60	—	-30	—	-10	0		-7	-12	—	+2	0	+11	+20	+32	+43	+59	+75	+102	+120	+146	+174	+210	+274	+360	+480
80	100	-380	-220	-170	—	-120	-72	—	-36	—	-12	0		-9	-15	—	+3	0	+13	+23	+37	+51	+71	+91	+124	+146	+178	+214	+258	+335	+445	+585
100	120	-410	-240	-180	—	-120	-72	—	-36	—	-12	0		-9	-15	—	+3	0	+13	+23	+37	+54	+79	+104	+144	+172	+210	+254	+310	+400	+525	+690
120	140	-460	-260	-200	—	-145	-85	—	-43	—	-14	0		-11	-18	—	+3	0	+15	+27	+43	+63	+92	+122	+170	+202	+248	+300	+365	+470	+620	+800
140	160	-520	-280	-210	—	-145	-85	—	-43	—	-14	0		-11	-18	—	+3	0	+15	+27	+43	+65	+100	+134	+190	+228	+280	+340	+415	+535	+700	+900
160	180	-580	-310	-230	—	-145	-85	—	-43	—	-14	0		-11	-18	—	+3	0	+15	+27	+43	+68	+108	+146	+210	+252	+310	+380	+465	+600	+780	+1000
180	200	-660	-340	-240	—	-170	-100	—	-50	—	-15	0		-13	-21	—	+4	0	+17	+31	+50	+77	+122	+166	+236	+284	+350	+425	+520	+670	+880	+1150
200	225	-740	-380	-260	—	-170	-100	—	-50	—	-15	0		-13	-21	—	+4	0	+17	+31	+50	+80	+130	+180	+258	+310	+385	+470	+575	+740	+960	+1250
225	250	-820	-420	-280	—	-170	-100	—	-50	—	-15	0		-13	-21	—	+4	0	+17	+31	+50	+84	+140	+196	+284	+340	+425	+520	+640	+820	+1050	+1350
250	280	-920	-480	-300	—	-190	-110	—	-56	—	-17	0		-16	-26	—	+4	0	+20	+34	+56	+94	+158	+218	+315	+385	+475	+580	+710	+920	+1200	+1550
280	315	-1050	-540	-330	—	-190	-110	—	-56	—	-17	0		-16	-26	—	+4	0	+20	+34	+56	+98	+170	+240	+350	+425	+525	+650	+790	+1000	+1300	+1700
315	355	-1200	-600	-360	—	-210	-125	—	-62	—	-18	0		-18	-28	—	+4	0	+21	+37	+62	+108	+190	+268	+390	+475	+590	+730	+900	+1150	+1500	+1900
355	400	-1350	-680	-400	—	-210	-125	—	-62	—	-18	0		-18	-28	—	+4	0	+21	+37	+62	+114	+208	+294	+435	+530	+660	+820	+1000	+1300	+1650	+2100
400	450	-1500	-760	-440	—	-230	-135	—	-68	—	-20	0		-20	-32	—	+5	0	+23	+40	+68	+126	+232	+330	+490	+595	+740	+920	+1100	+1450	+1850	+2400
450	500	-1650	-840	-480	—	-230	-135	—	-68	—	-20	0		-20	-32	—	+5	0	+23	+40	+68	+132	+252	+360	+540	+660	+820	+1000	+1250	+1600	+2100	+2600

注：上极限偏差 es 下各字母（a、b、c、cd、d、e、ef、f、fg、g、h）适用所有标准公差等级；js 的偏差=±$\dfrac{IT_n}{2}$；下极限偏差 ei 中 j 列按公差等级 5,6 / 7 / 8，k 列按公差等级 4~7 / ≤3,>7；其余（m、n、p、r、s、t、u、v、x、y、z、za、zb、zc）适用所有标准公差等级。

① 1mm 以下各级 a 和 b 均不采用。

② js 的数值中，对 IT7~IT11，若 IT_n 的数值为奇数，则取偏差 $=\pm(IT_n-1)/2$。

$$
\left.\begin{array}{l}
ei = es - T_s \\
es = ei + T_s
\end{array}\right\} \tag{3-18}
$$

（三）孔的基本偏差数值

孔的基本偏差数值是由同名字母轴的基本偏差，在相应的公差等级的基础上通过换算得到的。换算的原则是：基本偏差字母代号同名的孔和轴，分别构成的基轴制与基孔制的配合，在相应公差等级的条件下，其配合的性质必须相同，即具有相同的极限间隙或极限过盈，如 H9/f9 与 F9/h9、H7/p6 与 P7/h6。

由于孔比轴加工困难，因此国家标准规定，为使孔和轴在工艺上等价，在较高公差等级的配合中，孔比轴的公差等级低一级。在较低公差等级的配合中，孔与轴采用相同的公差等级。在孔和轴的基本偏差换算中，有以下两种规则。

（1）通用规则　同名代号的孔和轴的基本偏差的绝对值相等，而符号相反，即

$$
\left.\begin{array}{l}
EI = -es（适用于 A \sim H）\\
ES = -ei（适用于同级配合的 J \sim ZC）
\end{array}\right\} \tag{3-19}
$$

从公差带图解看，孔的基本偏差是轴的基本偏差相对于零线的倒影，如图 3-13a 所示。

（2）特殊规则　同名代号的孔和轴的基本偏差的符号相反，而绝对值相差一个 Δ 值。即

$$
\left.\begin{array}{l}
ES = -ei + \Delta \\
\Delta = IT_n - IT_{n-1} = T_h - T_s
\end{array}\right\} \tag{3-20}
$$

从公差带图解看，孔的基本偏差是轴的基本偏差相对于零线的倒影，向上提一个 Δ 值的距离，如图 3-13b 所示。

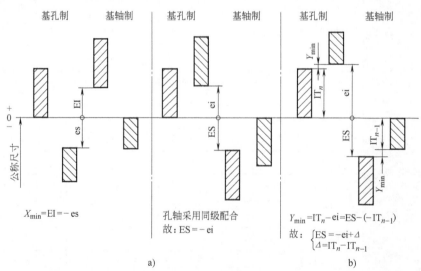

图 3-13　孔的基本偏差换算规则

a）通用规则　b）特殊规则

此式适用于 3mm<公称尺寸≤500mm、标准公差≤IT8 的 J~N 和标准公差≤IT7 的 P~ZC。

用上述公式计算出孔的基本偏差按一定规则化整，编制出孔的基本偏差数值表，见表3-5。实际使用时，可直接查此表，不必计算。

表 3-5　公称尺寸≤500mm孔的基本偏差数值（摘自 GB/T 1800.1—2009）　　　　　　　　　　　　　　（单位：μm）

下极限偏差 EI 适用于所有标准公差等级；上极限偏差 ES 中 J、K、M、N 按公差等级；P~ZC（≤7）：在大于7级的相应数值上增加一个 Δ 值。JS 偏差＝±$\dfrac{IT_n}{2}$。

如大于 18~30mm 的 P7，Δ＝8μm，因此 ES＝-14μm。

公称尺寸/mm 大于	至	A¹	B¹	C	CD	D	E	EF	F	FG	G	H	J(6)	J(7)	J(8)	K(≤8)	K(>8)	M(≤8)	M(>8)	N(≤8)	N(>8)	P	R	S	T	U	V	X	Y	Z	ZA	ZB	ZC	Δ(3)	Δ(4)	Δ(5)	Δ(6)	Δ(7)	Δ(8)
—	3	+270	+140	+60	+34	+20	+14	+10	+6	+4	+2	0	+2	+4	+6	0	0	-2	-2	-4	-4	-6	-10	-14	—	-18	—	-20	—	-26	-32	-40	-60	0	0	0	0	0	0
3	6	+270	+140	+70	+46	+30	+20	+14	+10	+6	+4	0	+5	+6	+10	-1+Δ	0	-4+Δ	-4	-8+Δ	0	-12	-15	-19	—	-23	—	-28	—	-35	-42	-50	-80	1	1.5	1	3	4	6
6	10	+280	+150	+80	+56	+40	+25	+18	+13	+8	+5	0	+5	+8	+12	-1+Δ	0	-6+Δ	-6	-10+Δ	0	-15	-19	-23	—	-28	—	-34	—	-42	-52	-67	-97	1	1.5	2	3	6	7
10	14	+290	+150	+95		+50	+32		+16		+6	0	+6	+10	+15	-1+Δ	0	-7+Δ	-7	-12+Δ	0	-18	-23	-28	—	-33	—	-40	—	-50	-64	-90	-130	1	2	3	3	7	9
14	18	+290	+150	+95		+50	+32		+16		+6	0	+6	+10	+15	-1+Δ	0	-7+Δ	-7	-12+Δ	0	-18	-23	-28	—	-33	-39	-45	—	-60	-77	-108	-150	1	2	3	3	7	9
18	24	+300	+160	+110		+65	+40		+20		+7	0	+8	+12	+20	-2+Δ	0	-8+Δ	-8	-15+Δ	0	-22	-28	-35	—	-41	-47	-54	-63	-73	-98	-136	-188	1.5	2	3	4	8	12
24	30	+300	+160	+110		+65	+40		+20		+7	0	+8	+12	+20	-2+Δ	0	-8+Δ	-8	-15+Δ	0	-22	-28	-35	-41	-48	-55	-64	-75	-88	-118	-160	-218	1.5	2	3	4	8	12
30	40	+310	+170	+120		+80	+50		+25		+9	0	+10	+14	+24	-2+Δ	0	-9+Δ	-9	-17+Δ	0	-26	-34	-43	-48	-60	-68	-80	-94	-112	-148	-200	-274	1.5	3	4	5	9	14
40	50	+320	+180	+130		+80	+50		+25		+9	0	+10	+14	+24	-2+Δ	0	-9+Δ	-9	-17+Δ	0	-26	-34	-43	-54	-70	-81	-97	-114	-136	-180	-242	-325	1.5	3	4	5	9	14
50	65	+340	+190	+140		+100	+60		+30		+10	0	+13	+18	+28	-2+Δ	0	-11+Δ	-11	-20+Δ	0	-32	-41	-53	-66	-87	-102	-122	-144	-172	-226	-300	-405	2	3	5	6	11	16
65	80	+360	+200	+150		+100	+60		+30		+10	0	+13	+18	+28	-2+Δ	0	-11+Δ	-11	-20+Δ	0	-32	-43	-59	-75	-102	-120	-146	-174	-210	-274	-360	-480	2	3	5	6	11	16
80	100	+380	+220	+170		+120	+72		+36		+12	0	+16	+22	+34	-3+Δ	0	-13+Δ	-13	-23+Δ	0	-37	-51	-71	-91	-124	-146	-178	-214	-258	-335	-445	-585	2	4	5	7	13	19
100	120	+410	+240	+180		+120	+72		+36		+12	0	+16	+22	+34	-3+Δ	0	-13+Δ	-13	-23+Δ	0	-37	-54	-79	-104	-144	-172	-210	-254	-310	-400	-525	-690	2	4	5	7	13	19
120	140	+460	+260	+200		+145	+85		+43		+14	0	+18	+26	+41	-3+Δ	0	-15+Δ	-15	-27+Δ	0	-43	-63	-92	-122	-170	-202	-248	-300	-365	-470	-620	-800	3	4	6	7	15	23
140	160	+520	+280	+210		+145	+85		+43		+14	0	+18	+26	+41	-3+Δ	0	-15+Δ	-15	-27+Δ	0	-43	-65	-100	-134	-190	-228	-280	-340	-415	-535	-700	-900	3	4	6	7	15	23
160	180	+580	+310	+230		+145	+85		+43		+14	0	+18	+26	+41	-3+Δ	0	-15+Δ	-15	-27+Δ	0	-43	-68	-108	-146	-210	-252	-310	-380	-465	-600	-780	-1000	3	4	6	7	15	23
180	200	+660	+340	+240		+170	+100		+50		+15	0	+22	+30	+47	-4+Δ	0	-17+Δ	-17	-31+Δ	0	-50	-77	-122	-166	-236	-284	-350	-425	-520	-670	-880	-1150	3	4	6	9	17	26
200	225	+740	+380	+260		+170	+100		+50		+15	0	+22	+30	+47	-4+Δ	0	-17+Δ	-17	-31+Δ	0	-50	-80	-130	-180	-258	-310	-385	-470	-575	-740	-960	-1250	3	4	6	9	17	26
225	250	+820	+420	+280		+170	+100		+50		+15	0	+22	+30	+47	-4+Δ	0	-17+Δ	-17	-31+Δ	0	-50	-84	-140	-196	-284	-340	-425	-520	-640	-820	-1050	-1350	3	4	6	9	17	26
250	280	+920	+480	+300		+190	+110		+56		+17	0	+25	+36	+55	-4+Δ	0	-20+Δ	-20	-34+Δ	0	-56	-94	-158	-218	-315	-385	-475	-580	-710	-920	-1200	-1550	4	4	7	9	20	29
280	315	+1050	+540	+330		+190	+110		+56		+17	0	+25	+36	+55	-4+Δ	0	-20+Δ	-20	-34+Δ	0	-56	-98	-170	-240	-350	-425	-525	-650	-790	-1000	-1300	-1700	4	4	7	9	20	29
315	355	+1200	+600	+360		+210	+125		+62		+18	0	+29	+39	+60	-4+Δ	0	-21+Δ	-21	-37+Δ	0	-62	-108	-190	-268	-390	-475	-590	-730	-900	-1150	-1500	-1900	4	5	7	11	21	32
355	400	+1350	+680	+400		+210	+125		+62		+18	0	+29	+39	+60	-4+Δ	0	-21+Δ	-21	-37+Δ	0	-62	-114	-208	-294	-435	-530	-660	-820	-1000	-1300	-1650	-2100	4	5	7	11	21	32
400	450	+1500	+760	+440		+230	+135		+68		+20	0	+33	+43	+66	-5+Δ	0	-23+Δ	-23	-40+Δ	0	-68	-126	-232	-330	-490	-595	-740	-920	-1100	-1450	-1850	-2400	5	5	7	13	23	34
450	500	+1650	+840	+480		+230	+135		+68		+20	0	+33	+43	+66	-5+Δ	0	-23+Δ	-23	-40+Δ	0	-68	-132	-252	-360	-540	-660	-820	-1000	-1250	-1600	-2100	-2600	5	5	7	13	23	34

注：
① 小于或等于 1mm 时，各级 A 和 B 级及大于 8 级的 N 均不采用。
② 标准公差≤IT8 级的 K、M、N 及标准公差≤IT7 级的 P~ZC 时，从表的右侧选取 Δ 值。

孔的另一个极限偏差可根据下列公式计算，即

$$\left.\begin{array}{l} ES = EI + T_h \\ EI = ES - T_h \end{array}\right\} \qquad (3\text{-}21)$$

例 3-1 试用查表法确定 $\phi20H7/p6$ 和 $\phi20P7/h6$ 的孔和轴的极限偏差，绘制极限与配合图解，计算两个配合的极限过盈。

解 （1）查表确定孔和轴的标准公差 查表 3-1 得：IT6 = 13μm，IT7 = 21μm。

（2）查表确定轴的基本偏差 查表 3-4 得：h 的基本偏差 es = 0，p 的基本偏差 ei = +22μm。

（3）查表确定孔的基本偏差 查表 3-5 得：H 的基本偏差 EI = 0，P 的基本偏差 ES = $-22+\Delta$ = $(-22+8)$ μm = -14 μm；或者孔的基本偏差由同名字母轴的基本偏差换算求得：H 的基本偏差 EI = $-es$ = 0，P 的基本偏差 ES = $-ei+\Delta$ = $-22+($IT7$-$IT6$)$ = [$-22+(21-13)$] μm = -14 μm。

（4）计算轴的另一个极限偏差 h6 的另一个极限偏差 ei = es$-$IT6 = $(0-13)$ μm = -13 μm，p6 的另一个极限偏差 es = ei+IT6 = $(+22+13)$ μm = $+35$ μm。

（5）计算孔的另一个极限偏差 H7 的另一个极限偏差 ES = EI+IT7 = $(0+21)$ μm = $+21$ μm，P7 的另一个极限偏差 EI = ES$-$IT7 = $(-14-21)$ μm = -35 μm。

（6）标出极限偏差 $\phi20\dfrac{H7\binom{+0.021}{0}}{p6\binom{+0.035}{+0.022}}$，$\phi20\dfrac{P7\binom{-0.014}{-0.035}}{h6\binom{0}{-0.013}}$

（7）绘制极限与配合图解，如图 3-14 所示。

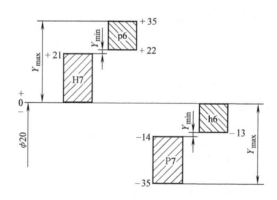

图 3-14 $\phi20H7/p6$ 和 $\phi20P7/h6$ 极限与配合图解

（8）计算极限过盈

对于 $\phi20H7/p6$

$$Y_{max} = EI - es = (0-35)\ \mu m = -35\ \mu m$$
$$Y_{min} = ES - ei = (+21-22)\ \mu m = -1\ \mu m$$

对于 $\phi20P7/h6$

$$Y_{max} = EI - es = (-35-0)\ \mu m = -35\ \mu m$$
$$Y_{min} = ES - ei = [-14-(-13)]\ \mu m = -1\ \mu m$$

可见，$\phi20H7/p6$ 和 $\phi20P7/h6$ 的配合性质相同。

三、一般、常用和优先的公差带与配合

(一) 一般、常用和优先的公差带

按照国家标准中提供的标准公差及基本偏差系列,可将任一基本偏差与任一标准公差组合,从而得到大小与位置不同的大量公差带。在公称尺寸≤500mm 范围内,孔的公差带有 20×27+3＝543 个,轴的公差带有 20×27+4＝544 个。这么多的公差带都使用是不经济的,因它必然会导致定值刀具和量具规格的繁多。为此,GB/T 1801—2009 规定了公称尺寸≤500mm 的一般用途轴的公差带 116 个和孔的公差带 105 个,再从中选出常用轴的公差带 59 个和孔的公差带 43 个,并进一步挑选出孔和轴的优先用途公差带各 13 个,如图 3-15 和图 3-16 所示。图中方框中的公差带为常用公差带,粗体带下划线的公差带为优先公差带。

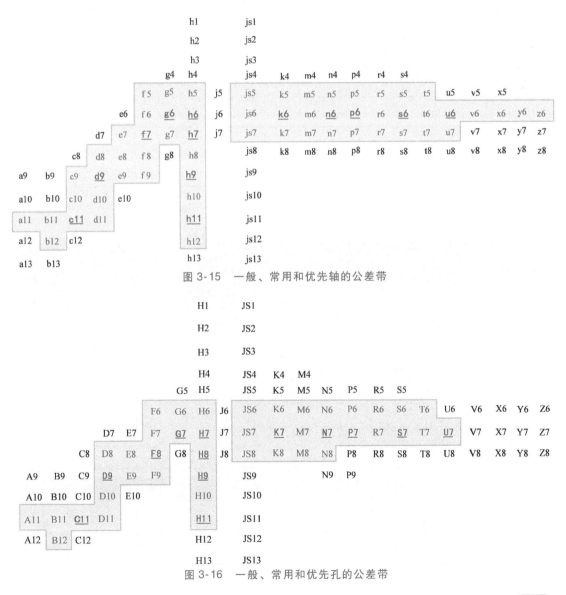

图 3-15 一般、常用和优先轴的公差带

图 3-16 一般、常用和优先孔的公差带

（二）常用和优先配合

在上述推荐的轴、孔公差带的基础上，国家标准还推荐了孔、轴公差带的组合。公称尺寸至500mm，对基孔制，规定有59种常用配合；对基轴制，规定有47种常用配合。在此基础上，又从中各选取了13种优先配合，见表3-6和表3-7。

表3-6 公称尺寸至500mm基孔制常用和优先配合

基准孔	轴																				
	a	b	c	d	e	f	g	h	js	k	m	n	p	r	s	t	u	v	x	y	z
	间隙配合								过渡配合			过盈配合									
H6						$\frac{H6}{f5}$	$\frac{H6}{g5}$	$\frac{H6}{h5}$	$\frac{H6}{js5}$	$\frac{H6}{k5}$	$\frac{H6}{m5}$	$\frac{H6}{n5}$	$\frac{H6}{p5}$	$\frac{H6}{r5}$	$\frac{H6}{s5}$	$\frac{H6}{t5}$					
H7						$\frac{H7}{f6}$	$\frac{H7}{g6}$	$\frac{H7}{h6}$	$\frac{H7}{js6}$	$\frac{H7}{k6}$	$\frac{H7}{m6}$	$\frac{H7}{n6}$	$\frac{H7}{p6}$	$\frac{H7}{r6}$	$\frac{H7}{s6}$	$\frac{H7}{t6}$	$\frac{H7}{u6}$	$\frac{H7}{v6}$	$\frac{H7}{x6}$	$\frac{H7}{y6}$	$\frac{H7}{z6}$
H8					$\frac{H8}{e7}$	$\frac{H8}{f7}$	$\frac{H8}{g7}$	$\frac{H8}{h7}$	$\frac{H8}{js7}$	$\frac{H8}{k7}$	$\frac{H8}{m7}$	$\frac{H8}{n7}$	$\frac{H8}{p7}$	$\frac{H8}{r7}$	$\frac{H8}{s7}$	$\frac{H8}{t7}$	$\frac{H8}{u7}$				
				$\frac{H8}{d8}$	$\frac{H8}{e8}$	$\frac{H8}{f8}$		$\frac{H8}{h8}$													
H9			$\frac{H9}{c9}$	$\frac{H9}{d9}$	$\frac{H9}{e9}$	$\frac{H9}{f9}$		$\frac{H9}{h9}$													
H10			$\frac{H10}{c10}$	$\frac{H10}{d10}$				$\frac{H10}{h10}$													
H11	$\frac{H11}{a11}$	$\frac{H11}{b11}$	$\frac{H11}{c11}$	$\frac{H11}{d11}$				$\frac{H11}{h11}$													
H12		$\frac{H12}{b12}$						$\frac{H12}{h12}$													

注：1. H6/n5、H7/p6 在公称尺寸小于或等于3mm和H8/r7在小于或等于100mm时，为过渡配合。
　　2. 标注颜色的配合为优先配合。

表3-7 公称尺寸至500mm基轴制常用和优先配合

基准轴	孔																				
	A	B	C	D	E	F	G	H	JS	K	M	N	P	R	S	T	U	V	X	Y	Z
	间隙配合								过渡配合			过盈配合									
h5						$\frac{F6}{h5}$	$\frac{G6}{h5}$	$\frac{H6}{h5}$	$\frac{JS6}{h5}$	$\frac{K6}{h5}$	$\frac{M6}{h5}$	$\frac{N6}{h5}$	$\frac{P6}{h5}$	$\frac{R6}{h5}$	$\frac{S6}{h5}$	$\frac{T6}{h5}$					
h6						$\frac{F7}{h6}$	$\frac{G7}{h6}$	$\frac{H7}{h6}$	$\frac{JS7}{h6}$	$\frac{K7}{h6}$	$\frac{M7}{h6}$	$\frac{N7}{h6}$	$\frac{P7}{h6}$	$\frac{R7}{h6}$	$\frac{S7}{h6}$	$\frac{T7}{h6}$	$\frac{U7}{h6}$				
h7					$\frac{E8}{h7}$	$\frac{F8}{h7}$		$\frac{H8}{h7}$	$\frac{JS8}{h7}$	$\frac{K8}{h7}$	$\frac{M8}{h7}$	$\frac{N8}{h7}$									
h8				$\frac{D8}{h8}$	$\frac{E8}{h8}$	$\frac{F8}{h8}$		$\frac{H8}{h8}$													
h9				$\frac{D9}{h9}$	$\frac{E9}{h9}$	$\frac{F9}{h9}$		$\frac{H9}{h9}$													
h10				$\frac{D10}{h10}$				$\frac{H10}{h10}$													
h11	$\frac{A11}{h11}$	$\frac{B11}{h11}$	$\frac{C11}{h11}$	$\frac{D11}{h11}$				$\frac{H11}{h11}$													
h12		$\frac{B12}{h12}$						$\frac{H12}{h12}$													

注：标注颜色的配合为优先配合。

四、一般公差（线性尺寸的未注公差）

一般公差是指在车间普通工艺条件下机床设备一般加工能力可保证的公差。在正常维护和操作情况下，它代表车间的一般加工的经济加工精度。国家标准 GB/T 1804—2000《一般公差　未注公差的线性和角度尺寸的公差》等效地采用了国际标准中的有关部分，替代了 GB/T 1804—1992《一般公差　线性尺寸的未注公差》。

GB/T 1804—2000 对线性尺寸的一般公差规定了四个公差等级，即精密级、中等级、粗糙级和最粗级，分别用字母 f、m、c 和 v 表示。而对尺寸也采用了大的分段。具体数据见表 3-8。这四个公差等级相当于 IT12、IT14、IT16 和 IT17。

表 3-8　未注公差的线性尺寸极限偏差数值（摘自 GB/T 1804—2000）　（单位：mm）

公差等级	尺寸分段							
	0.5~3	>3~6	>6~30	>30~120	>120~400	>400~1000	>1000~2000	>2000~4000
f(精密级)	±0.05	±0.05	±0.1	±0.15	±0.2	±0.3	±0.5	—
m(中等级)	±0.1	±0.1	±0.2	±0.3	±0.5	±0.8	±1.2	±2
c(粗糙级)	±0.2	±0.3	±0.5	±0.8	±1.2	±2	±3	±4
v(最粗级)	—	±0.5	±1	±1.5	±2.5	±4	±6	±8

由表 3-8 可见，不论是孔还是轴，其极限偏差的取值都采用对称分布的公差带。国家标准同时也对倒圆半径与倒角高度尺寸极限偏差数值做了规定，见表 3-9。

表 3-9　倒圆半径与倒角高度尺寸极限偏差数值（摘自 GB/T 1804—2000）　（单位：mm）

公差等级	尺寸分段			
	0.5~3	>3~6	>6~30	>30
f（精密级）	±0.2	±0.5	±1	±2
m（中等级）				
c（粗糙级）	±0.4	±1	±2	±4
v（最粗级）				

注：倒圆半径与倒角高度的含义参见国家标准 GB/T 6403.4—2008《零件倒圆与倒角》。

当采用一般公差时，在图样上只注公称尺寸，不注极限偏差，而应在图样的技术要求或有关技术文件中，用标准号和公差等级代号进行总的表示。例如：当选用中等级 m 时，则表示为 GB/T 1804-m。

一般公差主要用于精度较低的非配合尺寸。当零件的功能要求允许一个比一般公差大的公差，而该公差比一般公差更经济时，应在公称尺寸后直接注出具体的极限偏差数值。

一般公差的线性尺寸是在车间加工精度保证的情况下加工出来的，一般可以不检验。若生产方和使用方有争议时，应以表中查得的极限偏差作为依据来判断其合格性。

第三节　尺寸极限与配合的选择

尺寸极限与配合的选择是机械设计与制造中的一个重要环节。它是在公称尺寸已经确定的情况下进行的尺寸精度设计，其内容包括选择配合制、公差等级和配合种类三个方面。极限与配合的选择是否恰当，对产品的性能、质量、互换性及经济性有着重要的影响。选择的原则是在满足使用要求的前提下能够获得最佳的技术经济效益。选择的方法有计算法、试验法和类比法。

一、配合制的选择

选择配合制时，应从结构、工艺性及经济性几方面综合分析考虑。

（1）一般情况下应优先选用基孔制　在机械制造中，一般优先选用基孔制，这主要是从工艺上和宏观经济效益来考虑的。因为选用基孔制可以减少孔用定值刀具和量具等的数目。由于加工轴的刀具等多不是定值的，所以改变轴的尺寸不会增加刀具和量具等的数目。

（2）下列情况应选用基轴制

1）直接使用有一定公差等级（IT8~IT11）而不再进行机械加工的冷拔钢材（这种钢材是按基准轴的公差带制造）做轴。当需要各种不同的配合时，可选择不同的孔公差带位置来实现。这种情况主要应用在农业机械和纺织机械中。

2）加工尺寸小于1mm的精密轴比同级孔要困难，因此在仪器制造、钟表生产、无线电工程中，常使用经过光轧成形的钢丝直接做轴，这时采用基轴制较经济。

3）根据结构上的需要，在同一公称尺寸的轴上装配有不同配合要求的几个孔件时，应采用基轴制。例如：发动机的活塞销与连杆铜套孔和活塞孔之间的配合，如图3-17a所示。根据工作需要及装配性，活塞销与活塞孔采用过渡配合，而与连杆铜套孔采用间隙配合。若采用基孔制配合，如图3-17b所示，销将做成阶梯状。而采用基轴制配合，如图3-17c所示，销可做成光轴。这种选择不仅有利于轴的加工，并且能够保证它们在装配中的配合质量。

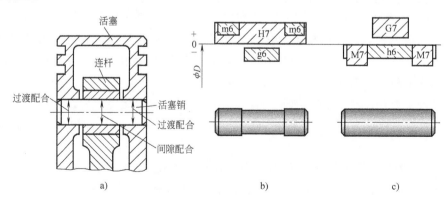

图3-17　配合制选择示例（一）

（3）与标准件配合 若与标准件（零件或部件）配合，应以标准件为基准件，来确定采用基孔制还是基轴制。

例如：滚动轴承外圈与箱体孔的配合应采用基轴制，滚动轴承内圈与轴的配合应采用基孔制，如图 3-18 所示。选择箱体孔的公差带为 J7，选择轴颈的公差带为 k6。

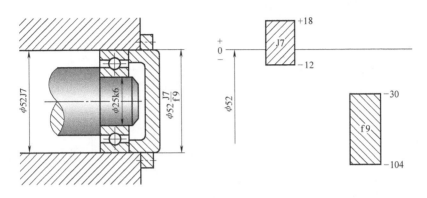

图 3-18 配合制选择示例（二）

（4）为满足配合的特殊要求，允许选用非基准制的配合 非基准制的配合是指相配合的两零件既无基准孔 H 又无基准轴 h 的配合。当一个孔与几个轴相配合或一个轴与几个孔相配合，其配合要求各不相同时，则有的配合要出现非基准制的配合，如图 3-18 所示。在箱体孔中装配有滚动轴承和轴承端盖，由于滚动轴承是标准件，它与箱体孔的配合是基轴制配合，箱体孔的公差带代号为 J7，这时如果轴承端盖与箱体孔的配合也要坚持基轴制，则配合为 J/h，属于过渡配合。但轴承端盖需要经常拆卸，显然这种配合过于紧密，而应选用间隙配合为好。轴承端盖公差带不能用 h，只能选择非基准轴公差带，考虑到轴承端盖的性能要求和加工的经济性，采用公差等级 9 级，最后选择轴承端盖与箱体孔之间的配合为 J7/f9。

二、公差等级的选择

公差等级的选择就是确定尺寸的制造精度。由于尺寸精度与加工的难易程度、加工的成本和零件的工作质量有关，所以在选择公差等级时，要正确处理使用要求、加工工艺及成本之间的关系。选择公差等级的基本原则是，在满足使用要求的前提下，尽量选取较低的公差等级。

公差等级的选择常采用类比法，也就是参考从生产实践中总结出来的经验资料，进行比较选用。选择时应考虑以下几方面。

1）在常用尺寸段内，对于较高公差等级的配合（间隙和过渡配合中孔的标准公差 ≤IT8，过盈配合中孔的标准公差 ≤IT7），由于孔比轴难加工，选定孔比轴低一级公差，使孔、轴的加工难易程度相同。低精度的孔和轴选择相同公差等级。

2）各种加工方法能够达到的公差等级见表 3-10，可供选择时参考。

表 3-10 各种加工方法能够达到的公差等级

加工方法 \ 公差等级	01	0	1	2	3	4	5	6	7	8	9	10	11	12	13	14	15	16	17	18
研磨	█	█	█	█	█	█	█													
珩磨						█	█	█	█											
圆磨							█	█	█	█										
平磨							█	█	█	█										
金刚石车							█	█	█											
金刚石镗							█	█	█											
拉削							█	█	█	█										
铰孔								█	█	█	█									
精车、精镗									█	█	█									
粗车												█	█	█						
粗镗												█	█	█						
铣										█	█	█	█							
刨、插												█	█	█						
钻削												█	█	█						
冲压												█	█	█						
滚压、挤压												█	█							
锻造																█	█	█		
砂型铸造																█	█	█		
金属型铸造																█	█	█		
气割																	█	█	█	

3）公差等级的应用范围见表 3-11。

表 3-11 公差等级的应用范围

应用 \ 公差等级	01	0	1	2	3	4	5	6	7	8	9	10	11	12	13	14	15	16	17	18
量块	█	█	█																	
量规			█	█	█	█	█													
配合尺寸							█	█	█	█	█	█	█	█						
特别精密零件				█	█	█	█													
非配合尺寸														█	█	█				
原材料										█	█	█	█	█	█	█				

4）相配零件或部件精度要匹配。如与滚动轴承相配合的轴和孔的公差等级与轴承的精度有关，如图 3-18 所示。再如与齿轮相配合的轴的公差等级直接受齿轮的精度影响。

5）过盈、过渡配合的公差等级不能太低，一般孔的标准公差 ≤IT8，轴的标准公差

≤IT7。间隙配合则不受此限制。但间隙小的配合公差等级应较高，而间隙大的配合公差等级可以低些。例如：选用 H6/g5 和 H11/a11 是可以的，而选用 H11/g11 和 H6/a5 则不合适。

6）在非基准制配合中，有的零件精度要求不高，可与相配合零件的公差等级差 2～3 级，如图 3-18 所示箱体孔与轴承端盖的配合。

7）应熟悉表 3-12 所列常用尺寸公差等级的应用。

表 3-12　常用尺寸公差等级的应用

公差等级	应　用
5 级	主要用在配合公差、形状公差要求甚小的地方。它的配合性质稳定，一般在机床、发动机、仪表等重要部位应用。例如：与 5(旧 D) 级滚动轴承配合的箱体孔；与 6(旧 E) 级滚动轴承配合的机床主轴、机床尾座与套筒、精密机械及高速机械中轴、精密丝杠轴等
6 级	配合性质能达到较高的均匀性。例如：与 6(旧 E) 级滚动轴承相配合的孔、轴；与齿轮、蜗轮、联轴器、带轮、凸轮等连接的轴，机床丝杠轴；摇臂钻床立柱；机床夹具中导向件外径尺寸；6 级精度齿轮的基准孔，7、8 级精度齿轮基准轴
7 级	7 级精度比 6 级稍低，应用条件与 6 级基本相似，在一般机械制造中应用较为普遍。例如：联轴器、带轮、凸轮等孔；机床卡盘座孔；夹具中固定钻套、可换钻套；7、8 级齿轮基准孔，9、10 级齿轮基准轴
8 级	在机器制造中属于中等精度。例如：轴承座衬套沿宽度方向尺寸；9～12 级齿轮基准孔，11、12 级齿轮基准轴
9 级、10 级	主要用于机械制造中轴套外径与孔；操纵件与轴；带轮与轴；单键与花键
11 级、12 级	配合精度很低，装配后可能产生很大间隙，适用于基本上没有什么配合要求的场合。例如：机床上法兰盘与止口；滑块与滑移齿轮；加工中工序间尺寸；冲压加工的配合件；机床制造中的扳手孔与扳手座的连接

三、配合种类的选择

配合种类的选择就是在确定了基准制的基础上，根据使用中允许间隙或过盈的大小及其变化范围，选定非基准件的基本偏差代号，有的同时确定基准件与非基准件的公差等级。

（一）根据使用要求确定配合的种类

确定间隙、过渡或过盈配合应根据具体的使用要求。例如：孔、轴有相对运动（转动或移动）要求时，必须选择间隙配合；当孔、轴无相对运动时，应根据具体工作条件的不同确定过盈、过渡甚至间隙配合。确定配合种类后，应尽可能地选用优先配合，其次是常用配合，再次是一般配合。如果仍不能满足要求，可以选择其他的配合。

（二）选定基本偏差的方法

选择方法有三种，即计算法、试验法和类比法。

计算法就是根据理论公式，计算出使用要求的间隙或过盈大小来选定配合的方法。如根据液体润滑理论，计算保证液体摩擦状态所需要的最小间隙。在依靠过盈来传递运动和负载的过盈配合时，可根据弹性变形理论公式，计算出能保证传递一定负载所需要的最小过盈和不使零件损坏的最大过盈。由于影响间隙和过盈的因素很多，理论的计算也是近似的，所以在实际应用中还需经过试验来确定。一般情况下，很少使用计算法。

试验法就是用试验的方法确定满足产品工作性能的间隙或过盈范围。该方法主要用于对产品性能影响大而又缺乏经验的场合。试验法比较可靠，但周期长、成本高，应用也较少。

类比法就是参照同类型机器或机构中经过生产实践验证的配合的实际情况，再结合所设计产品的使用要求和应用条件来确定配合。该方法应用最广。

（三）用类比法选择配合时应考虑的因素

用类比法选择配合，首先要掌握各种配合的特征和应用场合，尤其是对国家标准所规定的常用与优先配合要更为熟悉。表3-13列出了尺寸至500mm基孔制常用和优先配合的特征和应用场合。

表 3-13 尺寸至 500mm 基孔制常用和优先配合的特征和应用场合

配合类别	配合特征	配合代号	应用场合
间隙配合	特大间隙	$\dfrac{H11}{a11}$ $\dfrac{H11}{b11}$ $\dfrac{H12}{b12}$	用于高温或工作时要求大间隙的配合
	很大间隙	$\left(\dfrac{H11}{c11}\right)$ $\dfrac{H11}{d11}$	用于工作条件较差、受力变形或为了便于装配而需要大间隙的配合和高温工作的配合
	较大间隙	$\dfrac{H9}{c9}$ $\dfrac{H10}{c10}$ $\dfrac{H8}{d8}$ $\left(\dfrac{H9}{d9}\right)$ $\dfrac{H10}{d10}$ $\dfrac{H8}{e7}$ $\dfrac{H8}{e8}$ $\dfrac{H9}{e9}$	用于高速重载的滑动轴承或大直径的滑动轴承，也可用于大跨距或多支点支承的配合
	一般间隙	$\dfrac{H6}{f5}$ $\dfrac{H7}{f6}$ $\left(\dfrac{H8}{f7}\right)$ $\dfrac{H8}{f8}$ $\dfrac{H9}{f9}$	用于一般转速的间隙配合。温度影响不大时，广泛应用于普通润滑油润滑的支承处
	较小间隙	$\left(\dfrac{H7}{g6}\right)$ $\dfrac{H8}{g7}$	用于精密滑动零件或缓慢回转零件的配合部位
	很小间隙和零间隙	$\dfrac{H6}{g5}$ $\dfrac{H6}{h5}$ $\left(\dfrac{H7}{h6}\right)$ $\left(\dfrac{H8}{h7}\right)$ $\dfrac{H8}{h8}$ $\left(\dfrac{H9}{h9}\right)$ $\dfrac{H10}{h10}$ $\left(\dfrac{H11}{h11}\right)$ $\dfrac{H12}{h12}$	用于不同精度要求的一般定位件的配合和缓慢移动和摆动零件的配合
过渡配合	绝大部分有微小间隙	$\dfrac{H6}{js5}$ $\dfrac{H7}{js6}$ $\dfrac{H8}{js7}$	用于易于装拆的定位配合或加紧固件后可传递一定静载荷的配合
	大部分有微小间隙	$\dfrac{H6}{k5}$ $\left(\dfrac{H7}{k6}\right)$ $\dfrac{H8}{k7}$	用于稍有振动的定位配合。加紧固件可传递一定载荷。装拆方便，可用木锤敲入
	大部分有微小过盈	$\dfrac{H6}{m5}$ $\dfrac{H7}{m6}$ $\dfrac{H8}{m7}$	用于定位精度较高且能抗振的定位配合。加键可传递较大载荷。可用铜锤敲入或小压力压入
	绝大部分有微小过盈	$\left(\dfrac{H7}{n6}\right)$ $\dfrac{H8}{n7}$	用于精确定位或紧密组合件的配合。加键能传递大力矩或冲击性载荷。只在大修时拆卸
	绝大部分有较小过盈	$\dfrac{H8}{p7}$	加键后能传递很大力矩，用于承受振动和冲击的配合。装配后不再拆卸
过盈配合	轻型	$\dfrac{H6}{n5}$ $\dfrac{H6}{p5}$ $\left(\dfrac{H7}{p6}\right)$ $\dfrac{H6}{r5}$ $\dfrac{H7}{r6}$ $\dfrac{H8}{r7}$	用于精确的定位配合，一般不能靠过盈传递力矩。要传递力矩尚需加紧固件
	中型	$\dfrac{H6}{s5}$ $\left(\dfrac{H7}{s6}\right)$ $\dfrac{H8}{s7}$ $\dfrac{H6}{t5}$ $\dfrac{H7}{t6}$ $\dfrac{H8}{t7}$	不需加紧固件就可传递较小力矩和进给力。加紧固件后可承受较大载荷或动载荷
	重型	$\left(\dfrac{H7}{u6}\right)$ $\dfrac{H8}{u7}$ $\dfrac{H7}{v6}$	不需加紧固件就可传递和承受大的力矩和动载荷。要求零件材料有高强度
	特重型	$\dfrac{H7}{x6}$ $\dfrac{H7}{y6}$ $\dfrac{H7}{z6}$	能传递和承受很大力矩和动载荷，须经试验后方可应用

注：括号内的配合为优先配合。

用类比法选择配合时还必须考虑如下一些因素。

（1）受载荷情况　若载荷较大，对过盈配合过盈量要增大；对间隙配合要减小间隙；对过渡配合要选用过盈概率大的过渡配合。

（2）拆装情况　经常拆装的孔和轴的配合比不经常拆装的配合要松些。有时零件虽然不经常拆装，但受结构限制装配困难的配合，也要选松一些的配合。

（3）配合件的结合长度和几何误差　若零件上有配合要求的部位结合面较长时，由于受几何误差的影响，实际形成的配合比结合面短的配合要紧些，所以在选择配合时应适当减小过盈或增大间隙。

（4）配合件的材料　当配合件中有一件是铜或铝等塑性材料时，考虑到它们容易变形，选择配合时可适当增大过盈或减小间隙。

（5）温度的影响　当装配温度与工作温度相差较大时，要考虑热变形的影响。

（6）装配变形的影响　主要针对一些薄壁零件的装配。如图3-19所示，由于套筒外表面与机座孔的装配会产生较大过盈，当套筒压入机座孔后套筒内孔会收缩，使内孔变小，这样就满足不了$\phi60H7/f6$的使用要求。在选择套筒内孔与轴的配合时，此变形量应给予考虑。具体办法有两个：其一是将内孔做大些（如按$\phi60G7$进行加工），以补偿装配变形；其二是用工艺措施来保证，将套筒压入机座孔后，再按$\phi60H7$加工套筒内孔。

（7）生产类型　在大批大量生产时，加工后的尺寸通常按正态分布。而在单件小批量生产时，所加工孔的尺寸多偏向下极限尺寸，所加工轴的尺寸多偏向上极限尺寸，即所谓的偏态分布，如图3-20所示。这样，对于同一配合，单件小批生产比大批大量生产从总体看来就显得紧一些。因此，在选择配合时，对于同一使用要求，单件小批生产时采用的配合应比大批大量生产时要松一些。如大批大量生产时$\phi50H7/js6$的要求，在单件小批生产时应选择$\phi50H7/h6$。不同工作条件影响配合过盈或间隙的趋势见表3-14。

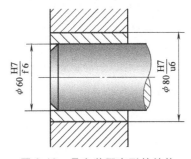

图 3-19　具有装配变形的结构

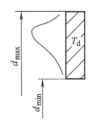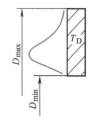

图 3-20　偏态分布

四、选择实例

（一）用计算法确定配合

若两零件结合面间的间隙或过盈量给定后，可以通过计算并查表确定其配合。

例3-2　有一孔、轴配合，公称尺寸为$\phi100mm$，要求配合的过盈或间隙在$-0.048\sim+0.041mm$范围内。试确定此配合的孔、轴公差带和配合代号。

解　（1）选择基准制　由于没有特殊的要求，所以应优先选用基孔制，即孔的基本偏差代号为 II。

表 3-14　不同工作条件影响配合过盈或间隙的趋势

具 体 情 况	过盈增或减	间隙增或减
材料强度低	减	——
经常拆卸	减	——
有冲击载荷	增	减
工作时孔温高于轴温	增	减
工作时孔温低于轴温	减	增
配合长度增大	减	增
配合面形状和位置误差增大	减	增
装配时可能歪斜	减	增
旋转速度增高	增	增
有轴向运动	——	增
润滑油黏度增大	——	增
表面趋向粗糙	增	减
单件生产相对于成批生产	减	增

（2）确定孔、轴公差等级　由给定条件可知，此孔、轴结合为过渡配合，其允许的配合公差为

$$T_f = X_{max} - Y_{max} = 0.041\,mm - (-0.048)\,mm = 0.089\,mm$$

因为 $T_f = T_h + T_s = 0.089\,mm$；假设孔与轴为同级配合，则

$$T_h = T_s = T_f/2 = 0.089\,mm/2 = 0.0445\,mm = 44.5\,\mu m$$

查表 3-1 可知，$44.5\,\mu m$ 介于 $IT7 = 35\,\mu m$ 和 $IT8 = 54\,\mu m$ 之间，而在这个公差等级范围内，国家标准要求孔比轴低一级的配合，于是取孔公差等级为 IT8，轴公差等级为 IT7，则

$$IT7 + IT8 = 0.035\,mm + 0.054\,mm = 0.089\,mm \leqslant T_f$$

（3）确定轴的公差带代号　由于采用的是基孔制配合，则孔的公差带代号为 H8，孔的基本偏差 $EI = 0$，孔的另一个极限偏差 $ES = EI + IT8 = 0 + 0.054\,mm = 0.054\,mm$。

根据 $ES - ei = X_{max} = 0.041\,mm$，所以轴的下极限偏差 $ei = ES - X_{max} = 0.054\,mm - 0.041\,mm = 0.013\,mm$。查表 3-4 得 $ei = 0.013\,mm$ 对应的轴的基本偏差代号为 m，即轴的公差带代号为 m7。轴的另一个极限偏差为 $es = ei + IT7 = 0.013\,mm + 0.035\,mm = 0.048\,mm$。

（4）选择的配合

$$\phi100\,\frac{H8\left(^{+0.054}_{\ \ \ 0}\right)}{m7\left(^{+0.048}_{+0.013}\right)}$$

（5）验算

$$X_{max} = ES - ei = 0.054\,mm - 0.013\,mm = 0.041\,mm$$

$$Y_{max} = EI - es = 0 - 0.048\,mm = -0.048\,mm$$

因此，满足要求。

实际应用时，计算出的公差数值和极限偏差数值不一定与表中的数据正好一致。这时应按照实际的精度要求，适当选择。

（二）典型的配合实例

为了便于在实际设计中合理地确定其配合，下面举例说明某些配合在实际中的应用，

以供参考。

1. 间隙配合的选择

基准孔 H 与相应公差等级的轴 a~h 形成间隙配合，其中 H/a 组成的配合间隙最大，H/h 的配合间隙最小，其最小间隙为零。

（1）H/a、H/b、H/c 配合　这三种配合的间隙很大，不常使用，一般使用在工作条件较差、要求灵活动作的机械上或用于受力变形大、轴在高温下工作需保证有较大间隙的场合，如起重机吊钩的铰链（图 3-21）、带榫槽的法兰盘（图 3-22）及内燃机的排气阀和导管（图 3-23）。

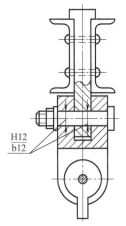

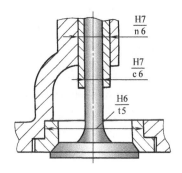

图 3-21　起重机吊钩的铰链　　　图 3-22　带榫槽的法兰盘　　　图 3-23　内燃机的排气阀和导管

（2）H/d、H/e 配合　这两种配合间隙较大，用于要求不高、易于转动的支承。其中 H/d 适用于较松的转动配合，如密封盖、滑轮和空转带轮等与轴的配合；也适用于大直径滑动轴承的配合，如球磨机、轧钢机等重型机械的滑动轴承，适用于 IT7 ~ IT11 级。例如：滑轮与轴的配合，如图 3-24 所示。H/e 适用于要求有明显间隙、易于转动的支承配合，如大跨度支承、多支点支承等配合。高等级的也适用于大的、高速、重载的支承，如涡轮发电机、大电动机的支承以及凸轮轴支承等。图 3-25 所示为内燃机主轴承的配合。

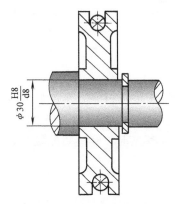

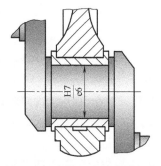

图 3-24　滑轮与轴的配合　　　　　图 3-25　内燃机主轴承的配合

（3）H/f 配合 这个配合的间隙适中，多用于 IT7～IT9 级的一般转动配合，如齿轮箱、小电动机、泵等的转轴及滑动支承的配合。图 3-26 所示为齿轮轴套与衬套的配合。

（4）H/g 配合 此种配合间隙很小，除了很轻载荷的精密机构外，一般不用作转动配合，多用于 IT5～IT7 级，适合于做往复摆动和滑动的精密配合，如图 3-27 所示的钻套与衬套的配合。有时也用于插销等定位配合，如精密连杆轴承、活塞及滑阀以及精密机床的主轴与轴承、分度头轴颈与轴的配合等。

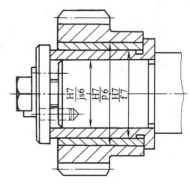

图 3-26 齿轮轴套与衬套的配合

（5）H/h 配合 这个配合的最小间隙为零，用于 IT4～IT11 级，适用于无相对转动而有定心和导向要求的定位配合。若无温度、变形影响，也用于滑动配合，推荐配合 H6/h5、H7/h6、H8/h7、H9/h9 和 H11/h11。图 3-28 所示为车床尾座顶尖套筒与尾座的配合。

2. 过渡配合的选用

基准孔 H 与相应公差等级的轴 j～n 形成过渡配合（n 与高精度的 H 孔形成过盈配合）。

（1）H/j、H/js 配合 这两种过渡配合获得间隙的机会较多，多用于 IT4～IT7 级，适用于要求间隙比 h 小并允许略有过盈的定位配合，如联轴器、齿圈与钢制轮毂以及滚动轴承与箱体的配合等。图 3-29 所示为带轮与轴的配合。

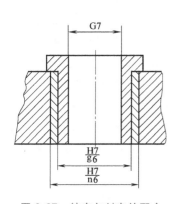

图 3-27 钻套与衬套的配合

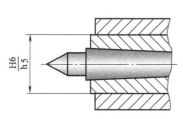

图 3-28 车床尾座顶尖
套筒与尾座的配合

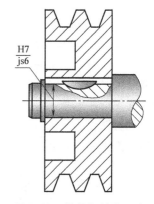

图 3-29 带轮与轴的配合

（2）H/k 配合 此种配合获得的平均间隙接近于零，定心较好，装配后零件受到的接触应力较小，能够拆卸，适用于 IT4～IT7 级，如刚性联轴器的配合（图 3-30）。

（3）H/m、H/n 配合 这两种配合获得过盈的机会多，定心好，装配较紧，适用于 IT4～IT7 级，如蜗轮青铜轮缘与铸铁轮辐的配合（图 3-31）。

3. 过盈配合的选用

基准孔 H 与相应公差等级的轴 p～zc 形成过盈配合（p、r 与较低精度的 H 孔形成过渡配合）。

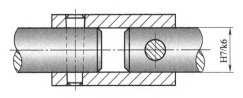

图 3-30　刚性联轴器的配合

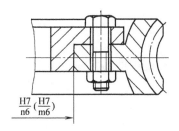

图 3-31　蜗轮青铜轮缘与铸铁轮辐的配合

（1）H/p、H/r 配合　这两种配合在高公差等级时为过盈配合，可用锤打或压力机装配，只宜在大修时拆卸。它主要用于定心精度很高、零件有足够的刚性、受冲击载荷的定位配合，多用于 IT6～IT8 级，如图 3-26 所示的齿轮与衬套的配合、图 3-32 所示的连杆小头孔与衬套的配合。

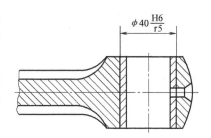

图 3-32　连杆小头孔与衬套的配合

（2）H/s、H/t 配合　这两种配合属于中等过盈配合，多采用 IT6、IT7 级。它用于钢铁件的永久或半永久结合。不用辅助件，依靠过盈产生的结合力，可以直接传递中等载荷。它一般用压力法装配，也有用冷轴或热套法装配的，如铸铁轮与轴的装配，柱、销、轴、套等压入孔中的配合，如图 3-33 所示。

（3）H/u、H/v、H/x、H/y、H/z 配合　这几种配合属于大过盈配合，过盈量依次增大，过盈与直径之比在 0.001 以上，适用于传递大的转矩或承受大的冲击载荷，完全依靠过盈产生的结合力保证牢固的连接。它通常采用热套或冷轴法装配。例如：火车的铸钢车轮与高锰钢轮箍要用 H7/u6 甚至 H6/u5 配合，如图 3-34 所示。由于过盈大，要求零件材质好，强度高，否则会将零件挤裂，因此采用时要慎重，一般要经过试验才能投入生产。装配前往往还要进行挑选，使一批配件的过盈量趋于一致，比较适中。

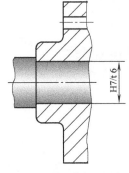

图 3-33　联轴器和轴的配合

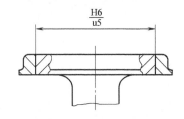

图 3-34　火车车轮与轮箍的配合

总之，配合的选择应先根据使用要求确定配合的种类（间隙配合、过盈配合或过渡配合），然后按工作条件选出具体的公差带代号。

五、极限与配合标注举例

（一）装配图的标注

在装配图上，除了标注总体尺寸、重要的联系尺寸以外，配合处应标注极限与配合以及必要的几何公差（详见第四章）。极限与配合的标注形式是在公称尺寸后边加注基本偏差代号和相应的公差等级数字，孔与轴以分式形式表示，上方写孔，下方写轴。装配图的标注如图 3-35 所示，其中图 3-35a 所示的标注方法应用最广。

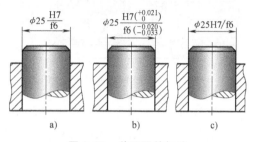

图 3-35 装配图的标注

以减速器装配图为例。图 3-36 所示为经过机构设计后绘制的减速器装配图的一部分。

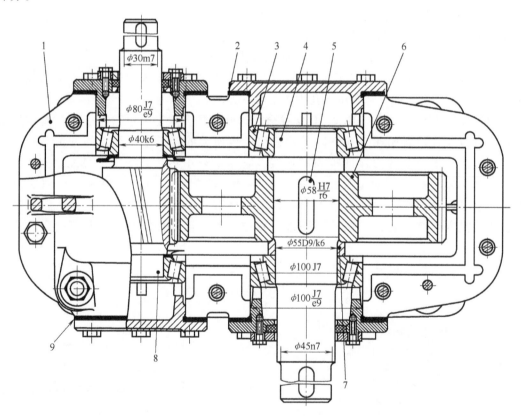

图 3-36 减速器装配图

1—箱体　2—端盖　3—滚动轴承　4—输出轴　5—平键　6—齿轮　7—定位轴套　8—输入轴　9—垫片

根据使用要求，该减速器中所用轴承的精度为 0 级（参照第九章），齿轮（参照第十章）也为一般精度。但与之相配合的轴颈和箱体孔为较重要的配合，轴的轴颈处及与齿轮孔配合处的标准公差等级取为 IT6，箱体孔及齿轮孔的标准公差等级取为 IT7。

（1）齿轮孔与轴之间的配合 H7/r6　为了保证对中性、传递运动的平稳性和装拆方便，故选取小的过盈配合。

（2）轴承内圈与轴颈处的配合 k6　轴承内圈与轴颈处的配合，应按标准件滚动轴承的国家标准 GB/T 275—2015 选取，轴颈处的公差带依次选为 k6。

（3）轴承外圈与箱体孔之间的配合 J7　为了保证轴在受热伸长时有轴向游隙，采用轴承外圈为游动套圈的结构形式，这种游隙通过端盖与箱体连接处的垫片来进行调整。因此，轴承外圈与箱体孔之间采用较松的过渡配合，箱体孔的公差带取 J7。

（4）端盖与箱体孔之间的配合 J7/e9　端盖的作用主要是为了防尘、防油及限制轴承的轴向位置，其定心精度不高，同时要求装拆和调整方便，所以端盖与箱体孔的配合，应选用极限间隙稍大的间隙配合。考虑到箱体孔加工方便而应设计为光孔，箱体孔公差带按上述选定为 J7。又因为此间隙的变动不会影响其使用要求，端盖外圈选择较低的标准公差等级 IT9 符合经济性要求，这种间隙配合为非基准制配合 J7/e9。

（5）输入轴与联轴器之间的配合 m7　由于输入轴的转速比较高，为了保证连接可靠、装拆方便，应选择松紧适度的过渡配合 m7。

（6）定位轴套与输出轴的配合 D9/k6　定位轴套有轴向定位等要求，为了保证其要求，选择定位轴套孔的公差带为 D9，使之与轴构成过渡配合 D9/k6。

（7）输出轴与链轮之间的配合 n7　输出轴转速较低，链轮与轴之间通过键来传递运动和转矩，为了保证装拆方便和有一定的定心精度，可选用有较小间隙的过渡配合 n7。

各选用的配合标注如图 3-36 所示。

（二）零件图的标注

在零件图上，除了标注所需尺寸以外，重要的尺寸和配合处应标注极限与配合、几何公差（详见第四章）和表面粗糙度（详见第五章）。孔、轴分别标注在各自的零件图上。轴、孔的标注形式如图 3-37 和图 3-38 所示。其中，图 3-37a 和图 3-38a 适用于单件小批生产，图 3-37b 和图 3-38b 适用于批量生产，图 3-37c 和图 3-38c 适用于大批大量生产。

图 3-39 所示为图 3-36 所示减速器中拆画的输出轴零件图。

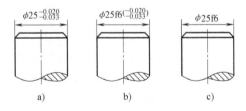

图 3-37　轴的标注形式

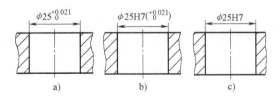

图 3-38　孔的标注形式

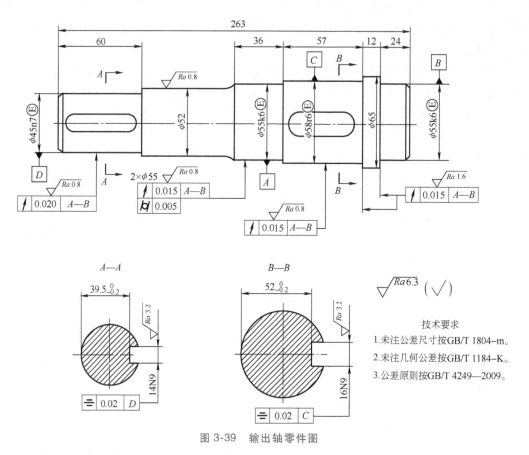

图 3-39 输出轴零件图

第四节 尺寸的检测

一、概述

在各种几何量的测量中，尺寸测量是最基本的。因为在形状、位置、表面粗糙度等的测量中，其误差大都是以长度值来表示的。这些几何量的测量，虽在方法、器具以及数据的处理方面有其各自的特点，但实质上仍然是以尺寸测量为基础的。因此，许多通用性的尺寸计量器具并不只限于测量简单的尺寸，它们也常在几何误差等的测量中使用。

由于被测零件的形状、大小、精度要求和使用场合不同，采用的计量器具也不同。对于大批量生产的车间，为提高检测效率，多采用量规来检验（详见第八章）；对于单件或小批量生产，则常采用通用计量器具来测量。本节只介绍后一种方法。

二、验收极限与计量器具的选择原则

通过测量，可以测得工件的实际尺寸。但由于存在着各种测量误差，测量所得到的实际

尺寸并非真值。尤其在车间生产现场，一般不可能采用多次测量取平均值的办法以减小随机误差的影响，也不对温度、湿度等环境因素引起的测量误差进行修正，通常只进行一次测量来判断工件的合格与否。因此，当测得值在工件上、下极限尺寸附近时，就有可能将本来处在公差带之内的合格品判为废品（误废），或将本来处在公差带之外的废品判为合格品（误收）。

为了保证产品质量，国家标准 GB/T 3177—2009《产品几何技术规范（GPS）　光滑工件尺寸的检验》（代替 GB/T 3177—1997）对验收原则、验收极限和计量器具的选择等做了规定。该标准适用于普通计量器具（如游标卡尺、千分尺及车间使用的比较仪等），对图样上注出的公差等级为 IT6～IT18 级、公称尺寸至 500mm 的光滑工件尺寸的检验，也适用于对一般公差尺寸的检验。

（一）验收极限与安全裕度 A

国家标准规定的验收原则是：所用验收方法应只接收位于规定的极限尺寸之内的工件。即允许有误废而不允许有误收。为了保证这个验收原则的实现，保证零件达到互换性要求，将误收减至最小，规定了验收极限。

验收极限是指检验工件尺寸时判断合格与否的尺寸界限。国家标准规定，验收极限可以按照下列两种方法之一确定。

方法 1　验收极限是从图样上标定的上极限尺寸和下极限尺寸分别向工件公差带内移动一个安全裕度 A 来确定，如图 3-40 所示。所计算出的两极限值为验收极限（上验收极限和下验收极限），计算式为

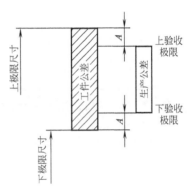

图 3-40　验收极限与安全裕度

$$\left.\begin{array}{l} 上验收极限 = 上极限尺寸 - A \\ 下验收极限 = 下极限尺寸 + A \end{array}\right\} \tag{3-22}$$

安全裕度 A 由工件公差来确定，A 的数值取工件公差的 1/10，其数值见表 3-15。

由于验收极限向工件公差带之内移动，为了保证验收时合格，在生产时工件不能按原有的极限尺寸加工，应按由验收极限所确定的范围生产，这个范围称为"生产公差"。

方法 2　验收极限等于图样上标定的上极限尺寸和下极限尺寸，即 A 值等于零。

具体选择哪一种方法，要结合工件尺寸功能要求及其重要程度、尺寸公差等级、测量不确定度和过程能力等因素综合考虑。具体原则是：

1）对要求符合包容要求（详见第四章）的尺寸、公差等级高的尺寸，其验收极限按方法 1 确定。

2）当过程能力指数 $C_p \geq 1$ 时，其验收极限可以按方法 2 确定。但对要求符合包容要求的尺寸，其轴的上验收极限和孔的下验收极限仍要按方法 1 确定。

过程能力指数 C_p 值是工件公差值 T 与加工设备工艺能力 $c\sigma$ 之比值。c 为常数，工件尺寸遵循正态分布时 c=6；σ 为加工设备的标准偏差，$C_p = T/(6\sigma)$。

3）对偏态分布的尺寸，尺寸偏向的一边应按方法 1 确定。

4）对非配合和一般的尺寸，其验收极限按方法 2 确定。

表3-15　安全裕度（A）与计量器具的测量不确定度允许值（u_1）（单位：μm）

公差等级		IT6					IT7					IT8					IT9				
公称尺寸/mm		T	A	u_1			T	A	u_1			T	A	u_1			T	A	u_1		
大于	至			Ⅰ	Ⅱ	Ⅲ			Ⅰ	Ⅱ	Ⅲ			Ⅰ	Ⅱ	Ⅲ			Ⅰ	Ⅱ	Ⅲ
—	3	6	0.6	0.54	0.9	1.4	10	1.0	0.9	1.5	2.3	14	1.4	1.3	2.1	3.2	25	2.5	2.3	3.8	5.6
3	6	8	0.8	0.72	1.2	1.8	12	1.2	1.1	1.8	2.7	18	1.8	1.6	2.7	4.1	30	3.0	2.7	4.5	6.8
6	10	9	0.9	0.81	1.4	2.0	15	1.5	1.4	2.3	3.4	22	2.2	2.0	3.3	5.0	36	3.6	3.3	5.4	8.1
10	18	11	1.1	1.0	1.7	2.5	18	1.8	1.7	2.7	4.1	27	2.7	2.4	4.1	6.1	43	4.3	3.9	6.5	9.7
18	30	13	1.3	1.2	2.0	2.9	21	2.1	1.9	3.2	4.7	33	3.3	3.0	5.0	7.4	52	5.2	4.7	7.8	12
30	50	16	1.6	1.4	2.4	3.6	25	2.5	2.3	3.8	5.6	39	3.9	3.5	5.9	8.7	62	6.2	5.6	9.3	14
50	80	19	1.9	1.7	2.9	4.3	30	3.0	2.7	4.5	6.8	46	4.6	4.1	6.9	10	74	7.4	6.7	11	17
80	120	22	2.2	2.0	3.3	5.0	35	3.5	3.2	5.3	7.9	54	5.4	4.9	8.1	12	87	8.7	7.8	13	20
120	180	25	2.5	2.3	3.8	5.6	40	4.0	3.6	6.0	9.0	63	6.3	5.7	9.5	14	100	10	9.0	15	23
180	250	29	2.9	2.6	4.4	6.5	46	4.6	4.1	6.9	10	72	7.2	6.5	11	16	115	12	10	17	26
250	315	32	3.2	2.9	4.8	7.2	52	5.2	4.7	7.8	12	81	8.1	7.3	12	18	130	13	12	19	29
315	400	36	3.6	3.2	5.4	8.1	57	5.7	5.1	8.4	13	89	8.9	8.0	13	20	140	14	13	21	32
400	500	40	4.0	3.6	6.0	9.0	63	6.3	5.7	9.5	14	97	9.7	8.7	14	22	155	16	14	23	35

公差等级		IT10					IT11					IT12				IT13			
公称尺寸/mm		T	A	u_1			T	A	u_1			T	A	u_1		T	A	u_1	
大于	至			Ⅰ	Ⅱ	Ⅲ			Ⅰ	Ⅱ	Ⅲ			Ⅰ	Ⅱ			Ⅰ	Ⅱ
—	3	40	4.0	3.6	6.0	9.0	60	6.0	5.4	9.0	14	100	10	9.0	15	140	14	13	21
3	6	48	4.8	4.3	7.2	11	75	7.5	6.8	11	17	120	12	11	18	180	18	16	27
6	10	58	5.8	5.2	8.7	13	90	9.0	8.1	14	20	150	15	14	23	220	22	20	33
10	18	70	7.0	6.3	11	16	110	11	10	17	25	180	18	16	27	270	27	24	41
18	30	84	8.4	7.6	13	19	130	13	12	20	29	210	21	19	32	330	33	30	50
30	50	100	10	9.0	15	23	160	16	14	24	36	250	25	23	38	390	39	35	59
50	80	120	12	11	18	27	190	19	17	29	43	300	30	27	45	460	46	41	69
80	120	140	14	13	21	32	220	22	20	33	50	350	35	32	53	540	54	49	81
120	180	160	16	15	24	36	250	25	23	38	56	400	40	36	60	630	63	57	95
180	250	185	18	17	28	42	290	29	26	44	65	460	46	41	69	720	72	65	110
250	315	210	21	19	32	47	320	32	29	48	72	520	52	47	78	810	81	73	120
315	400	230	23	21	35	52	360	36	32	54	81	570	57	51	80	890	89	80	130
400	500	250	25	23	38	56	400	40	36	60	90	630	63	57	95	970	97	87	150

（二）计量器具的选择原则

计量器具的选择主要取决于计量器具的技术指标和经济指标。在综合考虑这些指标时，具体要求如下。

1）选择计量器具应与被测工件的外形、位置、尺寸的大小及被测参数特性相适应，使所选计量器具的测量范围能满足工件的要求。

2）选择计量器具应考虑工件的尺寸公差，使所选计量器具的不确定度既要保证测量精度要求，又要符合经济性要求。

为了保证测量的可靠性和量值的统一，国家标准规定按照计量器具的测量不确定度允许值 u_1 选择计量器具。u_1 值见表3-15。u_1 值分为Ⅰ、Ⅱ、Ⅲ档，分别约为工件公差的 1/10、1/6 和 1/4。对于IT6~IT11，u_1 值分为Ⅰ、Ⅱ、Ⅲ档，对于IT12~IT18，u_1 值分为Ⅰ、Ⅱ档。在一般情况下，优先选用Ⅰ档，其次为Ⅱ档、Ⅲ档。

表 3-16～表 3-18 给出了在车间条件下常用的千分尺、游标卡尺、比较仪和指示表的不确定度。在选择计量器具时，所选择的计量器具的不确定度应小于或等于计量器具不确定度允许值 u_1。

表 3-16 千分尺和游标卡尺的不确定度

尺寸范围/mm		计量器具类型			
		分度值为 0.01mm 外径千分尺	分度值为 0.01mm 内径千分尺	分度值为 0.02mm 游标卡尺	分度值为 0.05mm 游标卡尺
大于	至	不确定度/mm			
0	50	0.004			0.05
50	100	0.005	0.008		
100	150	0.006		0.020	
150	200	0.007			
200	250	0.008	0.013		
250	300	0.009			
300	350	0.010			0.100
350	400	0.011	0.020		
400	450	0.012			
450	500	0.013	0.025		
500	600				
600	700		0.030		
700	1000				0.150

注：当采用比较测量时，千分尺的不确定度可小于本表规定的数值，一般可减小 40%。

表 3-17 比较仪的不确定度

尺寸范围/mm		计量器具类型			
		分度值为 0.0005mm（相当于放大倍数 2000 倍）的比较仪	分度值为 0.001mm（相当于放大倍数 1000 倍）的比较仪	分度值为 0.002mm（相当于放大倍数 400 倍）的比较仪	分度值为 0.005mm（相当于放大倍数 250 倍）的比较仪
大于	至	不确定度/mm			
0	25	0.0006	0.0010	0.0017	0.0030
25	40	0.0007			
40	65	0.0008	0.0011	0.0018	
65	90	0.0008			
90	115	0.0009	0.0012	0.0019	
115	165	0.0010	0.0013		
165	215	0.0012	0.0014	0.0020	0.0035
215	265	0.0014	0.0016	0.0021	
265	315	0.0016	0.0017	0.0022	

例 3-3 被检验工件为 $\phi35h9(^{\;0}_{-0.062})$，试确定验收极限，并选择适当的计量器具。

解 因为此工件遵守包容要求，故应按方法 1 确定验收极限。由表 3-15 查得安全裕度 $A=6.2\mu m$，则由式（3-22）可得

上验收极限 $= 35mm - 0.0062mm \approx 34.994mm$

下验收极限 $= 35mm - 0.062mm + 0.0062mm \approx 34.944mm$

由表 3-15 按优先选用 I 档的原则，查得计量器具不确定度允许值 $u_1 = 5.6\mu m$。由表 3-16 查得分度值为 0.01mm 的外径千分尺不确定度为 0.004mm，它小于 0.0056mm，所以能满足要求。

表 3-18　指示表的不确定度

尺寸范围/mm		计量器具类型			
		分度值为 0.001mm的千分表（0 级在全程范围内）（1 级在 0.2mm 内）分度值为 0.002mm的千分表在 1 转范围内	分度值为 0.001mm、0.002mm、0.005mm 的千分表（1 级在全程范围内）分度值为 0.01mm的百分表（0 级在 1mm内）	分度值为 0.01mm的百分表（0 级在全程范围内）（1 级在 1mm 内）	分度值为 0.01mm的百分表（1 级在全程范围内）
大于	至	不确定度/mm			
0	25	0.005	0.010	0.018	0.030
25	40	0.005	0.010	0.018	0.030
40	65	0.005	0.010	0.018	0.030
65	90	0.005	0.010	0.018	0.030
90	115	0.005	0.010	0.018	0.030
115	165	0.006	0.010	0.018	0.030
165	215	0.006	0.010	0.018	0.030
215	265	0.006	0.010	0.018	0.030
265	315	0.006	0.010	0.018	0.030

三、尺寸的测量方法

　　尺寸的测量方法和使用的计量器具种类很多，除了在金工实习中已介绍过的游标类量具（游标卡尺、游标深度尺、游标高度尺等）、螺旋测微量具（千分尺、内径千分尺）、指示表（百分表、千分表、杠杆百分表、内径百分表等）以外，本节再介绍几种较精密的计量器具的工作原理。

　　（一）卧式测长仪

　　卧式测长仪是以一精密线纹尺为实物基准，利用显微镜细分读数的高精度测量仪器。对工件的外形尺寸可进行绝对测量和相对测量。如更换附件，还能测量内尺寸和内、外螺纹的中径。

　　卧式测长仪是按阿贝原则设计的，其工作原理如图 3-41 所示。在进行外尺寸测量时，测量前先使仪器测座与尾座 10 的两测量头接触，在读数显微镜中观察记下第一次读数。然后以尾座测量头为固定测量头，移动测座，将被测工件放入两测量头之间，通过工作台的调整，使被测尺寸处于测量轴线上，再从读数显微镜中观察记下第二个读数。两次读数之差，就是被测工件的实际尺寸。

　　由图 3-41 也能看出其光学系统。由光源 8 发出的光线经过滤色片 7、聚光镜 6 照亮了基准线纹尺 5，经物镜 4 成像于螺旋分划板 2 上，在读数显微镜的目镜 1 中，可看到三种

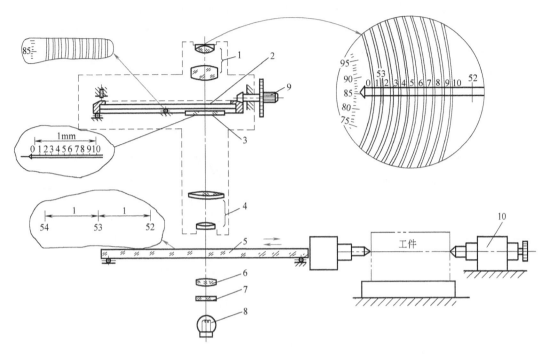

图 3-41　卧式测长仪的工作原理

1—目镜　2—螺旋分划板　3—十等分分划板　4—物镜　5—基准线纹尺
6—聚光镜　7—滤色片　8—光源　9—微调手柄　10—尾座

刻度重合在一起，一种是毫米线纹尺上的刻度，其间隔为 1mm；另一种是间隔为 0.1mm 的十等分刻度，在十等分分划板 3 上；再一种是有 10 圈多一点的阿基米德螺旋线刻度，在螺旋分划板 2 上，其螺距为 0.1mm，在螺旋线里圈的圆周上有 100 格圆周刻度，每格圆周刻度代表阿基米德螺旋线移动 0.001mm。读数时，旋转螺旋分划板微调手柄 9，使毫米刻度线位于某阿基米德螺旋双刻线之间。如图 3-41 所示，从显微镜中看到的图像是，基准线纹尺的毫米数值为 52mm 和 53mm，其中 53mm 刻度线在第二圈阿基米德螺旋线双刻线之间，则毫米数为 53mm，第二圈阿基米德螺旋线在十等分分划板上的位置不足 2 格，则读为 0.1mm；0.001mm 的数值在螺旋线里圈的圆周上读出，为 0.0855mm，最后一位数字由目测值估计得出，则整个读数为

$$（53+0.1+0.0855）mm = 53.1855mm$$

卧式测长仪分度值为 0.001mm，测量范围为 0~100mm，借助量块可扩大测量范围。

（二）立式光学比较仪

立式光学比较仪是一种用比较法进行测量的精度比较高、结构简单的常用光学量仪。

立式光学比较仪采用了光学杠杆放大原理。如图 3-42a 所示，玻璃标尺位于物镜的焦平面上，C 为标尺的原点。当光源发出的光照亮标尺时，标尺相当于一个发光体，其光束经物镜产生一束平行光。光线前进遇到与主光轴垂直的平面反射镜，则仍按原路反射回来，经物镜后，光线会聚在焦点 C' 上。C' 与 C 重合，标尺的影像仍在原处。图 3-42b 所示为当测量杆有微量位移 S 时，使平面反射镜对主光轴偏转 α 角，于是，由平面反射镜

反射的光线与入射光线之间偏转 2α 角，标尺上点 C 的影像移到点 C''。只要把位移 L 测量出来，就可求出测量杆的位移量 S 值。从图 3-42 上可知，$L=f\tan2\alpha$，f 是物镜的焦距，而 $S=a\tan\alpha$，因 α 很小，故放大比为

$$k = \frac{L}{S} = \frac{f\tan2\alpha}{a\tan\alpha} \approx \frac{2f}{a}$$

式中 a——测量杆到平面反射镜支点 M 的距离，称为臂长。

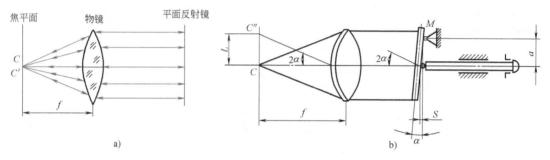

图 3-42   光学杠杆放大原理

一般物镜的焦距 $f=200\text{mm}$，臂长 $a=5\text{mm}$。代入上式得

$$k = \frac{2\times200}{5} = 80$$

因此，光学杠杆放大比为 80 倍，标尺的像通过放大倍数为 12 的目镜来观察，这样总的放大倍数为 $12\times80=960$ 倍。也就是说，当测量杆位移 $1\mu\text{m}$ 时，经过 960 倍的放大，相当于在目镜内看到刻线移动了 0.96mm。

立式光学比较仪的分度值为 0.001mm；标尺范围为 $\pm0.1\text{mm}$；测量范围：高度 $0\sim180\text{mm}$，直径 $0\sim150\text{mm}$。

图 3-43 所示为立式光学比较仪中光学测量管的光学系统图。照明光经反射镜 1 照亮分划板 2 左面的刻度标尺，标尺的光线经棱镜 3、物镜 4 形成平行光束（分划板位于物镜的焦平面上），射在平面反射镜 5 上。当测量杆 6 有微量位移时，平面反射镜 5 绕支点转动 α 角，使刻度标尺在分划板右边的像相对于固定的基准线上下移动。从目镜中可观察到刻度标尺影像相对于基准线的位移量，即可得到测量杆的位移量。

测量时，先将量块放在工作台上，调整仪器使反射镜与主光轴垂直，然后换上被测工件。由于工件与量块尺寸的差异而使测量杆产生

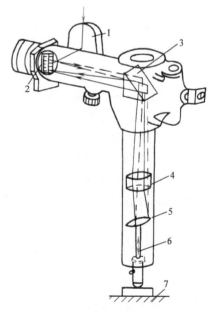

图 3-43   立式光学比较仪中光学测量管的光学系统图

1—反射镜   2—分划板   3—棱镜   4—物镜
5—平面反射镜   6—测量杆   7—工作台

位移。

（三）电感测微仪

电感测微仪是一种常用的电动量仪。它是利用磁路中气隙的改变，引起电感量相应改变的一种量仪。图 3-44 所示为数字式电感测微仪工作原理。测量前，用量块调整仪器的零位，即调节测量杆 3 与工作台 5 的相对位置，使测量杆 3 上端的磁心处于两差动线圈 1 的中间位置，数字显示为零。测量时，若被测尺寸相对于量块尺寸有偏差，测量杆 3 带动磁心 2 在差动线圈 1 内上下

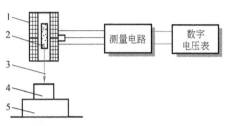

图 3-44　数字式电感测微仪工作原理
1—差动线圈　2—磁心　3—测量杆
4—被测物　5—工作台

移动，引起差动线圈电感量的变化，通过测量电路，将电感量的变化转换为电压（或电流）信号，并经放大和整流，由数字电压表显示，即显示被测尺寸相对于量块的偏差。数字显示可读出 $0.1\mu m$ 的量值。

（四）浮标式气动量仪

浮标式气动量仪是一种常用的气动量仪。它的工作原理如图 3-45 所示。清洁、干燥的压缩空气从稳压器输出，分两路流向测量喷嘴 5。一路从锥形玻璃管下端进入，在此气流作用下，将玻璃管内的浮标 1 托起，并悬浮在玻璃管内某一高度位置上，压缩空气从浮标和玻璃管内壁之间的环形间隙流过，经玻璃管上端后，一部分从零位调整阀 6 逸入大气，另一部分进入测量喷嘴 5，经间隙 s 流入大气；另一路压缩空气经倍率调整阀 2 到测量喷嘴 5，经间隙 s 流入大气。当工作压力保持恒定，同时倍率调整阀和零位调整阀在一定的开度时，被测工件尺寸不同，测量喷嘴与工件间的间隙必然不同，流过喷嘴的气体流量也不同，于是浮标的悬浮位置就不同。间隙 s 越大，空气流量也就越大，浮标在玻璃管内的位置也越高，于是浮标与锥形玻璃管的环形间隙也越大，直到气流作用和浮

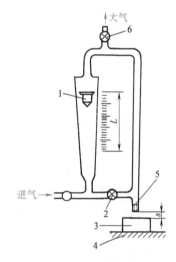

图 3-45　浮标式气动量仪的工作原理
1—浮标　2—倍率调整阀　3—被测物
4—工作台　5—测量喷嘴　6—零位调整阀

标的重力平衡时才使浮标停止上升。这样可由浮标的位置在标尺上读出工件的尺寸偏差。它也是用比较测量法，将被测尺寸所形成的浮标高度与相应的标准尺寸所形成的浮标高度进行比较，确定工件是否合格。

浮标式气动量仪分度值可达 $0.0005mm$。

▶ 小结

本章是本门课程的基础。极限与配合的基本术语和定义，不仅是圆柱零件尺寸极限制的基础部分，也是全书的基础部分。对于极限与配合的术语和定义，必须牢固地掌握。

不仅要明确定义，还要能熟练计算。

标准公差系列和基本偏差系列是公差标准的核心，也是本章的重点。公差标准就是以标准公差和基本偏差为基础制定的。标准公差决定了公差带的大小，而基本偏差则决定了公差带相对于零线的位置。标准公差与尺寸大小和加工难易程度有关，基本偏差则由尺寸的大小和使用要求（配合的松紧）决定，一般与公差等级无关。即同一尺寸分段，孔和轴以同一字母为代号的基本偏差在大多数情况下绝对值是相等的。只有在公差等级较高时，由于孔比轴难加工，需要不同等级配合。为了保证同一基本偏差代号的基孔制和基轴制的配合性质相同，而造成孔、轴基本偏差的绝对值不同。一般公差——线性尺寸的未注公差，是学习中容易忽略的知识点。应该明确，图样上未注公差不等于没有公差要求，未注公差是各生产部门或车间，按照其生产条件一般能保证的公差。

习 题

3-1 公称尺寸、极限尺寸、极限偏差和尺寸公差的含义是什么？它们之间的相互关系如何？在公差带图解上怎样表示？

3-2 什么是标准公差因子？在尺寸至500mm范围内，IT5～IT8的标准公差因子是如何规定的？

3-3 什么是标准公差？规定它有什么意义？国家标准规定了多少个公差等级？怎样表达？

3-4 怎样解释偏差和基本偏差？为什么要规定基本偏差？有哪些基本偏差系列？如何表示？轴和孔的基本偏差是如何确定的？

3-5 什么是配合制？为什么要规定配合制？在哪些情况下采用基轴制？

3-6 什么是配合？配合的特征由什么来表示？

3-7 如何区分间隙配合、过渡配合和过盈配合？怎样来计算极限间隙、极限过盈、平均间隙和平均过盈？

3-8 极限与配合标准的应用主要解决哪三个问题？其基本原则是什么？

3-9 什么是一般公差？线性尺寸一般公差规定几级精度？在图样上如何表示？

3-10 已知两根轴，第一根轴直径为 $\phi5mm$，公差值为 $5\mu m$，第二根轴直径为 $\phi180mm$，公差值为 $25\mu m$，试比较两根轴加工的难易程度。

3-11 用查表法确定下列各配合的孔、轴的极限偏差，计算极限间隙或过盈，并画出公差带图。

1) $\phi20H8/f7$；2) $\phi30F8/h7$；3) $\phi14H7/r6$；

4) $\phi60P6/h5$；5) $\phi45JS6/h5$；6) $\phi40H7/t6$。

3-12 根据表3-19中给出的数据求空格中应有的数据并填入空格内。

3-13 设有一孔、轴配合，公称尺寸为 40mm，要求配合的间隙为 0.025～0.066mm，试用计算法确定公差等级和选取适当的配合。

表 3-19 习题 3-12 表 （单位：mm）

公称尺寸	孔			轴			X_{max}或Y_{min}	X_{min}或Y_{max}	X_{av}或Y_{av}	T_f
	ES	EI	T_h	es	ei	T_s				
$\phi25$		0	0.021				+0.074		+0.057	
$\phi14$		0			0.010			−0.012	+0.0025	
$\phi45$			0.025	0				−0.050	−0.0295	

3-14　如图 3-46 所示，1 为钻模板，2 为钻头，3 为定位套，4 为钻套，5 为工件。已知：1）配合面①和②都有定心要求，需用过盈量不大的固定连接；2）配合面③有定心要求，在安装和取出定位套时需轴向移动；3）配合面④有导向要求，且钻头能在转动状态下进入钻套。试选择上述配合面的配合种类，并简述其理由。

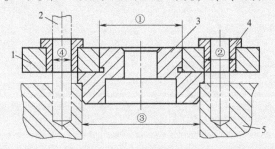

图 3-46　习题 3-14 图
1—钻模板　2—钻头　3—定位套　4—钻套　5—工件

3-15　图 3-47 所示为车床溜板箱手动机构的部分结构图。转动手轮 2 通过键带动轴 3 上的小齿轮、轴 4 右端的齿轮 1、轴 4 以及与床身齿条（未画出）啮合的轴 4 左端的齿轮，使溜板箱沿导轨做纵向移动。各配合面的公称尺寸为：①$\phi40$mm；②$\phi28$mm；③$\phi28$mm；④$\phi46$mm；⑤$\phi32$mm；⑥$\phi32$mm；⑦$\phi18$mm。试选择它们的配合制、公差等级和配合种类。

3-16　用普通计量器具测量 $\phi50f8\left(^{-0.025}_{-0.064}\right)$ 轴、$\phi20H10\left(^{+0.084}_{0}\right)$ 孔，试分别确定孔、轴所选择的计量器具并计算验收极限。

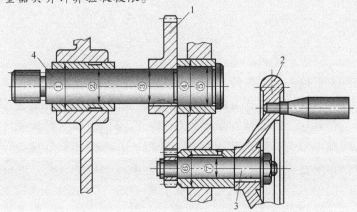

图 3-47　习题 3-15 图
1—齿轮　2—手轮　3、4—轴

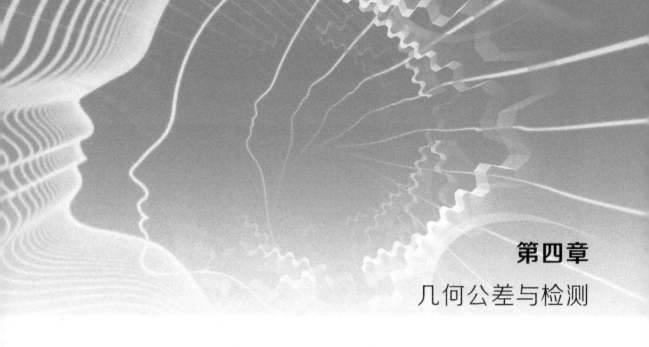

第四章
几何公差与检测

▶ 导读

　　零部件的几何误差对其使用性能有很大的影响，必须给予充分重视。本章也是本课程的基础和重点。相对于尺寸公差，几何公差更复杂，学习的难度更大。本章主要介绍三方面内容：国家标准对几何公差的主要规定，如何选用几何公差，如何检测几何公差。

　　本章内容涉及的相关标准主要有：GB/T 1182—2008《产品几何技术规范（GPS）几何公差　形状、方向、位置和跳动公差标注》、GB/T 18780.1—2002《产品几何量技术规范（GPS）　几何要素　第 1 部分：基本术语和定义》、GB/T 1184—1996《形状和位置公差　未注公差值》、GB/T 16671—2009《产品几何技术规范（GPS）　几何公差　最大实体要求、最小实体要求和可逆要求》、GB/T 4249—2009《产品几何技术规范（GPS）公差原则》、GB/T 1958—2004《产品几何量技术规范（GPS）　形状和位置公差　检测规定》。

　　几何公差旧称为形位公差。零件在机械加工过程中将会产生几何（形位）误差（几何要素的形状、方向、位置和跳动误差）。几何误差会影响机械产品的工作精度、连接强度、运动平稳性、密封性、耐磨性、噪声和使用寿命等。例如：光滑圆柱形零件的形状误差会使其配合间隙不均匀，局部磨损加快，降低工作寿命和运动精度；或者使配合过盈各部分不一致，影响连接强度。凸轮、冲模、锻模等的形状误差，更将直接影响工件精度。机床工作表面的直线度、平面度不好，将影响机床刀架的运动精度。若法兰端面上孔的位置有误差，则会影响零件的自由装配。总之，零件的几何误差对其使用性能的影响不容忽视。为保证机械产品的质量和零件的互换性，应规定几何公差（形状公差、方向公差、位置公差和跳动公差），以限制几何误差。

第一节　基本概念

一、几何要素

几何要素（简称为要素）是指构成零件几何特征的点、线和面，如图4-1所示零件的球面、圆柱面、圆锥面、端平面、轴线和球心等。

几何要素可按不同角度来分类。

1. 按结构特征分

（1）组成要素　组成要素（轮廓要素）是指构成零件外形的点、线、面各要素，如图4-1所示球面、圆锥面、圆柱面、端平面以及圆锥面和圆柱面的素线。

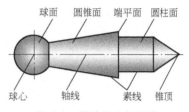

图 4-1　零件的几何要素

（2）导出要素　导出要素（中心要素）是指表示组成要素对称中心的点、线、面各要素，如图4-1所示轴线和球心。

2. 按存在状态分

（1）实际要素　实际要素是指零件实际存在的要素。通常用测量得到的要素代替。

（2）理想要素　理想要素是指具有几何意义的要素，它们不存在任何误差。机械零件图样表示的要素均为理想要素。

3. 按所处地位分

（1）被测要素　被测要素是指图样上给出几何公差要求的要素，是检测的对象。

（2）基准要素　基准要素是指用来确定被测要素方向或（和）位置的要素。

4. 按功能关系分

（1）单一要素　单一要素是指仅对要素自身提出功能要求而给出形状公差的被测要素。

（2）关联要素　关联要素是指相对基准要素有功能要求而给出方向、位置和跳动公差的被测要素。

二、几何公差的特征、符号和标注

（一）几何公差的特征及符号

国家标准 GB/T 1182—2008 规定的几何公差的特征项目分为形状公差、方向公差、位置公差和跳动公差四大类，共有19项，用14种特征符号表示，见表4-1。其中，形状公差特征项目有6个，它们没有基准要求；方向公差特征项目有5个，位置公差特征项目有6个，跳动公差特征项目有2个，它们都有基准要求。没有基准要求的线、面轮廓度公差属于形状公差，而有基准要求的线、面轮廓度公差则属于方向、位置公差。

表 4-1 几何公差特征符号

公差类型	几何特征	符　号	有无基准	公差类型	几何特征	符　号	有无基准
形状公差	直线度	—	无	方向公差	面轮廓度	⌒	有
	平面度	▱	无	位置公差	位置度	⊕	有或无
	圆度	○	无		同心度（用于中心点）	◎	有
	圆柱度	⌀	无		同轴度（用于轴线）	◎	有
	线轮廓度	⌒	无		对称度	=	有
	面轮廓度	⌒	无		线轮廓度	⌒	有
方向公差	平行度	//	有		面轮廓度	⌒	有
	垂直度	⊥	有	跳动公差	圆跳动	/	有
	倾斜度	∠	有		全跳动	⌁	有
	线轮廓度	⌒	有				

（二）几何公差的标注方法

几何公差在图样上用公差框格的形式标注，如图 4-2 所示。

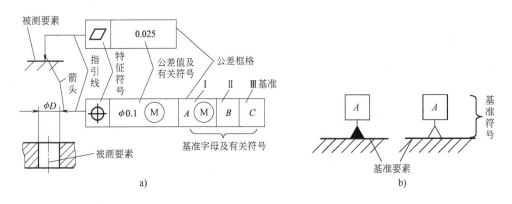

图 4-2 公差框格及基准符号

a）公差框格 b）基准符号

公差框格由两格或多格组成。两格的一般用于形状公差，多格的一般用于方向、位置和跳动公差。公差框格中的内容从左到右顺序填写：几何特征符号；公差值和有关符号；基准字母及有关符号。代表基准的字母（包括基准符号方框中的字母）用大写英文字母（为不引起误解，其中 E、I、J、M、O、P、L、R、F 不用）表示。单一基准由一个字母表示，如图 4-3 所示；公共基准采用由横线隔开的两个字母表示；基准体系由两个或三个字母表示，如图4-2所示，按基准的先后次序从左至右排列，分别为第Ⅰ基准、第Ⅱ基准和第Ⅲ基准。

带箭头的指引线应指向相应的被测要素。当被测要素为组成要素时，指引线的箭头

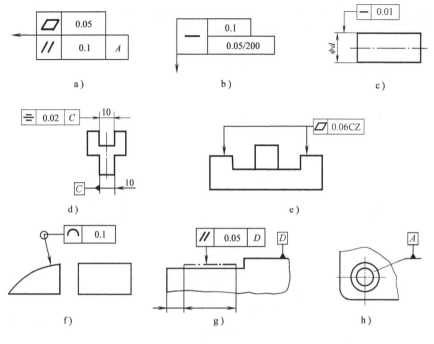

图 4-3 几何公差的标注

应置于要素的轮廓线或其延长线上，并与尺寸线明显错开（见表 4-2 中的图）。当被测要素为导出要素时，指引线的箭头应与该要素的尺寸线对齐（见表 4-2 中的图）。指引线原则上只能从公差框格的一端引出一条，可以曲折，但一般不得多于两次。

表 4-2 形状公差带定义、标注和解释

特 征		公差带形状和定义	公差带位置	标注示例和解释
直线度	在给定平面内	公差带为在给定平面内和给定方向上，间距等于公差值 t 的两平行直线所限定的区域　　　　a——任一距离	浮动	在任一平行于图示投影面的平面内，上表面的实际线应限定在间距等于 0.1mm 的两平行直线之间
	在给定方向上	在给定方向上，公差带为间距等于公差值 t 的两平行平面所限定的区域	浮动	实际棱线应限定在间距等于 0.1mm 的两平行直线之间

（续）

特　　征		公差带形状和定义	公差带位置	标注示例和解释
直线度	在任意方向上	在任意方向上，公差带为直径等于公差值 ϕt 的圆柱面所限定的区域	浮动	外圆柱面的实际轴线应限定在直径等于 $\phi 0.08$mm 的圆柱面内
平面度	在给定方向上	公差带为间距等于公差值 t 的两平行平面所限定的区域	浮动	实际表面应限定在间距等于 0.08mm 的两平行平面之间
圆度	在横截面内	公差带为在给定横截面内，半径差等于公差值 t 的两同心圆所限定的区域　　　　　　　　　　　　　　　　　　a ——任一横截面	浮动	在圆柱面的任一横截面内，实际圆周应限定在半径差等于 0.03mm 的两共面同心圆之间　　　　　　　　　在圆锥面的任一横截面内，实际圆周应限定在半径差等于 0.1mm 的两共面同心圆之间
圆柱度	—	公差带为半径差等于公差值 t 的两同轴圆柱面所限定的区域	浮动	实际圆柱面应限定在半径差等于 0.1mm 的两同轴圆柱面之间

　　相对于被测要素的基准，用基准符号表示在基准要素上，如图 4-2 所示。字母应与公差框格内的字母相对应，并均应水平书写，如图 4-3 所示。

　　还有一些其他的表示法，如图 4-3 所示。其中，图 4-3a 所示为同一要素有一个以上的公差特征要求；图 4-3b 所示为同一要素的公差值在全部要素内和其中任一部分有进一步的限制；图 4-3c 所示为当被测要素为组成要素时，指引线的箭头应置于要素的轮廓线或其延长线上，并与尺寸线明显错开；图 4-3d 所示为当尺寸线安排不下两个箭头时，另一箭头可用基准三角形代替，在公差框格上部位置也可标注被测要素的尺寸及有关说明；图 4-3e 所示为用同一公差带控制几个被测要素时，应在公差框格第二格内公差值后面加注公共公差带的符号 CZ；图 4-3f 所示为几何公差项目如轮廓度公差适用于横截面内的整个外轮廓线或外轮廓面时，应采用全周符号；图 4-3g 所示为如仅要求要素某一部分的公差值或某一部分作为基准，则用粗点画线表示其范围，并加注尺寸；图 4-3h 所示为指引线的箭头或基准符号可置于带点的参考线上，该点指在实际表面上。

图样中围以框格的尺寸称为"理论正确尺寸（TED）"，是用来确定要素的理论正确位置、方向或轮廓的尺寸，如是角度则称为"理论正确角度"。零件的实际尺寸是由公差框格中几何公差来限定的，见表 4-3、表 4-4 和表 4-5 中标注示例。

此外，国家标准中还规定了一些其他特殊符号，如Ⓔ、Ⓜ、Ⓛ和Ⓡ（详见本章第四节）以及Ⓟ（详见本章第三节）、Ⓕ（非刚性零件的自由状态）等，需要时可参见国家标准。

三、几何公差带

几何公差带用来限制被测实际要素变动的区域。它是一个几何图形，只要被测要素完全落在给定的公差带内，就表示被测要素的几何精度符合设计要求。

几何公差带具有形状、大小、方向和位置四要素。几何公差带的形状由被测要素的理想形状和给定的公差特征所决定。几何公差带的形状如图 4-4 所示。几何公差带的大小由公差值 t 确定，指的是公差带的宽度或直径等。几何公差带的方向是指与公差带延伸方向相垂直的方向，通常为指引线箭头所指的方向。几何公差带的位置有固定和浮动两种：

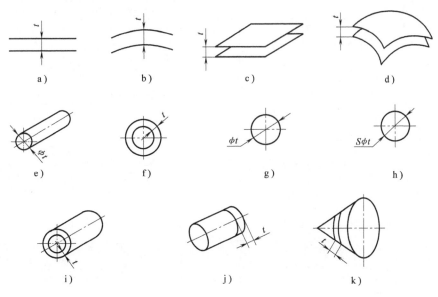

图 4-4 几何公差带的形状

a）两平行直线 b）两等距曲线 c）两平行平面 d）两等距曲面 e）圆柱面 f）两同心圆
g）一个圆 h）一个球 i）两同心圆柱面 j）一段圆柱面 k）一段圆锥面

当图样上基准要素的位置一经确定，其公差带的位置不再变动，则称为公差带的位置固定；当公差带的位置可随实际尺寸的变化而变动时，则称为公差带的位置浮动。例如，同轴度，其公差带与基准轴线共轴而且固定；而平面度，则随实际平面所处的位置不同而浮动。

第二节　形状公差与误差

一、形状公差与公差带

形状公差是指单一实际要素的形状所允许的变动全量。形状公差带是限制实际被测要素变动的一个区域。形状公差有直线度、平面度、圆度、圆柱度和无基准的线轮廓度、面轮廓度六项。形状公差带定义、标注和解释见表 4-2。

二、轮廓度公差与公差带

将线轮廓度和面轮廓度公差统称为轮廓度公差。轮廓度公差无基准要求时为形状公差，有基准要求时为方向、位置公差。轮廓度公差带定义、标注和解释见表 4-3。

表 4-3　轮廓度公差带定义、标注和解释

特　征		公差带形状和定义	公差带位置	标注示例和解释
线轮廓度	无基准	公差带为直径等于公差值 t、圆心位于被测要素理论正确几何形状上的一系列圆的两包络线所限定的区域 a——任一距离　b——垂直于右图所在平面	浮动	在任一平行于图示投影面的截面内，实际轮廓线应限定在直径等于 0.04mm、圆心位于被测要素理论正确几何形状上的一系列圆的两包络线之间
	有基准	公差带为直径等于公差值 t、圆心位于由基准平面 A 和基准平面 B 确定的被测要素理论正确几何形状上的一系列圆的两包络线所限定的区域 a、b——基准平面 A、基准平面 B c——平行于基准平面 A 的平面	固定	在任一平行于图示投影面的截面内，实际轮廓线应限定在直径等于 0.04mm、圆心位于由基准平面 A 和基准平面 B 确定的被测要素理论正确几何形状上的一系列圆的两包络线之间

（续）

特 征		公差带形状和定义	公差带位置	标注示例和解释
面轮廓度	无基准	公差带为直径等于公差值 t、球心位于被测要素理论正确几何形状上的一系列圆球的两包络面所限定的区域	浮动	实际轮廓面应限定在直径等于 0.02mm、球心位于被测要素理论正确几何形状上的一系列圆球的两包络面之间
	有基准	公差带为直径等于公差值 t、球心位于由基准平面 A 确定的被测要素理论正确几何形状上的一系列圆球的两包络面所限定的区域	固定	实际轮廓面应限定在直径等于 0.1mm、球心位于由基准平面 A 确定的被测要素理论正确几何形状上的一系列圆球的两包络面之间

形状公差带（轮廓度除外）的特点是不涉及基准，无确定的方向和固定的位置。它的方向和位置随相应实际要素的不同而浮动。轮廓度的公差带具有如下特点。

1）无基准要求的轮廓度，其公差带的形状只由理论正确尺寸决定，见表 4-3。

2）有基准要求的轮廓度，其公差带的方向、位置需由理论正确尺寸和基准来决定，见表 4-3。

三、形状误差及其评定

形状误差是被测实际要素的形状对其理想要素的变动量，形状误差值小于或等于相应的公差值，则认为合格。

被测实际要素与其理想要素进行比较时，理想要素相对于实际要素的位置不同，评定的形状误差值也不同。为了使评定结果唯一，同时使工件最大限度地通过合格，国家标准规定，评定形状误差的唯一准则是"最小条件"。所谓最小条件，是指被测实际要素对其理想要素的最大变动量为最小。形状误差值用最小包容区域（简称为最小区域）的宽度或直径表示。最小包容区域是指包容被测实际要素时，具有最小宽度 f 或直径 ϕf 的包容区域。最小包容区域的形状与相应的公差带形状相同。以直线度误差为例来说明，如图 4-5 所示。被测要素的理想要素为直线，用两条理想的平行直线包容实际直线的区域有无数个，如图 4-5 所示 Ⅰ、Ⅱ、Ⅲ 位置，相应的包容区域的宽度为 f_1、f_2、f_3（$f_1 < f_2 < f_3$）。根据

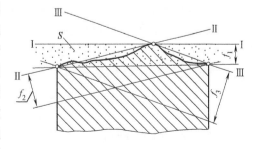

图 4-5 最小条件和最小包容区域

最小条件的要求，Ⅰ位置时两理想平行直线包容区域最小。取其宽度 f_1 作为直线度误差值。按最小包容区域评定形状误差的方法称为最小包容区域法。

最小包容区域是根据被测实际要素与包容区域的接触状态判别的。如评定在给定平面内的直线度误差，实际直线应至少有高、低、高（或低、高、低）三点与两包容直线接触，这个包容区就是最小包容区域 S，如图4-5所示。评定圆度误差时，包容区域为两同心圆间的区域，实际圆轮廓应至少有内外交替四点与两包容圆接触，这个包容区就是最小包容区域 S，如图4-6a所示。评定平面度误差时，包容区域为两平行平面间的区域，被测平面至少有四点分别与两平行平面接触，如图4-6b所示，且满足下列条件之一。

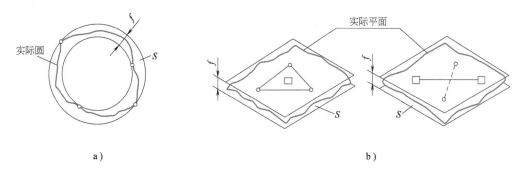

图4-6　最小包容区域
a）评定圆度误差　b）评定平面度误差

1）至少有三点与一平面接触，有一点与另一平面接触，且该点的投影能落在由上述三点连成的三角形内。

2）至少各有两点分别与两平行平面接触，且与同一平面接触的两点连成的直线与另一平面接触的两点连成的直线在空间呈交叉状态。

第三节　方向、位置和跳动公差与误差

一、方向公差与公差带

方向公差是关联实际要素对基准在方向上允许的变动全量。方向公差有平行度、垂直度、倾斜度、线轮廓度和面轮廓度五项，前三项都有面对面、线对面、面对线和线对线几种情况。典型的方向公差带定义、标注和解释见表4-4。

方向公差带具有如下特点。

1）方向公差带相对基准有确定的方向。

2）方向公差带具有综合控制被测要素的方向和形状的职能。在保证功能要求的前提下，对被测要素给出方向公差后，通常对该要素不再给出形状公差。如果功能需要对形状精度有进一步要求时，可同时给出形状公差，且形状公差值应小于方向公差值。

表 4-4 典型的方向公差带定义、标注和解释

特 征		公差带形状和定义	公差带位置	标注示例和解释
平行度	面对面	公差带为间距等于公差值 t 且平行于基准平面的两平行平面所限定的区域 a ——基准平面	方向固定	实际表面应限定在间距等于 0.01mm 且平行于基准平面 D 的两平行平面之间 ∥ 0.01 D D
	线对面	公差带为间距等于公差值 t 且平行于基准平面的两平行平面所限定的区域 a ——基准平面	方向固定	被测孔的实际轴线应限定在间距等于 0.01mm 且平行于基准平面 B 的两平行平面之间 ∥ 0.01 B ϕD B
	面对线	公差带为间距等于公差值 t 且平行于基准轴线的两平行平面所限定的区域 a ——基准轴线	方向固定	实际表面应限定在间距等于 0.1mm 且平行于基准轴线 C 的两平行平面之间 ∥ 0.1 C C ϕD
	线对线 在给定方向上	公差带为在给定方向上间距等于公差值 t 且平行于基准轴线的两平行平面所限定的区域 a ——基准轴线	方向固定	被测孔的实际轴线应限定在间距等于 0.2mm，在给定的方向上且平行于基准轴线 A 的两平行平面之间 ϕD_1 ∥ 0.2 A ϕD_2 A
	线对线 在任意方向上	公差带为直径等于公差值 ϕt 且轴线平行于基准轴线的圆柱面所限定的区域 a ——基准轴线	方向固定	被测孔的实际轴线应限定在直径等于 $\phi 0.03$mm 且平行于基准轴线 A 的圆柱面内 ∥ $\phi 0.03$ A ϕD_1 ϕD_2 A

（续）

特　征		公差带形状和定义	公差带位置	标注示例和解释
平行度	线对基准体系	公差带为间距等于公差值 t、平行于基准轴线 A 且垂直于基准平面 B 的两平行平面所限定的区域 a ——基准轴线 A b ——基准平面 B	方向固定	实际中心线应限定在间距等于 0.1mm 的两平行平面之间。两平行平面平行于基准轴线 A 且垂直于基准平面 B
垂直度	面对面	公差带为间距等于公差值 t 且垂直于基准平面的两平行平面所限定的区域 a ——基准平面	方向固定	实际表面应限定在间距等于 0.08mm 且垂直于基准平面 A 的两平行平面之间
倾斜度	线对线	被测直线与基准轴线在同一平面上，公差带为间距等于公差值 t 的两平行平面所限定的区域。该两平行平面按给定角度倾斜于基准轴线 a ——基准轴线	方向固定	被测孔的实际轴线应限定在间距等于 0.08mm 的两平行平面之间。两平行平面按理论正确角度 60° 倾斜于公共基准轴线 A—B

二、位置公差与公差带

位置公差是关联实际要素对基准在位置上允许的变动全量。位置公差有同心度、同轴度、对称度、位置度、线轮廓度和面轮廓度六项。典型的位置公差带定义、标注和解释见表 4-5。

位置公差特征中，同心度涉及圆心，同轴度涉及轴线；对称度涉及的要素有中心直线、轴线和中心平面；位置度涉及的要素包括点、线、面以及组成要素。位置公差带的特点如下。

表 4-5　典型的位置公差带定义、标注和解释

特　征		公差带形状和定义	公差带位置	标注示例和解释
同心度、同轴度	点的同心度	公差带为直径等于公差值 ϕt 的圆周所限定的区域。该圆周的圆心与基准点重合 a ——基准点	位置固定	在任意截面内（ACS），内圆的实际中心点应限定在直径等于 $\phi 0.1\mathrm{mm}$ 且以基准点为圆心的圆周内
	线的同轴度	公差带为直径等于公差值 ϕt 且轴线与基准轴线重合的圆柱面所限定的区域 a ——基准轴线	位置固定	被测圆柱面的实际轴线应限定在直径等于 $\phi 0.04\mathrm{mm}$ 且轴线与基准轴线 A 重合的圆柱面内
对称度	面对面	公差带为间距等于公差值 t 且对称于基准中心平面的两平行平面所限定的区域 a ——基准中心平面	位置固定	两端为半圆的被测槽的实际中心平面应限定在间距等于 $0.08\mathrm{mm}$ 且对称于公共基准中心平面 A—B 的两平行平面之间
	面对线	公差带为间距等于公差值 t 且对称于基准轴线的两平行平面所限定的区域 a ——基准轴线 P_0 ——通过基准轴线的理想平面	位置固定	宽度为 b 的被测键槽的实际中心平面应限定在间距为 $0.05\mathrm{mm}$ 的两平行平面之间。两平行平面对称于基准轴线 B，即对称于通过基准轴线 B 的理想平面 P_0

（续）

特　　征		公差带形状和定义	公差带位置	标注示例和解释
位置度	点的位置度	公差带为直径等于公差值 ϕt 的圆所限定的区域。该圆的中心的理论正确位置由基准线 A、B 和理论正确尺寸确定 a、b——基准线 A、B	位置固定	实际圆心应限定在直径等于 $\phi 0.1mm$ 的圆内。圆的中心应处于由基准线 A、B 和理论正确尺寸确定的理论正确位置上
	线的位置度	公差带为直径等于公差值 ϕt 的圆柱面所限定的区域。该圆柱面的轴线的理论正确位置由基准平面 A、B、C 和理论正确尺寸确定 a——基准平面 A b——基准平面 B c——基准平面 C	位置固定	被测孔的实际轴线应限定在直径等于 $\phi 0.1mm$ 的圆柱面内。该圆柱面的轴线应处于由基准平面 A、B、C 和理论正确尺寸确定的理论正确位置上
	成组要素位置度	公差带为直径等于公差值 ϕt 的圆柱面所限定的区域，公差带的轴线的位置由相对于三基面体系的理论正确尺寸确定 a——基准平面 A b——基准平面 B c——基准平面 C	位置固定	每个被测轴线必须位于直径等于公差值 $\phi 0.1mm$ 且以相对于 A、B、C 基准表面（基准平面）所确定的理想位置为轴线的圆柱内
	面的位置度	公差带为间距等于公差值 t 且对称于被测表面理论正确位置的两平行平面所限定的区域。该理论正确位置由基准平面、基准轴线和理论正确尺寸 L、理论正确角度 α 确定 a——基准平面　b——基准轴线	位置固定	实际表面应限定在间距等于 $0.05mm$ 且对称于被测表面理论正确位置的两平行平面之间。理论正确位置由基准平面 A、基准轴线 B 和理论正确尺寸 $15mm$、理论正确角度 $105°$ 确定

1）位置公差带相对于基准具有确定的位置，其中，位置度的公差带位置由理论正确尺寸确定，而同轴度和对称度的理论正确尺寸为零，图上可省略不注。

2）位置公差带具有综合控制被测要素位置、方向和形状的职能。在保证功能要求的前提下，对被测要素给出位置公差后，通常对该要素不再给出方向公差和形状公差。如果功能需要对方向和形状有进一步要求时，则另行给出方向或（和）形状公差，且方向或（和）形状公差值应小于位置公差值。

图样上给定的各项几何公差如无特殊说明，其公差带只控制零件实体的相应部分，公差带长度仅为被测要素的全长。但在某些情况下，为了满足装配要求，可将位置公差（主要是位置度和对称度）的公差带延伸到被测要素实体之外，或根本不包括被测要素的长度，这就称为延伸公差。

例如：对于螺纹联接件，为了使装配时螺柱（或螺钉）能顺利拧进螺纹孔，不产生干涉，有两种办法，一是缩小光孔和螺孔的位置度公差，或者同时给定位置度公差和较严的垂直度公差以控制实际轴线的倾斜，这显然要增加零件的制造成本，二是采用延伸公差，可在保证装配的前提下采用尽可能大的公差，这种方法比较经济。

图 4-7a 所示为双头螺柱联接，为了顺利装配，将螺孔的公差带延伸至螺柱与通孔实际发生装配关系的部分，如图 4-7b 所示。标注方法是在位置度公差数值后加注Ⓟ，并在公差带长度数字前加注Ⓟ，如图 4-7c 所示。

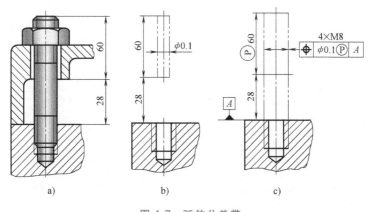

图 4-7　延伸公差带

三、跳动公差与公差带

跳动公差是关联实际要素绕基准轴线回转一周或连续回转时所允许的最大跳动量。跳动量可由指示表的最大与最小示值之差反映出来。被测要素为回转表面或端面，基准要素为轴线。跳动可分为圆跳动和全跳动。

圆跳动是指被测要素在某个测量截面内相对于基准轴线的变动量。圆跳动有径向圆跳动、轴向圆跳动和斜向圆跳动。

全跳动是指整个被测要素相对于基准轴线的变动量。全跳动有径向全跳动和轴向全跳动。

跳动公差带定义、标注和解释见表4-6。

表4-6 跳动公差带定义、标注和解释

特 征		公差带形状和定义	公差带位置	标注示例和解释
圆跳动	径向圆跳动	公差带为在任一垂直于基准轴线的横截面内、半径差等于公差值 t、圆心在基准轴线上的两同心圆所限定的区域 a ——基准轴线 b ——横截面	中心位置固定	在任一垂直于基准轴线 A 的横截面内，被测圆柱面的实际圆应限定在半径差等于0.1mm且圆心在基准轴线 A 上的两同心圆之间
	轴向圆跳动	公差带为与基准轴线同轴线的任意直径的圆柱截面上，间距等于公差值 t 的两个等径圆所限定的圆柱面区域 a ——基准轴线 b ——公差带 c ——任意直径	中心位置固定	在与基准轴线 D 同轴线的任一直径的圆柱截面上，实际圆应限定在轴向距离等于0.1mm的两个等径圆之间
	斜向圆跳动	公差带为与基准轴线同轴线的某一圆锥截面上，间距等于公差值 t 的直径不相等的两个圆所限定的圆锥面区域 除非另有规定，测量方向应垂直于被测表面 a ——基准轴线 b ——圆锥截面 c ——公差带	中心位置固定	在与基准轴线 C 同轴线的任一圆锥截面上，实际线应限定在素线方向距离等于0.1mm的直径不相等的两个圆之间

（续）

特 征		公差带形状和定义	公差带位置	标注示例和解释
全跳动	径向全跳动	公差带为半径差等于公差值 t 且轴线与基准轴线重合的两个圆柱面所限定的区域 a ——基准轴线	中心位置固定	被测圆柱面的整个实际表面应限定在半径差等于 0.1mm 且轴线与公共基准轴线 $A—B$ 重合的两个圆柱面之间
	轴向全跳动	公差带为间距等于公差值 t 且垂直于基准轴线的两平行平面所限定的区域 a ——基准轴线　b ——被测表面	中心位置固定	实际表面应限定在间距等于 0.1mm 且垂直于基准轴线 D 的两平行平面之间

跳动公差带的特点如下。

跳动公差带可以综合控制被测要素的位置、方向和形状。例如：轴向全跳动公差带控制端面对基准轴线的垂直度误差，也控制端面的平面度误差；径向全跳动公差带可控制同轴度、圆柱度等误差。

四、方向、位置误差评定与基准

方向、位置误差是关联实际要素对其理想要素的变动量，理想要素的方向或位置由基准确定。

判定方向、位置误差的大小，常采用定向或定位最小包容区域去包容被测要素，但这个最小包容区域与形状误差的最小包容区域概念不同，其区别在于它必须具有与基准保持给定几何关系的前提下使包容区域的宽度或直径为最小。图 4-8a 所示的面对面的垂直度的定向最小包容区域是包容被测实际平面且与基准平面保持垂直的两平行平面之间的区域。图4-8b所示台阶轴的被测轴线同轴度误差的定位最小包容区域是包容被测实际轴线且与基准轴线同轴的圆柱面内的区域。

方向、位置误差的最小包容区域的形状和其对应的公差带的形状是完全相同的，最小包容区域的宽度（或直径）由被测实际要素本身决定，当它小于或等于公差带的宽度

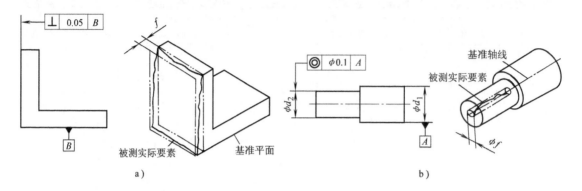

图 4-8　定向和定位最小包容区域

（或直径）时，被测要素才是合格的。

　　评定方向、位置误差的基准应是理想的基准要素。但基准要素本身也是实际加工出来的，也存在形状误差。为正确评定方向位置误差，基准要素的位置应符合最小条件，即用最小条件找出该实际基准要素的理想要素，用该理想要素来作为基准评定方向、位置误差。在检测中，通常用形状足够精确的表面模拟基准。例如：基准平面可用平台、平板的工作面来模拟；孔的基准轴线可用与孔无间隙配合的心轴、可胀式心轴的轴线来模拟；轴的基准轴线可用 V 形块来体现。

　　基准的种类通常分为三种。

　　（1）单一基准　由一个要素建立的基准称为单一基准。例如：图 4-8a 所示为由一个平面要素建立的基准，该基准就是基准平面 B；图 4-8b 所示为由 ϕd_1 圆柱轴线建立起的基准。

　　（2）组合基准（公共基准）　凡由两个或两个以上要素建立一个独立的基准称为组合基准或公共基准。表 4-6 中径向全跳动示例，两段轴线 A、B 建立起公共基准 $A—B$。

　　（3）基准体系（三基面体系）　由三个相互垂直的平面构成一个基准体系——三基面体系，如图 4-9 所示。这三个平面都是基准平面。每两个基准平面的交线构成基准轴线，三轴线的交点构成基准点。由此可见，上面提到的单一基准平面就是三基面体系中的一个基准平面；基准轴线就是三基面体系中的两个基准平面的交线。应用三基面体系时，在图样上标注基准时应注意基准的顺序，见表 4-5 中位置度示例，应选最重要的或最大的平面作为第 I 基准，选次要的或较长的平面作为第 II 基准，选不重要的平面作为第 III 基准。

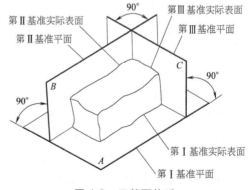

图 4-9　三基面体系

第四节　几何公差与尺寸公差的关系——公差原则

同一被测要素上，既有几何公差又有尺寸公差时，确定几何公差与尺寸公差之间相互关系的原则称为公差原则。它分为独立原则和相关要求两大类。

一、有关术语及定义

1. 局部实际尺寸（简称为实际尺寸 d_a、D_a）

如第三章所述，在实际要素的任意正截面上，两对应点之间测得的距离称为局部实际尺寸（图 4-10）。各处实际尺寸往往不同。

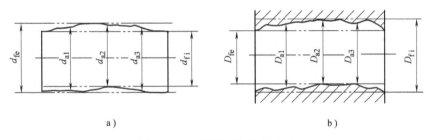

a）　　　　　　　　　　　　　　b）

图 4-10　实际尺寸和作用尺寸

a）外表面（轴）　　b）内表面（孔）

2. 体外作用尺寸（d_{fe}、D_{fe}）

在被测要素的给定长度上，与实际外表面体外相接的最小理想面或与实际内表面体外相接的最大理想面的直径或宽度，如图 4-10 所示。

对于关联要素，该理想面的轴线或中心平面必须与基准保持图样给定的几何关系。

3. 体内作用尺寸（d_{fi}、D_{fi}）

在被测要素的给定长度上，与实际外表面体内相接的最大理想面或与实际内表面体内相接的最小理想面的直径或宽度，如图 4-10 所示。

对于关联要素，该理想面的轴线或中心平面必须与基准保持图样给定的几何关系。

必须注意：作用尺寸是由实际尺寸和几何误差综合形成的，对于每个零件不尽相同。

4. 最大实体状态、尺寸、边界

实际要素在给定长度上处处位于尺寸极限之内并具有实体最大时的状态称为最大实体状态。

最大实体状态下的尺寸称为最大实体尺寸。对于外表面为上极限尺寸，用 d_M 表示；对于内表面为下极限尺寸，用 D_M 表示。即

$$d_M = d_{max} \qquad\qquad D_M = D_{min}$$

由设计给定的具有理想形状的极限包容面称为边界。边界的尺寸为极限包容面的直径或距离。尺寸为最大实体尺寸的边界称为最大实体边界，用 MMB 表示。

5. 最小实体状态、尺寸、边界

实际要素在给定长度上处处位于尺寸极限之内并具有实体最小时的状态称为最小实体状态。

最小实体状态下的尺寸称为最小实体尺寸。对于外表面为下极限尺寸，用 d_L 表示；对于内表面为上极限尺寸，用 D_L 表示。即

$$d_L = d_{min} \qquad\qquad D_L = D_{max}$$

尺寸为最小实体尺寸的边界称为最小实体边界，用 LMB 表示。

6. 最大实体实效状态、尺寸、边界

在给定长度上，实际要素处于最大实体状态且其中心要素的形状或位置误差等于给出公差值时的综合极限状态，称为最大实体实效状态。

最大实体实效状态下的体外作用尺寸称为最大实体实效尺寸。对于外表面等于最大实体尺寸加几何公差值 t，用 d_{MV} 表示；对于内表面等于最大实体尺寸减几何公差值 t，用 D_{MV} 表示（图 4-11）。即

$$d_{MV} = d_M + t \qquad\qquad D_{MV} = D_M - t$$

尺寸为最大实体实效尺寸的边界称为最大实体实效边界，用 MMVB 表示（图 4-11）。

7. 最小实体实效状态、尺寸、边界

在给定长度上，实际要素处于最小实体状态且其中心要素的形状或位置误差等于给出的公差值时的综合极限状态，称为最小实体实效状态。

最小实体实效状态下的体内作用尺寸称为最小实体实效尺寸。对于外表面等于最小实体尺寸减几何公差值 t，用 d_{LV} 表示；对于内表面等于最小实体尺寸加几何公差值 t，用 D_{LV} 表示（图 4-11）。即

$$d_{LV} = d_L - t \qquad\qquad D_{LV} = D_L + t$$

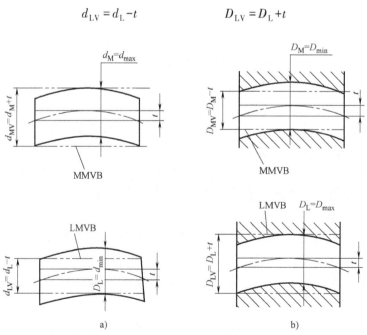

图 4-11 最大、最小实体实效尺寸及边界

a）外表面（轴） b）内表面（孔）

尺寸为最小实体实效尺寸的边界称为最小实体实效边界，用 LMVB 表示（图 4-11）。

二、独立原则

独立原则是指被测要素在图样上给出的几何公差与尺寸公差各自独立，应分别满足要求的公差原则。

图 4-12 所示为独立原则应用示例，标注时不需要附加任何表示相互关系的符号。图 4-12 中表示轴的局部实际尺寸应在 $\phi 29.979 \sim \phi 30$mm 之间，不管实际尺寸为何值，轴线的直线度误差都不允许大于 $\phi 0.12$mm。

独立原则是标注几何公差和尺寸公差相互关系的基本公差原则。

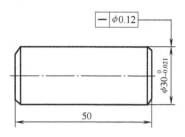

图 4-12 独立原则应用示例

三、相关要求

相关要求是指图样上给定的几何公差与尺寸公差相互有关。它分为包容要求、最大实体要求、最小实体要求和可逆要求。可逆要求不能单独采用，只能与最大实体要求或最小实体要求一起应用。

（一）包容要求

1. 包容要求用于单一要素

在图样上，单一要素的尺寸极限偏差或公差带代号之后注有 Ⓔ 时，则表示该单一要素采用包容要求，如图 4-13a 所示。

包容要求是指当实际尺寸处处为最大实体尺寸（如图 4-13 所示 $\phi 20$mm）时，其几何公差为零；当实际尺寸偏离最大实体尺寸时，允许的几何误差可以相应增加，增加量为实际尺寸与最大实体尺寸之差（绝对值），其最大增加量等于尺寸公差，此时实际尺寸应处处为最小实体尺寸（如图 4-13b 所示实际尺寸为 $\phi 19.97$mm 时，允许轴线直线度误差为 $\phi 0.03$mm）。这表明，尺寸公差可以转化为几何公差。

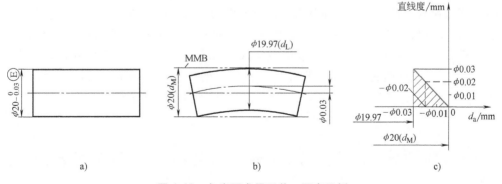

图 4-13 包容要求用于单一要素示例

采用包容要求时，被测要素应遵守最大实体边界，即要素的体外作用尺寸不得超越其最大实体尺寸且局部实际尺寸不得超越其最小实体尺寸，即对于外表面（轴）　　　$d_{fe} \le d_M(d_{max})$　　　　　$d_a \ge d_L(d_{min})$

对于内表面（孔）　　　$D_{fe} \ge D_M(D_{min})$　　　　　$D_a \le D_L(D_{max})$

图 4-13c 所示为图 4-13a 所示标注示例的动态公差图，此图表达了实际尺寸和几何公差变化的关系。图 4-13c 中横坐标表示实际尺寸，纵坐标表示几何公差（如直线度），粗的斜线为相关线。如虚线所示，当实际尺寸为 $\phi19.98mm$，偏离最大实体尺寸（$\phi20mm$）0.02mm 时，允许直线度误差为 0.02mm。

由此可见，包容要求是将尺寸和几何误差同时控制在尺寸公差范围内的一种公差要求，主要用于必须保证配合性质的要素，用最大实体边界保证必要的最小间隙或最大过盈，用最小实体尺寸防止间隙过大或过盈过小。

2. 包容要求用于关联要素（零几何公差）

在图样上，在相应的几何公差框格中的公差值用 "0 Ⓜ" 或 "$\phi0$ Ⓜ" 表示，如图 4-14所示。

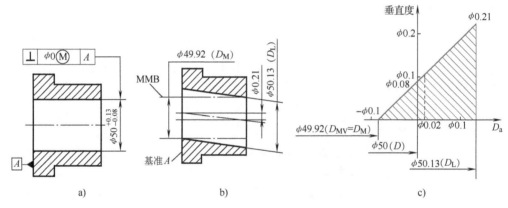

图 4-14　包容要求用于关联要素示例

图 4-14 所示为孔 $\phi50^{+0.13}_{-0.08}mm$ 的轴线对基准面在任意方向的垂直度公差采用最大实体要求的零几何公差。实际尺寸为 $\phi49.92 \sim \phi50.13mm$，体外作用尺寸 $D_{fe} = D_{MV} = D_{min} = \phi49.92mm$。当被测要素处于最大实体状态 $\phi49.92mm$ 时，其轴线垂直度公差为给定的 $\phi0mm$。当被测要素偏离最大实体状态时，垂直度公差获得补偿而增大，补偿量为被测要素偏离最大实体状态的差值。如被测要素为 $\phi50mm$ 时，偏离量 0.08mm 补偿给垂直度公差，为 $\phi0.08mm$；当被测要素处于最小实体状态 $\phi50.13mm$ 时，获得的补偿量最大，其轴线垂直度误差允许达到最大值，即等于图样给出的垂直度公差值 $\phi0mm$ 与轴的尺寸公差 $\phi0.21mm$ 之和 $\phi0.21mm$。图 4-14c 所示为表达上述关系的动态公差图。

（二）最大实体要求及其可逆要求

1. 最大实体要求用于被测要素

图样上几何公差框格内公差值后标注Ⓜ，表示最大实体要求用于被测要素，如图 4-15a所示。

最大实体要求用于被测要素时，被测要素的几何公差值是在该要素处于最大实体状态时给定的。当被测要素的实际轮廓偏离其最大实体状态，即实际尺寸偏离最大实体尺

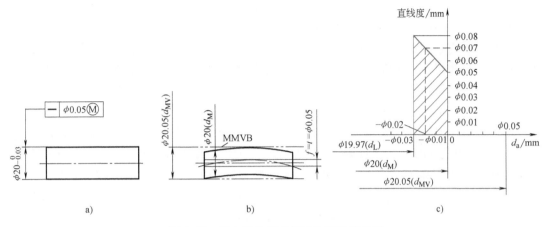

图 4-15 最大实体要求用于被测要素示例

寸时，允许的几何误差值可以增加，偏离多少，就可增加多少，其最大增加量等于被测要素的尺寸公差值，从而实现尺寸公差向几何公差转化。

最大实体要求用于被测要素时，被测要素应遵守最大实体实效边界，即要素的体外作用尺寸不得超越最大实体实效尺寸且局部实际尺寸在最大与最小实体尺寸之间，即

对于外表面 $\quad d_{fe} \leqslant d_{MV} = d_{max} + t \qquad d_{max} \geqslant d_a \geqslant d_{min}$

对于内表面 $\quad D_{fe} \geqslant D_{MV} = D_{min} - t \qquad D_{max} \geqslant D_a \geqslant D_{min}$

图 4-15c 所示为动态公差图。从图中可见，当轴的实际尺寸为最大实体尺寸 $\phi20$mm 时，允许的直线度误差为 $\phi0.05$mm（图 4-15b）。随着实际尺寸的减小，允许的直线度误差相应增大，若尺寸为 $\phi19.98$mm（偏离 d_M 为 $\phi0.02$mm），则允许的直线度误差为 $\phi0.05$mm + $\phi0.02$mm = $\phi0.07$mm。当实际尺寸为最小实体尺寸 $\phi19.97$mm 时，允许的直线度误差为最大（$\phi0.05$mm + $\phi0.03$mm = $\phi0.08$mm）。

2. 可逆要求用于最大实体要求

图样上几何公差框格中，在被测要素几何公差值后的符号Ⓜ后标注Ⓡ时，则表示被测要素遵守最大实体要求的同时遵守可逆要求，如图 4-16a 所示。

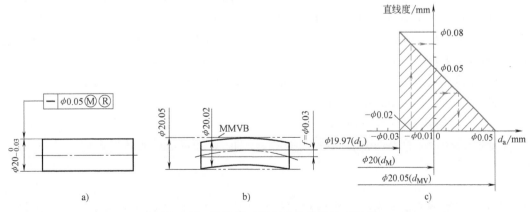

图 4-16 可逆要求用于最大实体要求示例

可逆要求用于最大实体要求，除了具有上述最大实体要求用于被测要素时的含义（即当被测要素实际尺寸偏离最大实体尺寸时，允许其几何误差增大，即尺寸公差向几何公差转化）外，还表示当几何误差小于给定的几何公差值时，也允许实际尺寸超出最大实体尺寸；当几何误差为零时，允许尺寸的超出量最大，为几何公差值，从而实现尺寸公差与几何公差相互转换的可逆要求。此时，被测要素仍然遵守最大实体实效边界。

如图 4-16a 所示，轴线直线度公差 $\phi0.05mm$ 是在轴的尺寸为最大实体尺寸 $\phi20mm$ 时给定的。当轴的尺寸小于 $\phi20mm$ 时，直线度误差的允许值可以增大，如尺寸为 $\phi19.98mm$，则允许的直线度误差为 $\phi0.07mm$，当实际尺寸为最小实体尺寸 $\phi19.97mm$ 时，允许的直线度误差最大，为 $\phi0.08mm$；当轴线的直线度误差小于图样上给定的 $\phi0.05mm$ 时，如为 $\phi0.03mm$，则允许其实际尺寸大于最大实体尺寸 $\phi20mm$ 而达到 $\phi20.02mm$（图 4-16b）；当直线度误差为零时，轴的实际尺寸可达到最大值，即等于最大实体实效边界尺寸 $\phi20.05mm$。图 4-16c 所示为上述关系的动态公差图。

3. 最大实体要求用于基准要素

图样上公差框格中基准字母后标注符号Ⓜ时，表示最大实体要求用于基准要素，如图 4-17a 所示。此时，基准要素应遵守相应的边界。若基准的实际轮廓偏离相应的边界，即体外作用尺寸偏离相应的边界尺寸，则允许基准要素在一定范围内浮动，其浮动范围等于基准要素的体外作用尺寸与其相应的边界之差。

基准要素本身采用最大实体要求时，其相应的边界为最大实体实效边界；基准要素本身不采用最大实体要求时，其相应的边界为最大实体边界（这是国家标准规定的）。

图 4-17a 所示为最大实体要求同时用于被测要素和基准要素，基准本身采用包容要求。当被测要素处于最大实体状态（实际尺寸为 $\phi12mm$）时，同轴度公差为 $\phi0.04mm$（图4-17b）。被测要素应满足下列要求：局部实际尺寸 d_{1a} 应在 $\phi11.95 \sim \phi12mm$ 范围内；体外（关联）作用尺寸小于（或等于）最大实体实效尺寸 $\phi12mm + \phi0.04mm = \phi12.04mm$，即其轮廓不超越最大实体实效边界。当被测轴的实际尺寸小于 $\phi12mm$ 时，允许同轴度误差增大，当 $d_{1a} = \phi11.95mm$ 时，同轴度误差允许达到最大值，为 $\phi0.04mm + \phi0.05mm = \phi0.09mm$（图 4-17c）。当基准的实际轮廓处于最大实体边界，即 $d_{2fe} = d_{2M} = \phi25mm$ 时，基准线不能浮动（图 4-17b、c）。当基准的实际轮廓偏离最大实体边界，即其体外作用尺寸小于 $\phi25mm$ 时，基准线可以浮动。当其体外作用尺寸等于最小实体尺寸 $\phi24.95mm$ 时，其浮动范围达到最大值 $\phi0.05mm$（图 4-17d）。基准浮动，使被测要素更容易达到合格要求。

最大实体要求适用于中心要素，主要用在仅需要保证零件可装配性的场合。

（三）最小实体要求及其可逆要求

1. 最小实体要求用于被测要素

图样上几何公差框格内公差值后面标注符号Ⓛ时，表示最小实体要求用于被测要素，如图 4-18a 所示。

最小实体要求用于被测要素时，被测要素的几何公差是在该要素处于最小实体状态时给定的。当被测要素的实际轮廓偏离其最小实体状态，即实际尺寸偏离最小实体尺寸时，允许的几何误差值可以增大，偏离多少，就可增加多少，其最大增加量等于被测要

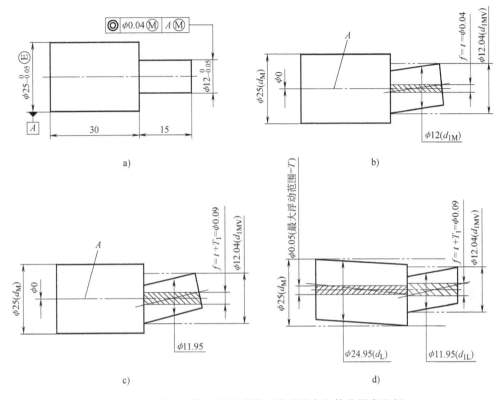

图 4-17 最大实体要求同时用于被测要素和基准要素示例

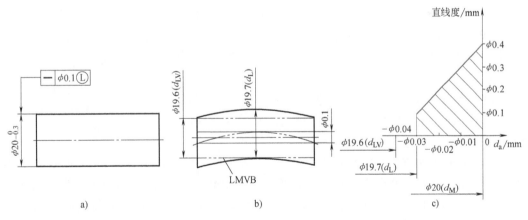

图 4-18 最小实体要求用于被测要素示例

素的尺寸公差值，从而实现尺寸公差向几何公差转化。

最小实体要求用于被测要素时，被测要素应遵守最小实体实效边界，即被测要素的实际轮廓在给定长度上处处不得超出其最小实体实效边界，也就是其体内作用尺寸不应超出最小实体实效尺寸且其局部实际尺寸在最大与最小实体尺寸之间。即

对于外表面 $\qquad d_{fi} \geqslant d_{LV} = d_{min} - t \qquad d_{max} \geqslant d_a \geqslant d_{min}$

对于内表面 $\qquad D_{fi} \le D_{LV} = D_{max} + t \qquad D_{max} \ge D_a \ge D_{min}$

如图 4-18a 所示，当轴的实际尺寸为最小实体尺寸 $\phi 19.7mm$ 时，轴线的直线度公差为给定的 $\phi 0.1mm$（图 4-18b）；当轴的实际尺寸偏离最小实体尺寸时，直线度误差允许增大，即尺寸公差向几何公差转化；当轴的实际尺寸为最大实体尺寸 $\phi 20mm$ 时，直线度误差允许达到最大值 $\phi 0.1mm + \phi 0.3mm = \phi 0.4mm$。图 4-18c 所示为其动态公差图。

2. 可逆要求用于最小实体要求

图样上在公差框格内公差数值后面的 $\textcircled{L}$ 符号后标注 $\textcircled{R}$ 时，表示被测要素遵守最小实体要求的同时遵守可逆要求，如图 4-19 所示。

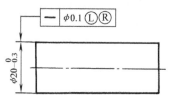

图 4-19 可逆要求用于最小实体要求示例

可逆要求用于最小实体要求，除了具有上述最小实体要求用于被测要素的含义外，还表示当几何误差小于给定的公差值时，也允许实际尺寸超出最小实体尺寸；当几何误差为零时，允许尺寸的超出量最大，为几何公差值，从而实现几何公差与尺寸公差相互转换的可逆要求。此时，被测要素仍遵守最小实体实效边界。

图 4-19 中不但尺寸公差可以转化为几何公差，而且几何公差也可转化为尺寸公差，即当直线度误差小于给定值 $\phi 0.1mm$ 时，允许实际尺寸小于最小实体尺寸 $\phi 19.7mm$；当直线度误差为零时，允许实际尺寸为 $\phi 19.6mm$。

3. 最小实体要求用于基准要素

图样上在公差框格内基准字母后面标注 $\textcircled{L}$ 时，表示最小实体要求用于基准要素，如图 4-20 所示。此时，基准应遵守相应的边界。若基准要素的实际轮廓偏离相应的边界，即体内作用尺寸偏离相应的边界尺寸，则允许基准要素在一定范围内浮动，浮动范围等于基准要素的体内作用尺寸与相应边界尺寸之差。

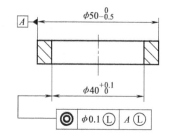

图 4-20 最小实体要求同时用于被测要素和基准要素示例

基准要素本身采用最小实体要求时，则其相应的边界为最小实体实效边界；基准要素本身不采用最小实体要求时，其相应的边界为最小实体边界。

图 4-20 所示为最小实体要求同时用于被测要素和基准要素，基准要素本身（$\phi 50_{-0.5}^{0}mm$）边界为最小实体边界，边界尺寸为 $\phi 49.5mm$。当基准要素实际轮廓大于 $\phi 49.5mm$ 时，基准要素可在一定范围浮动，浮动范围为基准要素的体内作用尺寸与 $\phi 49.5mm$ 之差。

最小实体要求运用于中心要素，主要用于需保证零件的强度和壁厚的场合。

第五节　几何公差的选择

图样上零件的几何公差要求有两种表示方法：一种是用公差框格的形式在图样上标

注；另一种是按未注公差规定，图样上不标注几何公差要求。无论标注与否，零件都有几何精度要求。

对于注出几何公差，主要需要正确选择公差特征、公差值（或公差等级）和公差原则。

一、几何公差特征的选择

几何公差特征的选择应根据零件的形体结构、功能要求、检测方便及经济性等方面因素，经综合分析后决定。

零件本身的形体结构，决定了它可能要求的几何公差特征。如对圆柱形零件，可选择圆度、圆柱度、轴线直线度及素线直线度等；平面零件可选平面度，窄长平面则可选直线度；凸轮类零件可选线轮廓度等。

可供选择的几何公差特征没有必要全部注出，需要分析各部位的功能要求确定适当的项目。例如：圆柱形零件，当仅需要顺利装配，或保证轴、孔之间的相对运动以避免磨损时，可选轴线的直线度公差；如果孔、轴之间既有相对运动，又要求密封性能好，为了保证在整个配合表面有均匀的小间隙，需要标注圆柱度公差，以综合控制圆度、素线直线度和轴线直线度（如柱塞与柱塞套、阀心与阀体等）；又如为保证机床工作台或刀架运动轨迹的精度，需要对导轨提出直线度或平面度要求；对安装齿轮轴的箱体孔，为保证齿轮的正确啮合，需要提出孔心线平行度要求等。紧固件联接孔（光孔和螺孔）、定位孔、分度孔等，孔与孔之间的距离和（或）孔与基准之间的距离一般不用尺寸公差而是标注位置度公差，可以避免尺寸误差的累积。

确定几何公差特征必须与检测条件相结合，考虑检测的可能性与经济性。例如：对轴类零件，可用径向全跳动综合控制圆柱度、同轴度；用轴向全跳动代替端面对轴线的垂直度。因为跳动误差的检测方便，又能较好地控制相应的几何误差项目。

在满足功能要求的前提下，项目应尽量减少，以获得较好的经济效益。

由于零件种类繁多，功能要求各异，设计者只有在充分明确所设计零件的功能要求、熟悉零件的加工工艺和具有一定的检测经验的情况下，才能对零件提出更合理、恰当的几何公差特征。

二、几何公差值（或公差等级）的选择

几何精度的高低是用公差等级数字的大小来表示的。GB/T 1184—1996 的附录中，对直线度、平面度、圆度、圆柱度、平行度、垂直度、倾斜度、同轴度、对称度、圆跳动和全跳动公差 11 个特征项目分别规定了若干公差等级及对应的公差值（见表 4-7～表 4-10）。这 11 个特征项目中，圆度和圆柱度的公差等级分别规定了 13 个级，它们分别用阿拉伯数字 0、1、2、…、12 表示，其中 0 级最高，等级依次降低，12 级最低。其余 9 个特征项目的公差等级分别规定了 12 个级，它们分别用阿拉伯数字 1、2、…、12 表示，其中 1 级最高，等级依次降低，12 级最低。此外，还规定了位置度公差值数系（见表 4-11）。

表 4-7 直线度、平面度公差值 （单位：μm）

主参数 L/mm	公差等级											
	1	2	3	4	5	6	7	8	9	10	11	12
≤10	0.2	0.4	0.8	1.2	2	3	5	8	12	20	30	60
>10~16	0.25	0.5	1	1.5	2.5	4	6	10	15	25	40	80
>16~25	0.3	0.6	1.2	2	3	5	8	12	20	30	50	100
>25~40	0.4	0.8	1.5	2.5	4	6	10	15	25	40	60	120
>40~63	0.5	1	2	3	5	8	12	20	30	50	80	150
>63~100	0.6	1.2	2.5	4	6	10	15	25	40	60	100	200

注：主参数 L 是轴、直线、平面的长度。

表 4-8 圆度、圆柱度公差值 （单位：μm）

主参数 d(D) /mm	公差等级												
	0	1	2	3	4	5	6	7	8	9	10	11	12
≤3	0.1	0.2	0.3	0.5	0.8	1.2	2	3	4	6	10	14	25
>3~6	0.1	0.2	0.4	0.6	1	1.5	2.5	4	5	8	12	18	30
>6~10	0.12	0.25	0.4	0.6	1	1.5	2.5	4	6	9	15	22	36
>10~18	0.15	0.25	0.5	0.8	1.2	2	3	5	8	11	18	27	43
>18~30	0.2	0.3	0.6	1	1.5	2.5	4	6	9	13	21	33	52
>30~50	0.25	0.4	0.6	1	1.5	2.5	4	7	11	16	25	39	62
>50~80	0.3	0.5	0.8	1.2	2	3	5	8	13	19	30	46	74

注：主参数 d (D) 是轴（孔）的直径。

表 4-9 平行度、垂直度、倾斜度公差值 （单位：μm）

主参数 L、d(D) /mm	公差等级											
	1	2	3	4	5	6	7	8	9	10	11	12
≤10	0.4	0.8	1.5	3	5	8	12	20	30	50	80	120
>10~16	0.5	1	2	4	6	10	15	25	40	60	100	150
>16~25	0.6	1.2	2.5	5	8	12	20	30	50	80	120	200
>25~40	0.8	1.5	3	6	10	15	25	40	60	100	150	250
>40~63	1	2	4	8	12	20	30	50	80	120	200	300
>63~100	1.2	2.5	5	10	15	25	40	60	100	150	250	400

注：1. 主参数 L 是给定平行度时轴线或平面的长度，或给定垂直度、倾斜度时被测要素的长度。
　　2. 主参数 d (D) 是给定面对线垂直度时，被测要素的轴（孔）的直径。

表 4-10 同轴度、对称度、圆跳动和全跳动公差值 （单位：μm）

主参数 d(D)、B、L/mm	公差等级											
	1	2	3	4	5	6	7	8	9	10	11	12
≤1	0.4	0.6	1.0	1.5	2.5	4	6	10	15	25	40	60
>1~3	0.4	0.6	1.0	1.5	2.5	4	6	10	20	40	60	120
>3~6	0.5	0.8	1.2	2	3	5	8	12	25	50	80	150
>6~10	0.6	1.0	1.5	2.5	4	6	10	15	30	60	100	200
>10~18	0.8	1.2	2	3	5	8	12	20	40	80	120	250
>18~30	1	1.5	2.5	4	6	10	15	25	50	100	150	300
>30~50	1.2	2	3	5	8	12	20	30	60	120	200	400
>50~120	1.5	2.5	4	6	10	15	25	40	80	150	250	500

注：1. 主参数 d (D) 是给定同轴度时轴直径，或给定圆跳动、全跳动时轴（孔）直径。
　　2. 圆锥体斜向圆跳动公差的主参数为平均直径。
　　3. 主参数 B 是给定对称度时槽的宽度。
　　4. 主参数 L 是给定两孔对称度时的孔心距。

表 4-11　位置度公差值数系　　　　　　　　　　　　　（单位：μm）

1	1.2	1.5	2	2.5	3	4	5	6	8
1×10^n	1.2×10^n	1.5×10^n	2×10^n	2.5×10^n	3×10^n	4×10^n	5×10^n	6×10^n	8×10^n

注：n 为正整数。

几何公差值（或公差等级）常用类比法确定。它主要考虑零件的使用性能、加工的可能性和经济性等因素。表 4-12～表 4-15 可供类比时参考。

表 4-12　直线度、平面度公差等级应用

公差等级	应用举例
5	1 级平板,2 级宽平尺,平面磨床的纵导轨、垂直导轨、立柱导轨及工作台,液压龙门刨床和转塔车床床身导轨,柴油机进气、排气阀门导杆
6	普通机床导轨面,如卧式车床、龙门刨床、滚齿机、自动车床等的床身导轨、立柱导轨,柴油机壳体
7	2 级平板,机床主轴箱、摇臂钻床底座和工作台,镗床工作台,液压泵盖,减速器壳体结合面
8	机床传动箱体,交换齿轮箱体、车床溜板箱体,柴油机气缸体,连杆分离面,缸盖结合面,汽车发动机缸盖、曲轴箱结合面,液压管件和法兰连接面
9	3 级平板,自动车床身底面,摩托车曲轴箱体,汽车变速器壳体,手动机械的支承面

表 4-13　圆度、圆柱度公差等级应用

公差等级	应用举例
5	一般计量仪器主轴、测杆外圆柱面,陀螺仪轴颈,一般机床主轴轴颈及主轴轴承孔,柴油机、汽油机活塞、活塞销,与 6(旧 E)级滚动轴承配合的轴颈
6	仪表端盖外圆柱面,一般机床主轴及前轴承孔,泵,压缩机的活塞,气缸,汽油发动机凸轮轴,纺机锭子,减速传动轴轴颈,高速船用柴油机、拖拉机曲轴主轴颈,与 6(旧 E)级滚动轴承配合的外壳孔,与 0(旧 G)级滚动轴承配合的轴颈
7	大功率低速柴油机曲轴轴颈、活塞、活塞销、连杆、气缸,高速柴油机箱体轴承孔,千斤顶或压力油缸活塞,机车传动轴,水泵及通用减速器转轴轴颈,与 0(旧 G)级滚动轴承配合的外壳孔
8	低速发动机、大功率曲柄轴轴颈,压气机连杆盖、体,拖拉机气缸、活塞,炼胶机冷铸轴辊,印刷机传墨辊,内燃机曲轴轴颈,柴油机凸轮轴承孔,凸轮轴,拖拉机,小型船用柴油机气缸套
9	空气压缩机缸体,液压传动筒,通用机械杠杆与拉杆用套筒销子,拖拉机活塞环、套筒孔

表 4-14　平行度、垂直度、倾斜度公差等级应用

公差等级	应用举例
4,5	卧式车床导轨,重要支承面,机床主轴孔对基准的平行度,精密机床重要零件,计量仪器、量具、模具的基准面和工作面,主轴箱体重要孔,通用减速壳体孔,齿轮泵的油孔端面,发动机轴和离合器的凸缘,气缸支承端面,安装精密滚动轴承的壳体孔的凸肩
6,7,8	一般机床的基准面和工作面,压力机和锻锤的工作面,中等精度钻模的工作面,机床一般轴承孔对基准面的平行度,变速箱箱体孔,主轴花键对定心直径部位轴线的平行度,重型机械轴承盖端面,卷扬机、手动传动装置中的传动轴,一般导轨,主轴箱体孔,刀架、砂轮架,气缸配合面对基准轴线的垂直度,活塞销孔对活塞中心线的垂直度,滚动轴承内、外圈端面对轴线的垂直度
9,10	低精度零件,重型机械滚动轴承端盖,柴油机、煤气发动机箱体曲轴孔、曲轴颈,花键轴和轴肩端面,带式运输机法兰盘等端面对轴线的垂直度,手动卷扬机及传动装置中的轴承端面、减速器壳体平面

表4-15　同轴度、对称度、跳动公差等级应用

公差等级	应 用 举 例
5,6,7	这是应用范围较广的公差等级。它用于几何精度要求较高、尺寸公差等级为IT8及高于IT8的零件。5级常用于机床轴颈,计量仪器的测量杆,汽轮机主轴,柱塞油泵转子,高精度滚动轴承外圈,一般精度滚动轴承内圈,回转工作台轴向圆跳动。7级用于内燃机曲轴、凸轮轴、齿轮轴、水泵轴、汽车后轮输出轴,电动机转子,印刷机传墨辊的轴颈,键槽
8,9	常用于几何精度要求一般,尺寸公差等级IT9~IT11的零件。8级用于拖拉机发动机分配轴轴颈,与9级精度以下齿轮相配的轴,水泵叶轮,离心泵体,棉花精梳机前后浪子,键槽等。9级用于内燃机气缸套配合面,自行车中轴

在确定几何公差值（或公差等级）时，还应注意下列情况。

1）在同一要素上给出的形状公差值应小于位置公差值。如要求平行的两个表面，其平面度公差值应小于平行度公差值。

2）圆柱形零件的形状公差值（轴线直线度除外）一般情况下应小于其尺寸公差值。

3）平行度公差值应小于其相应的距离公差值。

4）对于下列情况，考虑到加工的难易程度和除主参数外其他参数的影响，在满足零件功能的要求下，可适当降低1~2级选用：①孔相对于轴；②细长且比较大的轴和孔；③距离较大的轴或孔；④宽度较大（一般大于1/2长度）的零件表面；⑤线对线和线对面相对于面对面的平行度，线对线和线对面相对于面对面的垂直度。

5）凡有关标准已对几何公差做出规定的，如与滚动轴承相配的轴和壳体孔的圆柱度公差、机床导轨的直线度公差、齿轮箱体孔心线的平行度公差等，都应按相应标准确定。

三、公差原则和公差要求的选择

如前所述，独立原则是处理几何公差与尺寸公差关系的基本原则，主要用在以下场合。

1）尺寸精度和几何精度要求都较严，且需要分别满足要求。例如：齿轮箱体孔，为保证与轴承的配合性质和齿轮的正确啮合，要分别保证孔的尺寸精度和孔心线的平行度要求。

2）尺寸精度与几何精度要求相差较大。例如：印刷机的滚筒、轧钢机的轧辊等零件，尺寸精度要求低，圆柱度要求较高；平板尺寸精度要求低，平面度要求高，应分别提出要求。

3）为保证运动精度、密封性等特殊要求，通常单独提出与尺寸精度无关的几何公差要求。例如：机床导轨为保证运动精度，直线度要求严，尺寸精度要求次要；气缸套内孔为保证与活塞环在直径方向的密封性，圆度或圆柱度公差要求严，需要单独保证。

其他尺寸公差与几何公差无联系的零件，也广泛采用独立原则。

包容要求主要用于需要严格保证配合性质的场合。例如：$\phi30H7Ⓔ$孔与$\phi30h6Ⓔ$轴的配合，可以保证配合的最小间隙等于零。若对形状公差有更严的要求，可在标注Ⓔ的同时进一步提出形状公差要求。

最大实体要求主要用于保证可装配性（无配合性质要求）的场合。例如：用于穿过螺柱的通孔的位置度。

最小实体要求主要用于需要保证零件强度和最小壁厚等场合。

可逆要求与最大（最小）实体要求联用，能充分利用公差带，扩大了被测要素实际尺寸的范围，使尺寸超过最大（最小）实体尺寸而体外（体内）作用尺寸未超过最大（最小）实体实效边界的废品变为合格品，提高了效益。在不影响使用性能要求前提下可以选用。

四、未注几何公差的规定

为了简化制图，对一般机床加工就能保证的几何精度，不必在图样上注出几何公差。图样上没有具体注明几何公差值的要素，其几何精度应按下列规定执行。

1）对未注直线度、平面度、垂直度、对称度和圆跳动各规定了 H、K、L 三个公差等级，见表 4-16～表 4-19。采用规定的未注公差值时，应在标题栏或技术要求中注出下述内容：如"GB/T 1184-K"。

表 4-16　直线度、平面度未注公差值　　　　（单位：mm）

公差等级	基本长度范围					
	~10	>10~30	>30~100	>100~300	>300~1000	>1000~3000
H	0.02	0.05	0.1	0.2	0.3	0.4
K	0.05	0.10	0.2	0.4	0.6	0.8
L	0.10	0.20	0.4	0.8	1.2	1.6

表 4-17　垂直度未注公差值　　　　（单位：mm）

公差等级	基本长度范围			
	~100	>100~300	>300~1000	>1000~3000
H	0.2	0.3	0.4	0.5
K	0.4	0.6	0.8	1
L	0.6	1	1.5	2

表 4-18　对称度未注公差值　　　　（单位：mm）

公差等级	基本长度范围			
	~100	>100~300	>300~1000	>1000~3000
H	0.5			
K	0.6		0.8	1
L	0.6	1	1.5	2

表 4-19　圆跳动未注公差值　　　　（单位：mm）

公差等级	圆跳动公差值
H	0.1
K	0.2
L	0.5

2）未注圆度公差值等于直径公差值，但不能大于表4-19中的径向圆跳动值。

3）未注圆柱度公差值不做规定，由构成圆柱度公差的圆度、直线度和相应的线的平行度的注出或未注公差控制。

4）未注平行度公差值等于尺寸公差值或直线度和平面度未注公差值中的较大者。

5）未注同轴度公差值未做规定。在极限状况下，未注同轴度的公差值可以和表4-19中规定的径向圆跳动的未注公差值相等。

6）未注线轮廓度、面轮廓度、倾斜度、位置度和全跳动的公差值，均应由各要素的注出或未注线性尺寸公差或角度公差控制。

五、几何公差选择标注举例

图3-39所示为某减速器的输出轴，根据对该轴的功能要求，给出了有关几何公差。两轴颈 ϕ55k6 与0级滚动轴承内圈相配合，为了保证配合性质，因此采用包容要求；按GB/T 275—2015规定，与0级滚动轴承配合的轴颈，为保证配合轴承的几何精度，在遵守包容要求的前提下，又进一步提出圆柱度公差0.005mm的要求；两轴颈上安装滚动轴承后，将分别与减速器箱体的两孔配合，需限制两轴颈的同轴度误差，以免影响轴承外圈和箱体孔的配合，故又给出了两轴颈的径向圆跳动公差0.015mm（相当于公差等级6级）。ϕ65mm处的两轴肩都是止推面，起一定的定位作用，参照GB/T 275—2015规定，提出两轴肩相对于基准轴线 A—B 的轴向圆跳动公差0.015mm。

ϕ58r6 和 ϕ45n7 分别与齿轮和带轮配合，为保证配合性质，也采用包容要求；为保证齿轮的正确啮合，对安装齿轮的 ϕ58r6 圆柱还提出对基准 A—B 的径向圆跳动公差0.015mm。对 ϕ58r6 和 ϕ45n7 轴颈上的键槽16N9和14N9都提出了8级对称度公差，公差值为0.02mm。轴左端 ϕ45n7 与连接件（如齿轮等）需与两支撑保持良好的位置关系，故给出了相对于基准轴线 A—B 的径向圆跳动公差0.02mm。

第六节　几何误差的检测原则

几何误差的检测方法种类繁多，就其原则可归纳为五大类，即通常所称的五大原则。

一、与理想要素比较原则

与理想要素比较原则是指测量时将被测实际要素与相应的理想要素进行比较，在比较过程中获得数据，按这些数据来评定几何误差。该检测原则在几何误差测量中应用最为广泛。

运用该检测原则时，必须要有理想要素作为测量时的标准。理想要素可用不同的方法体现。例如：用实物体现时，刀口形直尺的刃口、平尺的工作面、一条拉紧的钢丝绳、平台和平板的工作面以及样板的轮廓等都可以作为理想要素。图4-21a所示为用刀口形直尺测量直线度误差，就是以刃口作为理想直线，被测直线与之比较，根据光隙的大小来判断直线度误差。

理想要素也可用运动轨迹来体现。图4-21b所示为用圆度仪测量圆度误差，是以一个精密回转轴上的一个点（测头）在回转中所形成的轨迹（即产生的理想圆）为理想要素，被测圆与之比较以求得圆度误差。

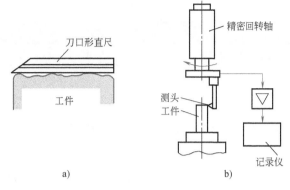

理想要素还可用一束光线、水平线（面）等体现。下面举一个用水平仪测量导轨直线度误差的例子。

图4-21 用与理想要素比较原则测量示例

水平仪是一种测量小角度变化量的常用量具。它的主要工作部分是水准器。当水准器处于水平时，水准器内的气泡处于玻璃管刻度的正中间。若水准器倾斜一个角度 α，则气泡就要偏离，移过的格数与倾斜的角度 α 成正比，如图 4-22 所示，故可以从气泡偏离中间位置的大小来测量其倾斜程度。

若水平仪的分度值为 0.02mm/m，则气泡每移动一格，表示在 1m 长度内两端高度相差 0.02mm 或倾斜角 α 为 4″。

测量时将被测导轨等距离分段，依次将水平仪和桥板放在各段导轨上，若水平仪的读数如表 4-20 所示，可作误差曲线图如图 4-23 所示。用最小包容区域法求得直线度误差 $f=2.8$ 格，还需将格值换算成线值。

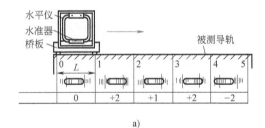

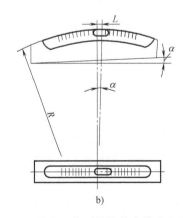

图 4-22　用水平仪测量导轨直线度误差示例

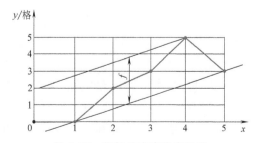

图 4-23　图解法求直线度误差

表 4-20　水平仪测量导轨直线度误差数据

测量点序号	0	1	2	3	4	5
水平仪读数/格	0	0	+2	+1	+2	-2

$$直线度误差 = \frac{1}{1000}fLi$$

式中　L——节距（桥板两支点距离），单位为 mm；

　　　i——水平仪分度值，单位为 mm/m。

若水平仪分度值为 0.02mm/m，节距为 300mm，则直线度误差为 $\left(\frac{1}{1000} \times 2.8 \times 0.02 \times 300\right)$ mm = 0.0168mm。

二、测量坐标原则

由于几何要素的特征总是可以在坐标系中反映出来，因此用坐标测量装置（如三坐标测量机、工具显微镜）测得被测要素上各测点的坐标值后，经数据处理就可以获得几何误差值。该原则应用于轮廓度、位置度测量更为广泛。

图 4-24 所示为用测量坐标值原则测量位置度误差示例。由坐标测量机测得各孔实际位置的坐标值$(x_1，y_1)$、$(x_2，y_2)$、$(x_3，y_3)$、$(x_4，y_4)$，计算出相对理论正确尺寸的偏差为

$$\begin{cases} \Delta x_i = x_i - \boxed{x_i} \\ \Delta y_i = y_i - \boxed{y_i} \end{cases}$$

于是，各孔的位置度误差值可按下式求得，即

$$\phi f_i = 2\sqrt{(\Delta x_i)^2 + (\Delta y_i)^2} \qquad (i = 1,2,3,4)$$

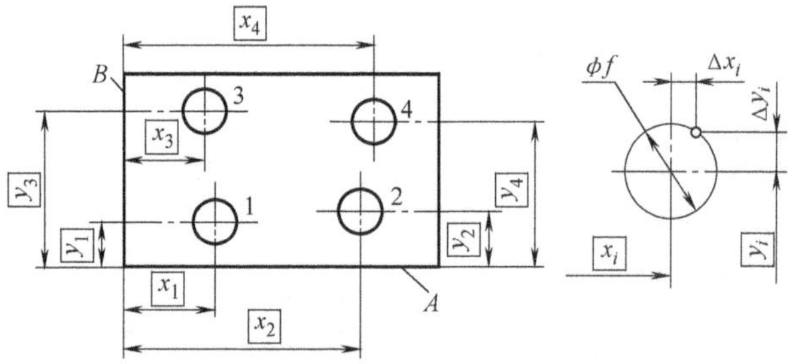

图 4-24　用测量坐标值原则测量位置度误差示例

从 20 世纪 60 年代开始出现的三坐标测量机是一种以精密机械为基础，综合应用电子技术、计算机技术、光栅与激光干涉等先进技术的检测仪器。它能对三维复杂零件的尺寸、形状、位置等进行高精度测量。测量机的三个测量方向互成直角，建立起一个直角坐标系。测量头与被测工件接触并沿着被测工件的几何型面移动时，测量机可以随时给

出测量头的位置，就可获得被测几何型面上各测点的坐标值。根据这些坐标值，由计算机算出待测的尺寸或几何误差。图 4-25 所示为三坐标测量机外形。三坐标测量机价格较贵，一般工厂生产车间用得较少。

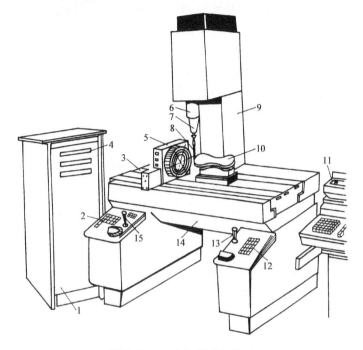

图 4-25　三坐标测量机外形

1—电器控制箱　2—操作键盘　3—工作台　4—数显器　5—分度头　6—测轴　7—三维测量头
8—测针　9—立柱　10—工件　11—记录仪、打印机等外部设备　12—程序调用键盘
13、15—控制 x、y、z 三个运动方向的操作手柄　14—机座

三、测量特征参数原则

测量被测要素上具有代表性的参数（即特征参数）来近似表示该要素的几何误差，这类原则称为测量特征参数原则。例如：以平面上任意方向的最大直线度误差来近似表示该平面的平面度误差；用两点法测圆度误差，在一个横截面内的几个方向上测量直径，取最大、最小直径差之半作为圆度误差。

用该原则所得到的几何误差值与按定义确定的几何误差值相比，只是一个近似值。但应用该原则，往往可以简化测量过程和设备，也不需要复杂的数据处理，所以在满足功能要求的情况下，采用该原则可以取得明显的经济效益。这类方法在生产现场用得较多。

四、测量跳动原则

当图样上标注圆跳动或全跳动公差时，用测量跳动原则进行检测。

图 4-26 所示为测量跳动误差。图 4-26a 所示为被测工件通过心轴安装在两同轴顶尖之间，该两同轴顶尖的中心线体现基准轴线；图 4-26b 所示为用 V 形架体现基准轴线。测量中，当被测工件绕基准回转一周中，指示表不做轴向（或径向）移动时，可测得径向圆跳动误差（或轴向圆跳动误差）；若指示表在测量中做轴向（或径向）移动时，可测得径向全跳动误差（或轴向全跳动误差）。

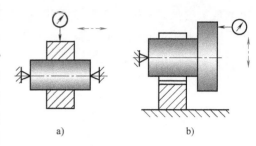

图 4-26　测量跳动误差

a）测量径向圆跳动误差　b）测量轴向圆跳动误差

五、控制实效边界原则

按最大实体要求（或同时采用最大实体要求及可逆要求）给出几何公差时，意味着给出了一个理想边界——最大实体实效边界，要求被测实体不得超越该理想边界。判断被测实体是否超越最大实体实效边界的有效方法是用功能量规检验。

功能量规是模拟最大实体实效边界的全形量规。若被测实体能被功能量规通过，则表示该项几何公差要求合格。

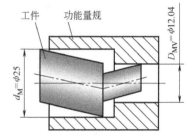

图 4-27　用功能量规检验图 4-17 所示工件同轴度误差示例

图 4-27 所示为用功能量规检验图 4-17 所示工件同轴度误差示例。工件被测要素的最大实体实效边界尺寸为 $\phi12.04$mm，故量规测量部分的公称尺寸也为 $\phi12.04$mm；工件基准要素本身遵守包容要求，故基准遵守最大实体边界，因此量规的定位部分的公称尺寸为最大实体尺寸 $\phi25$mm。显然，当基准要素的体外作用尺寸小于 $\phi25$mm 时，基准浮动，量规更容易通过（至于量规本身的公差确定，参见量规设计标准 GB/T 8069—1998《功能量规》）。

图 4-28a 所示工件的位置度误差可以用图 4-28b 所示的功能量规测量。工件被测孔的最大实体实效边界尺寸为 $\phi7.506$mm，故量规四个小测量圆柱的公称尺寸也为

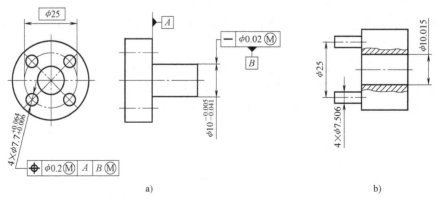

a)　　　　　　　　　　　　b)

图 4-28　用功能量规检验位置度误差

ϕ7.506mm，基准要素 B 本身遵守最大实体要求，应遵守最大实体实效边界，边界尺寸为 ϕ10.015mm，故量规定位部分的公称尺寸也为 ϕ10.015mm。

小结

本章主要介绍了几何公差的基础知识，包括相关符号、框格标注、重要定义、公差带的四要素；对于 GB/T 1182—2008 最新的国家标准进行了全面的论述；还介绍了形状、方向、位置及跳动公差的公差带的异同点以及公差原则的有关术语及定义。要求重点掌握几何公差四要素的实质，对几何公差框格标注能够给予正确的解释。熟记几何公差各项目的符号及内涵，能选用基本的方法进行几何误差的测量，会使用几何公差的基本原则选择几何公差（含未注几何公差），并能正确解释几何公差的要求。掌握尺寸公差与几何公差的关系。

习 题

4-1　几何公差特征共有几项？其名称和符号是什么？

4-2　举例说明什么是最小条件？为什么要规定最小条件？

4-3　公差原则包括哪些内容？说明公差原则（或要求）的含义，并简述其应用场合。

4-4　选择几何公差包括哪些内容？什么情况选用未注公差？未注公差在图样上如何表示？

4-5　什么是体外作用尺寸？什么是体内作用尺寸？对于内、外表面，其体外、体内作用尺寸的表达式是什么？

4-6　什么是最大实体实效尺寸？对于内、外表面，其最大实体实效尺寸的表达式是什么？

4-7　什么是最小实体实效尺寸？对于内、外表面，其最小实体实效尺寸的表达式是什么？

4-8　几何公差带与尺寸公差带有何区别？几何公差的四要素是什么？

4-9　举例说明什么是可逆要求？有何实际意义？

4-10　试解释图 4-29 注出的各项几何公差的含义，填入表 4-21。

4-11　将下列几何公差要求标注在图 4-30 上。

1）圆锥截面圆度公差为 0.006mm。

2）圆锥素线直线度公差为 7 级（L=50mm），并且只允许材料向外凸起。

3）ϕ80H7 遵守包容要求，ϕ80H7 孔表面的圆柱度公差为 0.005mm。

4）圆锥面对 ϕ80H7 轴线的斜向圆跳动公差为 0.02mm。

5）右端面对左端面的平行度公差为 0.005mm。

表 4-21 习题 4-10 表

序　号	公差项目名称	被测要素	基准要素	公差带形状	大　　小	公差带位置
①						
②						
③						
④						
⑤						
⑥						

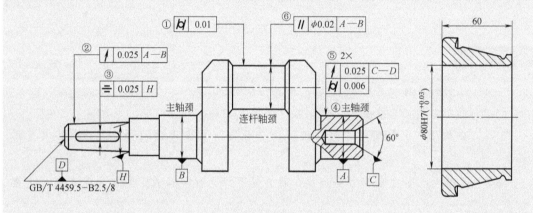

图 4-29　习题 4-10 图　　　　图 4-30　习题 4-11 图

6）其余几何公差按 GB/T 1184 中 K 级制造。

4-12　将下列几何公差要求分别标注在图 4-31a、b 上。

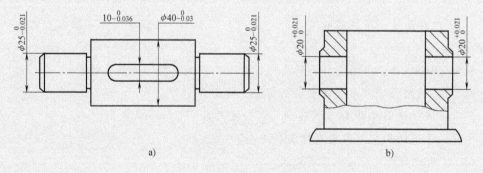

a)　　　　　　　　　b)

图 4-31　习题 4-12 图

1）标注在图 4-31a 上的几何公差要求。

① $\phi 40_{-0.03}^{0}$ mm 圆柱面对两 $\phi 25_{-0.021}^{0}$ mm 公共轴线的圆跳动公差为 0.015mm。

② 两 $\phi 25_{-0.021}^{0}$ mm 轴颈的圆度公差为 0.01mm。

③ $\phi 40_{-0.03}^{0}$ mm 左、右端面对两 $\phi 25_{-0.021}^{0}$ mm 公共轴线的轴向圆跳动公差为 0.02mm。

④ 键槽 $10_{-0.036}^{0}$ mm 中心平面对 $\phi 40_{-0.03}^{0}$ mm 轴线的对称度公差为 0.015mm。

2）标注在图 4-31b 上的几何公差要求。

① 底平面的平面度公差为 0.012mm。

② $\phi 20_{0}^{+0.021}$ mm 两孔的轴线分别对它们的公共轴线的同轴度公差为 0.015mm。

③ $\phi 20_{0}^{+0.021}$ mm 两孔的轴线对底面的平行度公差为 0.01mm，两孔表面的圆柱度公差为 0.008mm。

4-13 指出图 4-32 中几何公差的标注错误，并加以改正（不允许改变几何公差特征符号）。

4-14 指出图 4-33 中几何公差的标注错误，并加以改正（不允许改变几何公差特征符号）。

4-15 按图 4-34 上标注的尺寸公差和几何公差填表 4-22，对于遵守相关要求的应画出动态公差图。

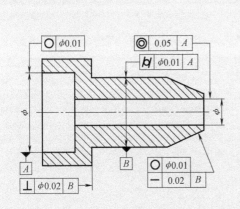

图 4-32 习题 4-13 图

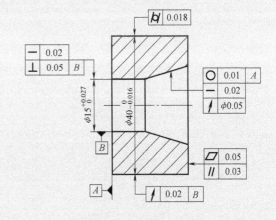

图 4-33 习题 4-14 图

表 4-22 习题 4-15 表

图样序号	遵守公差原则或相关要求	遵守边界及边界尺寸	最大实体尺寸/mm	最小实体尺寸/mm	最大实体状态时几何公差/μm	最小实体状态时几何公差/μm	$d_a(D_a)$ 范围/mm
图 4-34a							
图 4-34b							
图 4-34c							
图 4-34d							
图 4-34e							
图 4-34f							

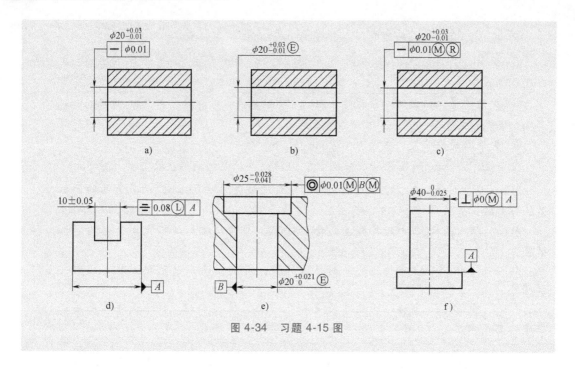

图 4-34 习题 4-15 图

第五章
表面粗糙度与检测

▶ 导读

　　表面粗糙度与零件的尺寸精度和几何精度共同构成了零件精度的三个方面。设计时，根据功能要求提出合理的表面粗糙度要求并正确地标注在图上；制造时，通过适当的检测方法来判断合格品、控制表面质量。通过本章学习，读者应了解表面粗糙度对零件功能的影响；掌握表面粗糙度的几个主要评定参数名称、代号及含义；掌握零件表面粗糙度参数与参数值的选择原则；掌握表面粗糙度的主要评定参数在图样上的正确标注方法；了解表面粗糙度的几种常用测量方法。

　　本章内容涉及的相关标准主要有：GB/T 1031—2009《产品几何技术规范（GPS）表面结构　轮廓法　表面粗糙度参数及其数值》、GB/T 131—2006《产品几何技术规范（GPS）　技术产品文件中表面结构的表示法》、GB/T 3505—2009《产品几何技术规范（GPS）　表面结构　轮廓法　术语、定义及表面结构参数》、GB/T 10610—2009《产品几何技术规范（GPS）　表面结构　轮廓法　评定表面结构的规则和方法》等。

第一节　概述

一、表面粗糙度的概念

　　无论是用机械加工还是其他方法获得的零件实际表面，都不可能是理想的，都存在宏观和微观的几何形状误差，零件的这种表面结构特性，按照轮廓法，可以用表面轮廓来反映。

　　表面轮廓是指理想平面与实际表面相截所得到的交线，如图5-1所示。测得的表面轮廓有三种，即原始轮廓、波纹度轮廓和粗糙度轮廓。这三种轮廓是对表面轮廓运用不同截止波长的轮廓滤波器滤波后获得的。

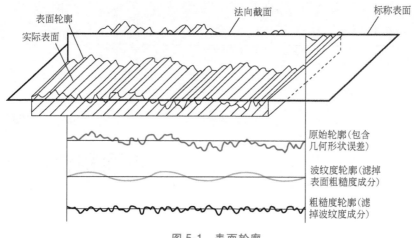

图5-1 表面轮廓

原始轮廓（P轮廓）是对表面轮廓采用λs轮廓滤波器抑制短波成分以后形成的总轮廓。

粗糙度轮廓（R轮廓）是对原始轮廓采用λc轮廓滤波器抑制长波成分以后形成的轮廓。

波纹度轮廓（W轮廓）是对原始轮廓连续应用λf和λc两个轮廓滤波器以后形成的轮廓。采用λf轮廓滤波器是为了抑制长波成分，而采用λc轮廓滤波器是为了抑制短波成分。

在零件的表面结构中，表面粗糙度对零件功能影响一般最大。表面粗糙度参数是控制表面质量要考虑的主要因素。下面着重讨论表面粗糙度。

二、表面粗糙度对零件使用性能的影响

表面粗糙度的大小对零件的使用性能和使用寿命有很大影响。

（1）影响零件的耐磨性 表面越粗糙，摩擦系数就越大，两相对运动的表面磨损也越快；表面过于光滑，由于润滑油被挤出和分子间的吸附作用等原因，也会使摩擦阻力增大和加剧磨损。

（2）影响配合性质的稳定性 对于间隙配合，相对运动的表面因粗糙不平而迅速磨损，致使间隙增大；对于过盈配合，由于装配时将微观凸峰挤平，产生塑性变形，使实际有效过盈减少，降低连接强度；对于过渡配合，因多用压力及锤敲装配，表面粗糙度也会使配合变松。

（3）影响疲劳强度 粗糙的零件表面，在交变应力作用下，对应力集中很敏感，使疲劳强度降低。

（4）影响耐蚀性 粗糙的表面，易使腐蚀性物质附着于表面的微观凹谷，并渗入到材料内层，加剧表面锈蚀。

此外，表面粗糙度对接触刚度、密封性、产品外观及表面反射能力等都有明显的影

响。因此，为保证机械零件的使用性能，在对其进行精度设计时，必须提出合理的表面粗糙度要求。

第二节 表面粗糙度的评定

一、取样长度与评定长度

评定表面粗糙度时，需要规定取样长度和评定长度等技术参数，以限制和减弱表面波纹度和表面的不均匀性对表面粗糙度测量结果的影响。

1. 取样长度 lr

取样长度是在 X 轴方向（与轮廓总的走向一致）用于判别被评定轮廓不规则特征的长度，如图 5-2 所示。粗糙度轮廓的取样长度 lr 在数值上与 λc 滤波器的截止波长相等。

2. 评定长度 ln

评定长度是在 X 轴方向用于评定被测轮廓的长度，如图 5-2 所示。评定长度可以包含一个或几个取样长度。评定长度的作用是保证测量结果有较好的重复性。由于零件表面粗糙度不一定很均匀，与任意一个取样长度上的单个评定参数相比，评定长度内的评定参数往往能更客观合理地反映某一表面粗糙度特征。GB/T 10610—2009 规定，默认的评定长度为 5 倍的取样长度；若表面均匀性好，可取 $ln<5lr$；若表面均匀性差，可取 $ln>5lr$。

二、中线

中线是具有理想几何轮廓形状并划分轮廓的基准线。中线有下列两种。

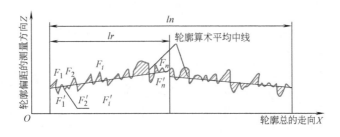

图 5-2 轮廓中线

1. 轮廓最小二乘中线

轮廓最小二乘中线是指在取样长度内，使轮廓线上各点轮廓偏距 $Z(x)$ 的平方和为最小的线，即 $\int_{0}^{lr} Z(x)^2 \mathrm{d}x$ 为最小。轮廓偏距的测量方向 Z 如图 5-2 所示。

2. 轮廓算术平均中线

轮廓算术平均中线是指在取样长度内，划分实际轮廓为上、下两部分，且使上下两部分面积相等的线，即 $\sum\limits_{i=1}^{n} F_i = \sum\limits_{i=1}^{n} F_i'$，如图 5-2 所示。

当在轮廓图形上确定最小二乘中线的位置比较困难时，可用轮廓算术平均中线代替。通常用目测估计确定轮廓算术平均中线。

三、评定参数

国家标准 GB/T 3505—2009 规定的评定表面粗糙度的参数有幅度参数、间距参数、混合参数以及曲线和相关参数四类。下面介绍其中几种主要评定参数。

1. 幅度参数

（1）轮廓的算术平均偏差 Ra　在一个取样长度内纵坐标 $Z(x)$ 绝对值的算术平均值，如图 5-3 所示，即

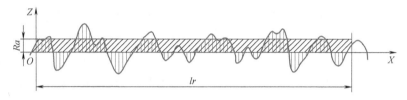

图 5-3　轮廓的算术平均偏差

$$Ra = \frac{1}{lr} \int_0^{lr} | Z(x) | \, \mathrm{d}x \qquad (5\text{-}1)$$

或近似为

$$Ra = \frac{1}{n} \sum_{i=1}^{n} | Z_i | \qquad (5\text{-}2)$$

测得的 Ra 值越大，表面越粗糙。Ra 能客观地反映表面微观几何形状误差，但因受到计量器具功能的限制，不宜用作过于粗糙或太光滑表面的评定参数。

（2）轮廓的最大高度 Rz　在一个取样长度内，最大轮廓峰高 Rp 和最大轮廓谷深 Rv 之和，如图 5-4 所示，即

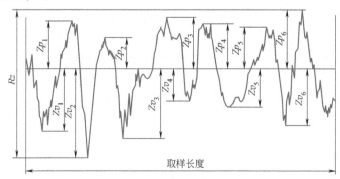

图 5-4　轮廓的最大高度

$$Rz = Rp + Rv \qquad (5\text{-}3)$$

式中，Rp、Rv 都取正值。

在一个取样长度内，被评定轮廓上各个高极点至中线的距离称为轮廓峰高，用 Zp_i 表示，其中最大的距离称为最大轮廓峰高，用符号 Rp 表示（图5-4中 $Rp = Zp_6$）；被评定轮廓上各个低极点至中线的距离称为轮廓谷深，用 Zv_i 表示，其中最大的距离称为最大轮廓谷深，用符号 Rv 表示（图5-4中 $Rv = Zv_2$）。

幅度参数（Ra、Rz）是国家标准规定必须标注的参数（两者至少取其一），故又称为基本参数。

2. 间距参数

轮廓单元的平均宽度 Rsm 是指在一个取样长度内轮廓单元宽度 Xs_i 的平均值，如图5-5所示，即

$$Rsm = \frac{1}{m}\sum_{i=1}^{m} Xs_i \qquad (5\text{-}4)$$

Rsm 反映了轮廓表面峰谷的疏密程度，Rsm 越大，峰谷越稀，密封性越差。如图5-6所示，图5-6b 比图5-6a 的密封性好。

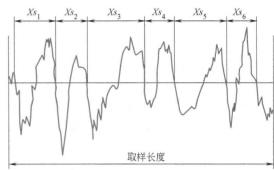

图5-5　轮廓单元的平均宽度

a)　　　　　　　　　　　b)

图5-6　幅度参数相近，疏密程度不同，密封性不同

3. 混合参数

轮廓的均方根斜率 $R\Delta q$ 是指在取样长度内纵坐标斜率 $\mathrm{d}z/\mathrm{d}x$ 的均方根值。

$$R\Delta q = \sqrt{\frac{1}{lr}\int_0^{lr}\left(\frac{\mathrm{d}z}{\mathrm{d}x}\right)^2 \mathrm{d}x} \qquad (5\text{-}5)$$

4. 曲线和相关参数

轮廓的支承长度率 $Rmr(c)$ 是指在给定水平位置 c 上轮廓的实体材料长度 $Ml(c)$ 与评定长度的比率，如图5-7所示，即

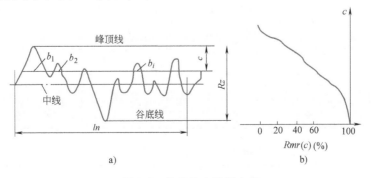

a)　　　　　　　　　　　b)

图5-7　轮廓的支承长度率

$$Rmr(c) = \frac{Ml(c)}{ln} \qquad (5\text{-}6)$$

所谓轮廓的实体材料长度 $Ml(c)$ 是指在评定长度内一平行于 x 轴的直线从峰顶线向下移一水平截距 c 时，与轮廓相截所得的各段截线长度之和，如图 5-7a 所示，即

$$Ml(c) = b_1 + b_2 + \cdots + b_n = \sum_{i=1}^{n} b_i \qquad (5\text{-}7)$$

轮廓的水平截距 c 可用微米或用它占 Rz 的百分比表示。由图 5-7a 可以看出，支承长度率是随着水平位置不同而变化的，其关系曲线称为支承长度率曲线，如图 5-7b 所示。支承长度率曲线对于反映表面耐磨性具有显著的功效，从中可以直观地看出支承长度率的变化趋势。

$Rmr(c)$ 的大小反映了轮廓表面峰谷的形状，在同样水平位置下 $Rmr(c)$ 值越大，表面实体材料越长，接触刚度和耐磨性越好。如图 5-8 所示，图 5-8a 比图 5-8b 的接触刚度和耐磨性好。

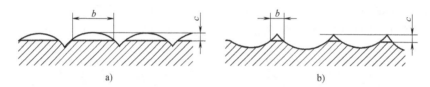

图 5-8　幅度参数相同，轮廓的支承长度率不同，接触刚度和耐磨性不同

四、评定参数的数值规定

表面粗糙度的参数值已经标准化，设计时应按国家标准 GB/T 1031—2009《产品几何技术规范（GPS）　表面结构　轮廓法　表面粗糙度参数及其数值》规定，从参数值系列中选取。

Ra、Rz 和 Rsm 的规范数值分主系列和补充系列，其主系列分别列于表 5-1、表 5-2 和表 5-3。轮廓的支承长度率 $Rmr(c)$ 的数值列于表 5-4。取样长度 lr 和评定长度 ln 的数值列于表 5-5。

表 5-1　Ra 的数值（摘自 GB/T 1031—2009）　　　　（单位：μm）

0.012	0.025	0.05	0.1	0.2	0.4	0.8	1.6	3.2	6.3	12.5	25	50	100

表 5-2　Rz 的数值（摘自 GB/T 1031—2009）　　　　（单位：μm）

0.025	0.1	0.4	1.6	6.3	25	100	400	1600
0.05	0.2	0.8	3.2	12.5	50	200	800	

表 5-3　Rsm 的数值（摘自 GB/T 1031—2009）　　　　（单位：μm）

0.006	0.0125	0.025	0.05	0.1	0.2	0.4	0.8	1.6	3.2	6.3	12.5

表 5-4 *Rmr* (*c*) (%) 的数值（摘自 GB/T 1031—2009）

10	15	20	25	30	40	50	60	70	80	90

注：选用 *Rmr* (*c*) 时，必须同时给出轮廓水平截距 *c* 的数值。*c* 值多用 *Rz* 的百分数表示，其系列如下：5%，10%、15%、20%、25%、30%、40%、50%、60%、70%、80%、90%。

表 5-5 *lr* 和 *ln* 的数值（摘自 GB/T 1031—2009）

Ra/μm	*Rz*/μm	*lr*/mm	*ln*/mm (*ln* = 5*lr*)
≥0.008~0.02	≥0.025~0.10	0.08	0.4
>0.02~0.10	>0.10~0.50	0.25	1.25
>0.10~2.0	>0.50~10.0	0.8	4.0
>2.0~10.0	>10.0~50.0	2.5	12.5
>10.0~80.0	>50.0~320	8.0	40.0

在一般情况下测量 *Ra* 和 *Rz* 时，推荐按表 5-5 选用对应的取样长度及评定长度值，此时在图样上可省略标注取样长度和评定长度。当有特殊要求不能选用表 5-5 中数值时，应在图样上标注出取样长度值以及评定长度所含取样长度个数。

第三节 表面粗糙度的标注

图样上所标注的表面粗糙度符号、代号，是该表面完工后的要求。表面粗糙度的标注应符合国家标准 GB/T 131—2006 的规定。

一、表面粗糙度的符号

图样上表示的零件表面粗糙度符号及其说明见表 5-6。

表 5-6 表面粗糙度符号及其说明（摘自 GB/T 131—2006）

符　号	说　明
√	基本符号，表示表面可用任何工艺获得。仅用于简化代号标注，没有补充说明时不能单独使用
√（加短横）	扩展图形符号，基本符号上加一短横，表示表面是用去除材料的方法获得，如通过机械加工获得的表面。如果单独使用仅表示所标注表面"被加工并去除材料"
√（加小圆）	扩展图形符号，基本符号上加一小圆，表示表面是用不去除材料的方法获得。也可用于表示保持上道工序形成的表面，不管这种状况是通过去除材料或不去除材料形成的
√ √ √（加横线）	完整图形符号，在上述三个符号的长边上均加一横线，用于标注补充信息，如评定参数和数值、取样长度、加工工艺、表面纹理及方向、加工余量等
√ √ √（加小圆）	在上述三个符号上均可加一小圆，表示投影视图上封闭的轮廓线所表示的各表面具有相同的表面粗糙度要求

二、极限值判断规则

表面粗糙度参数中给定的极限值的判断规则有两种。

（1）"16%规则"　在同一评定长度下的表面粗糙度参数的全部实测值中，最多允许有16%超过允许值，称"16%规则"。

（2）"最大规则"　当要求表面粗糙度参数的所有实测值不得超过规定值时，称"最大规则"。

"16%规则"是表面粗糙度标注的默认规则。而如果"最大规则"应用于表面粗糙度要求，则参数符号后面增加一个"max"（详见表5-7）。

三、表面粗糙度的代号及其注法

表面粗糙度的代号如图5-9所示。

位置 a：有关评定参数及数值的信息（第一个要求），包括传输带或取样长度（单位为 mm）/评定参数代号，评定长度，极限值判断规则，评定参数极限值（μm）。例如："U0.08-0.8/Rz 8 max　3.2"中，U——上限，0.08-0.8——传输带，Rz——评定参数代号，8——评定长度包含的取样长度个数，max——"最大规则"，3.2——评定参数极限值。

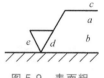

图5-9　表面粗糙度的代号

位置 b：有关评定参数及数值的信息（第二个要求）。

位置 c：加工要求、镀覆、涂覆、表面处理或其他说明等。

位置 d：加工表面纹理和方向。

位置 e：加工余量（单位为 mm）。

1. 表面粗糙度基本参数的标注

表面粗糙度幅度参数 Ra 和 Rz 是基本参数。表面粗糙度幅度参数的标注见表5-7。

表5-7　表面粗糙度幅度参数的标注（摘自 GB/T 131—2006）

代　号	意　义	代　号	意　义
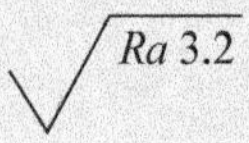 $\sqrt{Ra\ 3.2}$	用任何方法获得的表面粗糙度，Ra 的上限值为 3.2μm，传输带、判断长度及判断规则按默认	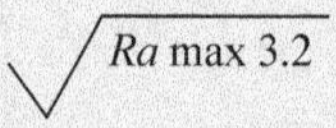 $\sqrt{Ra\ \text{max}\ 3.2}$	用任何方法获得的表面粗糙度，Ra 的上限值为 3.2μm，传输带、评定长度按默认，"最大规则"
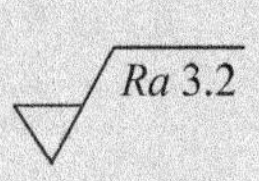 $\sqrt{Ra\ 3.2}$	用去除材料方法获得的表面粗糙度，Ra 的上限值为 3.2μm，传输带、判断长度及判断规则按默认	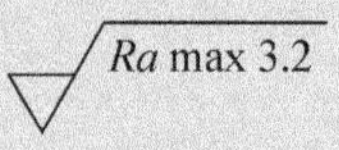 $\sqrt{Ra\ \text{max}\ 3.2}$	用去除材料方法获得的表面粗糙度，Ra 的上限值为 3.2μm，传输带、判断长度按默认，"最大规则"
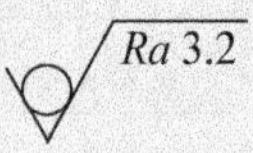 $\sqrt{Ra\ 3.2}$	用不去除材料方法获得的表面粗糙度，Ra 的上限值为 3.2μm，传输带、评定长度及判断规则按默认	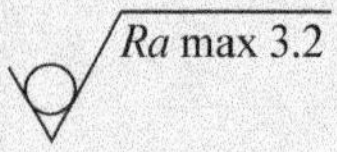 $\sqrt{Ra\ \text{max}\ 3.2}$	用不去除材料方法获得的表面粗糙度，Ra 的上限值为 3.2μm，传输带、判断长度按默认，"最大规则"

（续）

代 号	意 义	代 号	意 义
√ U Ra 3.2 L Ra 1.6	用去除材料方法获得的表面粗糙度，Ra 的上限值为 3.2μm，Ra 的下限值为 1.6μm，传输带、评定长度及判断规则按默认	√ U Ra max 3.2 L Ra 1.6	用去除材料方法获得的表面粗糙度，Ra 的上限值为 3.2μm，传输带、判断长度按默认，"最大规则"；Ra 的下限值为 1.6μm，传输带、评定长度及判断规则按默认
√ Rz 3.2	用任何方法获得的表面粗糙度，Rz 的上限值为 3.2μm，传输带、评定长度及判断规则按默认	√ Rz max 3.2	用任何方法获得的表面粗糙度，Rz 的上限值为 3.2μm，传输带、评定长度按默认，"最大规则"
√ U Rz 3.2 L Rz 1.6 √ Rz 3.2 Rz 1.6	用去除材料方法获得的表面粗糙度，Rz 的上限值为 3.2μm，Rz 的下限值为 1.6μm（在不引起误会的情况下，也可省略标注 U、L），传输带、评定长度及判断规则按默认	√ U Rz max 3.2 L Rz 1.6	用去除材料方法获得的表面粗糙度，Rz 的上限值为 3.2μm，传输带、评定长度按默认，"最大规则"；Rz 的下限值为 1.6μm，传输带、评定长度及判断规则按默认
√ U Ra 0.4 U Rz 1.6	用去除材料方法获得的表面粗糙度，Ra 的上限值为 0.4μm，Rz 的上限值为 1.6μm，传输带、评定长度及判断规则按默认	√ Ra max 0.4 Rz max 1.6	用去除材料方法获得的表面粗糙度，Ra 的上限值为 0.4μm，Rz 的上限值为 1.6μm，传输带、评定长度按默认，"最大规则"
√ 0.008-0.8/Ra 3.2	用去除材料方法获得的表面粗糙度，Ra 的上限值为 3.2μm，传输带 0.008 ~ 0.8mm，评定长度及判断规则按默认	√ -0.8/Ra 3 3.2	用去除材料方法获得的表面粗糙度，Ra 的上限值为 3.2μm，取样长度为 0.8mm，评定长度包含 3 个取样长度，判断规则按默认

注：若采用默认的传输带（或取样长度）、评定长度（$5lr$）和判断规则（"16%规则"），在代号中无需标出；当与默认值不同时，则标注出相应的具体要求。

2. 表面粗糙度附加参数的标注

表面粗糙度幅度参数以外的参数为附加参数。图 5-10a 所示为 Rsm 上限值的标注示例；图 5-10b 所示为 $Rmr（c）$ 的标注示例，表示水平截距 c 在 Rz 的 50% 位置上，Rmr（c）为 70%，此时 Rmr（c）为下限值。

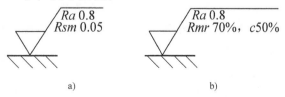

a)   b)

图 5-10 表面粗糙度附加参数的标注

3. 表面粗糙度其他项目的标注

若某表面的粗糙度要求由指定的加工方法（如铣削）获得时，可用文字标注在图5-9所示规定之处，如图5-11a所示。

若需要标注加工余量，应将其标注在图5-9所示规定之处，如图5-11b所示（假设加工余量为3mm）。

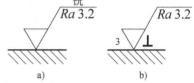

图5-11 表面粗糙度其他项目的标注

若需要控制表面加工纹理的方向时，可在图5-9所示的规定之处，标注加工纹理的方向符号，如图5-11b所示。国家标准规定的各种加工纹理方向的符号见表5-8。

表5-8 各种加工纹理方向的符号（摘自 GB/T 131—2006）

符　号	图例与说明	符　号	图例与说明
=	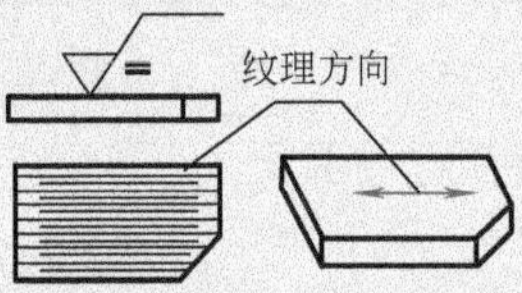 纹理沿平行方向	M	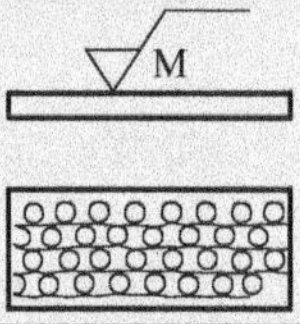 纹理呈多方向
⊥	纹理沿垂直方向	C	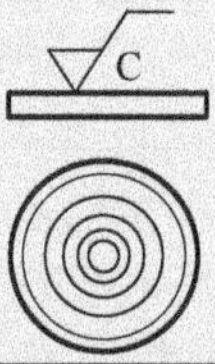 纹理近似为以表面的中心为圆心的同心圆
×	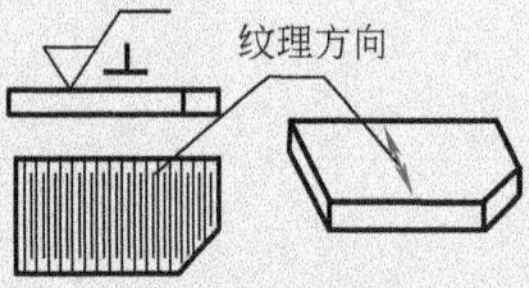 纹理沿两交叉方向	R	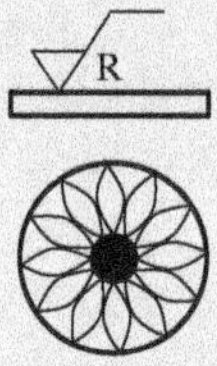 纹理近似为通过表面中心的辐线
	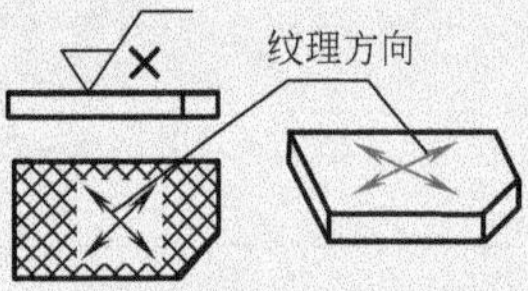	P	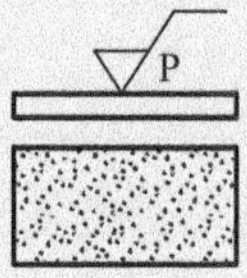 纹理无方向、呈凸起的细粒状

注：若表中所列符号不能清楚表明所要求的纹理方向，应在图样上用文字说明。

四、表面粗糙度在图样上的标注方法

在同一图样上，表面粗糙度要求尽量与其他技术要求（如尺寸精度和形状、方向、位置精度）标注在同一视图上。一个表面一般只标注一次。表面粗糙度的注写和读取方向与尺寸的注写和读取方向一致。

表面粗糙度符号、代号标注的具体位置如图5-12~图5-17所示。

表面粗糙度一般注在可见轮廓线或其延长线、尺寸线（图5-12、图5-15）上，也可标注在几何公差框格上方（图5-14），可以引出标注（图5-12和图5-13）。当标注在轮廓

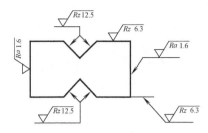

图 5-12 表面粗糙度在轮廓线上的标注

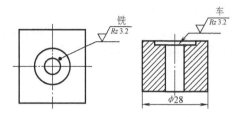

图 5-13 表面粗糙度用指引线引出标注

线或其延长线上时，符号的尖端必须从材料外指向表面。

键槽、圆角和倒角的表面粗糙度标注方法，如图 5-16 和图 5-17 所示。

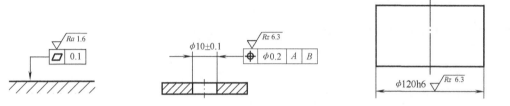

图 5-14 表面粗糙度标注在几何公差框格的上方   图 5-15 表面粗糙度标注在尺寸线上

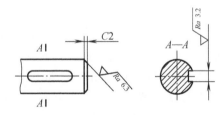

图 5-16 键槽的表面粗糙度标注方法

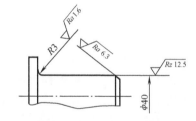

图 5-17 圆角和倒角的表面粗糙度标注方法

五、简化标注方法

当多数表面（包括全部）具有相同的表面粗糙度要求时，其符号、代号可统一标注在标题栏附近，如图 5-18 所示。此时，表面粗糙度要求符号后面应有必要的解释，比如

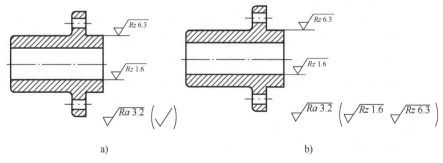

a)   b)

图 5-18 多数表面具有相同表面粗糙度要求时的简化标注方法

在圆括号内给出无任何其他标注的基本符号（图 5-18a）；或者在圆括号内给出其他的已注出的表面粗糙度要求（图 5-18b）。图 5-18a 和图 5-18b 均表示除 Rz 值为 1.6μm 和 6.3μm 的表面外，其余所有表面的表面粗糙度 Ra 值均为 3.2μm。

当图样上标注空间有限时，对具有相同的表面粗糙度要求的表面也可采用图 5-19 和图 5-20 所示的简化标注方法，先用简单的符号标注，再在标题栏附近用等式明确要求。

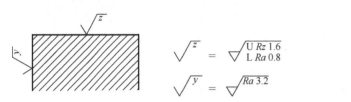

图 5-19　图样空间有限时的简化标注方法　　　　图 5-20　只用符号的简化标注方法

第四节　表面粗糙度的选择

一、评定参数的选择

评定参数的选择首先要考虑使用功能要求，同时也要考虑检测的方便性以及仪器设备条件等因素。

对于幅度参数，一般情况下可以从 Ra 和 Rz 中任选一个，但在常用值范围内（Ra 为 0.025~6.3μm），优先选用 Ra。因为通常采用电动轮廓仪测量 Ra 值，而电动轮廓仪的测量范围为 0.02~8μm。表面粗糙度要求特别高或特别低（$Ra < 0.025$μm 或 $Ra > 6.3$μm）时，选用 Rz。Rz 可用光学仪器——双管显微镜或干涉显微镜测量。所以当表面不允许出现较深加工痕迹，以防止应力集中，或测量部位小、峰谷过大过小而不宜用 Ra 时，零件表面用 Rz 评定。

对附加评定参数 Rsm 和 $Rmr(c)$，一般不能作为独立参数选用，只有少数零件的重要表面且有特殊功能要求时才附加选用。Rsm 主要在对涂漆性能有要求时，以及冲压成形时对抗裂纹、抗振、耐蚀、减小流体流动摩擦阻力等有要求时选用。

支承长度率 $Rmr(c)$ 主要在对耐磨性、接触刚度要求较高的场合附加选用。

二、评定参数值的选择

表面粗糙度的评定参数值的选择原则是在满足功能要求的前提下，参数的允许值应尽可能大些（除 $Rmr(c)$ 外），以减小加工难度，降低生产成本。

评定参数值的选择方法目前一般多采用类比法。根据类比法初步确定表面粗糙度，同时考虑下述原则再做适当调整。

1）同一零件上，工作表面的 Ra 或 Rz 值比非工作表面小。

2）摩擦表面 Ra 或 Rz 值比非摩擦表面小。

3）运动速度高、单位面积压力大以及受交变应力作用的重要零件的圆角沟槽的表面粗糙度要求应较高。

4）配合性质要求高的配合表面（如小间隙配合的配合表面）、受重载荷作用的过盈配合表面的表面粗糙度要求应较高。

5）在确定表面粗糙度参数值时，应注意它与尺寸公差和几何公差的协调。尺寸公差值和几何公差值越小，表面粗糙度的 Ra 或 Rz 值应越小。同一公差等级时，轴的表面粗糙度 Ra 或 Rz 值应比孔小。

6）要求耐蚀、密封性能好或外表美观表面的表面粗糙度要求应较高。

7）凡有关标准已对表面粗糙度要求做出规定（如与滚动轴承配合的轴颈和外壳孔的表面粗糙度），则应按相关规定确定表面粗糙度参数值。

表 5-9 和表 5-10 分别列出了表面粗糙度的表面微观特征、经济加工方法和应用举例，以及轴和孔的表面粗糙度参数推荐值，供选择时参考。

表 5-9 表面粗糙度的表面微观特征、经济加工方法和应用举例

表面微观特性		$Ra/\mu m$	经济加工方法	应 用 举 例
粗糙表面	可见刀痕	≤20	粗车、粗刨、粗铣、钻、毛锉、锯断	半成品粗加工过的表面，非配合的加工表面，如轴端面、倒角、钻孔、齿轮和带轮侧面、键槽底面、垫圈接触面
半光表面	微见加工痕迹	≤10	车、刨、铣、镗、钻、粗铰	轴上不安装轴承、齿轮处的非配合表面，紧固件的自由装配面，轴和孔的退刀槽
半光表面	微见加工痕迹	≤5	车、刨、铣、镗、磨、拉、粗刮、滚压	半精加工表面，箱体、支架、盖、套筒等和其他零件接合而无配合要求的表面，需要发蓝的表面等
半光表面	看不清加工痕迹	≤2.5	车、刨、铣、镗、磨、拉、刮、滚压、铣齿	接近于精加工表面，箱体上安装轴承的镗孔表面，齿轮的工作面
光表面	可辨加工痕迹方向	≤1.25	车、镗、磨、拉、刮、精铰、滚压、磨齿	圆柱销、圆锥销、与滚动轴承配合的表面，卧式车床导轨面，内、外花键定心表面
光表面	微辨加工痕迹方向	≤0.63	精铰、精镗、磨、刮、滚压	要求配合性质稳定的配合表面，工作时受交变应力的重要零件，较高精度车床的导轨面
光表面	不可辨加工痕迹方向	≤0.32	精磨、珩磨、研磨、超精加工	精密机床主轴锥孔、顶尖圆锥面，发动机曲轴、凸轮轴工作表面，高精度齿轮齿面
极光表面	暗光泽面	≤0.16	精磨、研磨、普通抛光	精密机床主轴颈表面，一般量规工作表面，气缸套内表面，活塞销表面
极光表面	亮光泽面	≤0.08	超精磨、精抛光、镜面磨削	精密机床主轴轴颈表面，滚动轴承的滚珠，高压油泵中柱塞和柱塞套配合面
极光表面	镜状光泽面	≤0.04	超精磨、精抛光、镜面磨削	精密机床主轴轴颈表面，滚动轴承的滚珠，高压油泵中柱塞和柱塞套配合面
极光表面	镜面	≤0.01	镜面磨削、超精研	高精度量仪、量块的工作表面，光学仪器中的金属镜面

三、选择实例

图 3-39 所示为某减速器中的输出轴，轴颈 $\phi 55k6$（两处）与滚动轴承配合，$\phi 58r6$ 和 $\phi 45n7$ 与齿轮和带轮的内孔配合，表面粗糙度要求较高，参考表 5-1、表 5-10 及 GB/T 275—2015《滚动轴承　配合》，选择 $Ra \leqslant 0.8\mu m$；$\phi 65mm$ 处两轴肩为止推面，起轴向定位作用，选择 $Ra \leqslant 1.6\mu m$；键槽两侧面为配合面，其配合尺寸精度较低，一般用铣削加工，故选 $Ra \leqslant 3.2\mu m$；轴上其他配合表面，如端面、键槽底面等处均选 $Ra \leqslant 6.3\mu m$。

表 5-10　轴和孔的表面粗糙度参数推荐值

表面特征			Ra 的上限值/μm					
轻度装卸零件的配合表面	公差等级	尺寸要素	公称尺寸/mm					
			≤50		>50~100			
	IT5	轴	0.2		0.4			
		孔	0.4		0.8			
	IT6	轴	0.4		0.8			
		孔	0.4~0.8		0.8~1.6			
	IT7	轴	0.4~0.8		0.8~1.6			
		孔	0.8		1.6			
	IT8	轴	0.8		1.6			
		孔	0.8~1.6		1.6~3.2			
过盈配合的配合表面 ①装配按机械压入法 ②装配按热胀法	公差等级	尺寸要素	公称尺寸/mm					
			≤50		>50~120		>120~500	
	IT5	轴	0.1~0.2		0.4		0.4	
		孔	0.2~0.4		0.8		0.8	
	IT6~IT7	轴	0.4		0.8		1.6	
		孔	0.8		1.6		1.6	
	IT8	轴	0.8		0.8~1.6		1.6~3.2	
		孔	1.6		1.6~3.2		1.6~3.2	
	—	轴	1.6					
		孔	1.6~3.2					
精密定心用配合零件的表面	尺寸要素		径向圆跳动公差/μm					
			2.5	4	6	10	16	25
			Ra 的上限值/μm					
	轴		0.05	0.1	0.1	0.2	0.4	0.8
	孔		0.1	0.2	0.2	0.4	0.8	1.6
滑动轴承的配合表面	尺寸要素		公差等级					
			IT6~IT9		IT10~IT12		液体湿摩擦条件	
			Ra 的上限值/μm					
	轴		0.4~0.8		0.8~3.2		0.1~0.4	
	孔		0.8~1.6		1.6~3.2		0.2~0.8	

第五节　表面粗糙度的检测

表面粗糙度的检测方法主要有比较法、光切法、针触法和干涉法。

一、比较法

比较法就是将被测工件表面与表面粗糙度样板用肉眼或借助放大镜和手摸感触进行

比较，从而估计出表面粗糙度参数值。选择表面粗糙度样板时，应使其材料、形状和加工方法与被测表面尽量相同。比较法使用简便，适宜于车间检验。它的缺点是精度较差，只能进行定性分析比较。

二、光切法

光切法是利用光切原理测量表面粗糙度的方法。常采用的仪器是光切显微镜（双管显微镜）。该仪器适宜测量车、铣、刨、磨或其他类似方法加工的金属零件的表面。

光切法通常用于测量 $Rz = 0.5 \sim 80 \mu m$ 的表面。

光切显微镜由两个镜管组成，一个为投射照明镜管，另一个为观察镜管，两镜管轴线互成 90°，如图 5-21 所示。从光源发出的光线经聚光镜 2、狭缝 3 及物镜 4 后，在被测工件表面形成一束平行的光带。这束光带以 45° 的倾斜角投射到具有微小峰谷的被测表面上，并分别在被测表面波峰 S 和波谷 S' 处产生反射。通过观察镜管的物镜，分别成像在分划板 5 上的点 a 与 a'，从目镜 6 中就可以观察到一条与被测表面相似的弯曲亮带。通过目镜分划板与测微器，在垂直于轮廓影像的方向上，可测出 aa' 之间的距离 N，则被测表面的微观不平度的峰至谷的高度 h 为

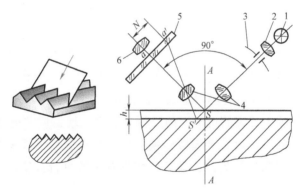

图 5-21　光切显微镜工作原理图

1—光源　2—聚光镜　3—狭缝　4—物镜　5—分划板　6—目镜

$$h = \frac{N}{V}\cos 45° = \frac{N}{\sqrt{2}\,V} \tag{5-8}$$

式中　V——观察镜管的物镜放大倍数。

三、针触法

针触法是通过针尖状的测头感触被测表面微观不平度的轮廓测量方法。它是一种接触式测量法。所用测量仪器为轮廓仪。轮廓仪可测 Ra、Rz、Rsm 及 Rmr（c）等多个参数。

图 5-22a 所示为手持式粗糙度轮廓仪的系统结构框图，图 5-22b 所示为手持式粗糙度

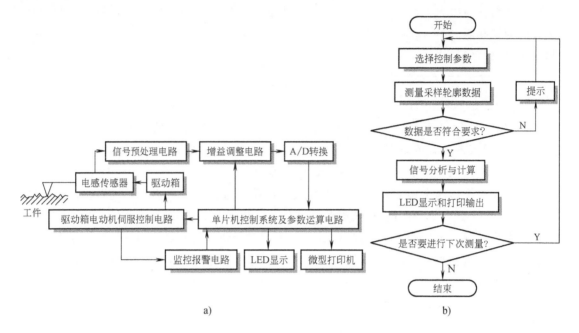

a)　　　　　　　　　　　　　　　　　b)

图 5-22　手持式粗糙度轮廓仪的工作原理

轮廓仪的控制系统流程。

手持式粗糙度轮廓仪检测时，单片机控制驱动箱中的电动机起动，电动机拖动电感传感器上的测杆并带着测针（红宝石测头）在被测面匀速缓慢移动。工件表面的微观不平使测针上下位置发生变化，传感器把测针的微小位移量变化转换成电信号，经过调制、放大、检波，获得反映工件表面粗糙度的模拟量信号。增益调整电路和 A/D 转换电路完成对轮廓模拟量信号的二次放大和模数转换；单片机控制系统及参数运算电路配合软件系统实现对系统的控制和信息处理，最后按要求对参数进行计算，并显示和输出测量数据和轮廓曲线。

四、干涉法

干涉法是利用光波干涉原理来测量表面粗糙度的方法。常用的仪器是干涉显微镜，适宜于测量 Rz 值，测量范围 $Rz = 0.05 \sim 0.8\mu m$。

实际检测中，常常会遇到一些表面不便使用上述仪器直接测量的情况，如工件上的一些特殊部位和某些内表面。评定这些表面的表面粗糙度时，常采用印模法。它是利用一些无流动性和弹性的塑性材料，贴合在被测表面上，将被检测的表面轮廓复制成模，然后测量印模，以评定被测表面的表面粗糙度。

表面粗糙度轮廓是三维的，用二维评定参数反映实际表面的形貌显然是不充分的。基于这一点，国内外有关机构都在致力于研究开发三维粗糙度自动测量分析系统，以使测量结果能更全面反映实际表面的微观形貌特征。

小结

本章主要介绍了表面粗糙度的概念以及对零件使用性能的影响、表面粗糙度的国家标准和参数选择。表面粗糙度的评定参数分为幅度参数、间距参数、混合参数以及曲线和相关参数。表面粗糙度参数值的选择原则是经济地满足功能要求。选择时常用类比法。采用类比法时要清楚各参数值的大小对功能的影响趋势以及表面粗糙度与零件的尺寸精度和几何精度的大致关系。国家标准对各参数值进行了系列化，选择时从系列值中选取。表面粗糙度的符号、代号在 GB/T 131—2006 中做了较详细的规定。特别要注意的是，GB/T 131—2006 较之前的 GB/T 131—1993 标准有了较大的变化，最明显的变化体现在幅度参数的书写方式和位置。GB/T 131—2006 中代号 Ra 不能省略。在图样中，表面粗糙度的注写和读取方向与尺寸的注写和读取方向一致，其位置可以注在可见轮廓线或其延长线、尺寸线上，也可标注在公差框格上方，必要时还可以引出标注。常用的表面粗糙度的检测方法有比较法、光切法、针触法和干涉法。

习　题

5-1　实际表面、表面轮廓有何关系？表面轮廓与原始轮廓、波纹度轮廓以及粗糙度轮廓之间有何关系？

5-2　表面粗糙度对零件的工作性能有何影响？

5-3　规定评定长度有何意义？

5-4　表面粗糙度评定参数 Ra 和 Rz 的含义是什么？

5-5　选择表面粗糙度参数值时，应考虑哪些因素？

5-6　常用的表面粗糙度检测方法有哪几种？各种方法适宜检测哪些评定参数？

5-7　在一般情况下，$\phi40H7$ 和 $\phi80H7$ 相比，$\phi40H6/f5$ 和 $\phi40H6/s5$ 相比，哪个应选用较小的 Ra 值？

5-8　将图 5-23 所示轴承套标注的表面粗糙度的错误之处改正过来。

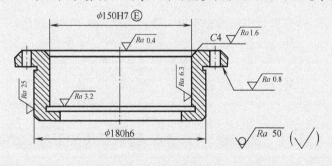

图 5-23　习题 5-8 图

> 导读

　　锥度和角度是机械中的典型结构。圆锥配合有其独特的优点。但与圆柱相比，圆锥的制造要复杂些，所以应用不如圆柱广泛。通过本章学习，读者应了解圆锥配合的特点、基本参数、形成方法和基本要求；了解圆锥几何参数误差对互换性的影响；掌握圆锥公差的项目和给定方法；初步掌握圆锥公差的选择和标注方法；了解棱体角度和角度公差的基本知识；了解角度和锥度的主要检测方法。

　　本章内容涉及的相关标准主要有：GB/T 157—2001《产品几何量技术规范（GPS）圆锥的锥度与锥角系列》、GB/T 4096—2001《产品几何量技术规范（GPS）　棱体的角度与斜度系列》、GB/T 11334—2005《产品几何量技术规范（GPS）　圆锥公差》、GB/T 12360—2005《产品几何量技术规范（GPS）　圆锥配合》等。

　　圆锥和具有角度的零件在机器结构中应用广泛。圆锥配合是常用的典型结构。它具有同轴度高、间隙和过盈可以方便地调整、密封性好、能以较小的过盈量传递较大的转矩等优点。一些具有角度的零件，如 V 形体、楔、燕尾导轨等在工业生产中也得到广泛应用。因此，研究锥度和角度公差与检测，也是提高产品质量、保证互换性所不可缺少的工作。

第一节　圆锥与圆锥配合

一、圆锥与圆锥配合的基本参数

1. 圆锥的基本参数
圆锥的基本参数如图 6-1 所示。

（1）圆锥角 指在通过圆锥轴线的截面内，两素线之间的夹角，用 α 表示。

（2）圆锥素线角 指圆锥素线与其轴线的夹角，它等于圆锥角之半，即 $\alpha/2$。

（3）圆锥直径 指与圆锥轴线垂直的截面内的直径。圆锥直径有内、外圆锥的最大直径 D_i、D_e，内、外圆锥的最小直径 d_i、d_e，任意给定截面圆锥直径 d_x（距端面有一定距离）。设计时，一般选用内圆锥最大直径 D_i 或外圆锥最小直径 d_e 作为公称直径。

（4）圆锥长度 指圆锥最大直径与最小直径所在截面之间的轴向距离。内、外圆锥的长度分别用 L_i、L_e 表示。

（5）锥度 指圆锥的最大直径与最小直径之差对圆锥长度之比，用 C 表示，即 $C = (D-d)/L = 2\tan\dfrac{\alpha}{2}$。锥度常用比例或分数表示，如 $C = 1:20$ 或 $C = 1/20$ 等。

2. 圆锥配合的基本参数

圆锥配合的基本参数如图 6-2 所示。

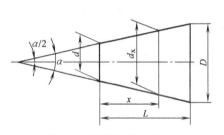

图 6-1 圆锥的基本参数

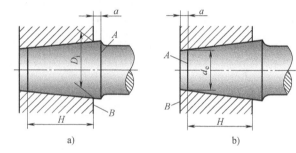

图 6-2 圆锥配合的基本参数

（1）圆锥配合长度 指内、外圆锥配合面间的轴向距离，用 H 表示。

（2）基面距 指相互结合的内、外圆锥基面间的距离，用 a 表示。基面距用来确定内、外圆锥的轴向相对位置。基面距的位置取决于所指定的公称直径。若以内圆锥最大直径 D_i 为公称直径，则基面距在大端（图 6-2a）；若以外圆锥最小直径 d_e 为公称直径，则基面距在小端（图 6-2b）。

二、锥度与圆锥角系列

为了减少加工圆锥工件所用的专用刀具、量具种类和规格，满足生产需要，国家标准 GB/T 157—2001 规定了一般用途圆锥的锥度与圆锥角系列，见表 6-1。

表 6-1 一般用途圆锥的锥度与圆锥角系列（摘自 GB/T 157—2001）

基　本　值		推　算　值			
系列 1	系列 2	圆锥角 α			锥度 C
		/(°)(′)(″)	/(°)	/rad	
120°		—	—	2.049 395 10	1:0.288 675 1
90°		—	—	1.570 796 33	1:0.500 000 0
	75°	—	—	1.308 996 94	1:0.651 612 7
60°		—	—	1.047 197 55	1:0.866 025 4

（续）

基　本　值		推　算　值			
系列 1	系列 2	圆锥角 α			锥度 C
		/(°) (′) (″)	/(°)	/rad	
45°		—	—	0.785 398 16	1 : 1.207 106 8
30°		—	—	0.523 598 78	1 : 1.866 025 4
1 : 3		18°55′28.7199″	18.924 644 42	0.330 297 35	—
	1 : 4	14°15′0.1177″	14.250 032 70	0.248 709 99	—
1 : 5		11°25′16.2706″	11.421 186 27	0.199 337 30	—
	1 : 6	9°31′38.2202″	9.527 283 38	0.166 282 46	—
	1 : 7	8°10′16.4408″	8.171 233 56	0.142 614 93	—
	1 : 8	7°9′9.6075″	7.152 688 75	0.124 837 62	—
1 : 10		5°43′29.3176″	5.724 810 45	0.099 916 79	—
	1 : 12	4°46′18.7970″	4.771 888 06	0.083 285 16	—
	1 : 15	3°49′5.8975″	3.818 304 87	0.066 641 99	—
1 : 20		2°51′51.0925″	2.864 192 37	0.049 989 59	—
1 : 30		1°54′34.8570″	1.909 682 51	0.033 330 25	—
1 : 50		1°8′45.1586″	1.145 877 40	0.019 999 33	—
1 : 100		34′22.6309″	0.572 953 02	0.009 999 92	—
1 : 200		17′11.3219″	0.286 478 30	0.004 999 99	—
1 : 500		6′52.5295″	0.144 591 52	0.002 000 00	—

选用时，优先选用第 1 系列，当不能满足要求时，可选第 2 系列。

国家标准还规定了特殊用途圆锥的锥度与圆锥角系列（表 6-2），通常只用于表中最后一栏所指的范围。

表 6-2　特殊用途圆锥的锥度与圆锥角系列（摘自 GB/T 157—2001）

基本值	推　算　值			锥度 C	备　注
	圆锥角 α				
	/(°) (′) (″)	/(°)	/rad		
11°54′	—	—	0.207 694 18	1 : 4.797 451 1	纺织机械和附件
8°40′	—	—	0.151 261 87	1 : 6.598 441 5	
7 : 24	16°35′39.4443″	16.594 290 08	0.289 625 00	1 : 3.428 571 4	机床主轴，工具配合
6 : 100	3°26′12.1776″	3.436 716 00	0.059 982 01	—	医疗设备
1 : 12.262	4°40′12.1514″	4.670 042 05	0.081 507 61	—	贾各锥度 No. 2
1 : 12.972	4°24′52.9039″	4.414 695 52	0.077 050 97	—	贾各锥度 No. 1
1 : 15.748	3°38′13.4429″	3.637 067 47	0.063 478 80	—	贾各锥度 No. 33
1 : 18.779	3°3′1.2070″	3.050 335 27	0.053 238 39	—	贾各锥度 No. 3
1 : 19.264	2°58′24.8644″	2.973 573 43	0.0518 98 65	—	贾各锥度 No. 6

（续）

基本值	推算值			备注
	圆锥角 α		锥度 C	
	／（°）（′）（″）	／（°）	／rad	
1：20.288	2°49′24.7802″	2.823 550 06	0.049 280 25	—	贾各锥度 No.0
1：19.002	3°0′52.3956″	3.014 554 34	0.052 613 90	—	莫氏锥度 No.5
1：19.180	2°59′11.7258″	2.986 590 50	0.052 125 84	—	莫氏锥度 No.6
1：19.212	2°58′53.8255″	2.981 618 20	0.052 039 05	—	莫氏锥度 No.0
1：19.254	2°58′30.4217″	2.975 117 13	0.051 925 59	—	莫氏锥度 No.4
1：19.922	2°52′31.4463″	2.875 401 76	0.050 185 23	—	莫氏锥度 No.3
1：20.020	2°51′40.7060″	2.861 332 23	0.049 939 67	—	莫氏锥度 No.2
1：20.047	2°51′26.9283″	2.857 480 08	0.049 872 44	—	莫氏锥度 No.1

三、圆锥配合的种类

1. 间隙配合

这类配合具有间隙，而且在装配和使用过程中间隙大小可以调整，常用于有相对运动的机构中，如某些车床主轴的圆锥轴颈与圆锥滑动轴承衬套的配合。

2. 过盈配合

这类配合具有过盈，能借助于相互配合的圆锥面间的自锁，产生较大的摩擦力来传递转矩，如钻头（或铰刀）的圆锥柄与机床主轴圆锥孔的结合、圆锥形摩擦离合器等。

3. 紧密配合（也称为过渡配合）

这类配合接触紧密，间隙为零或略小于零，主要用于定心或密封的场合，如锥形旋塞、发动机中气阀和阀座的配合等。通常要将内、外锥配对研磨，故这类配合一般没有互换性。

四、圆锥配合的形成方法

圆锥配合的间隙或过盈可通过内、外圆锥的相对轴向位置进行调整，从而得到不同配合性质。因此，对圆锥配合，不但要给出相配件的直径，还要规定内、外圆锥相对轴向位置。按确定相配的内、外圆锥轴向位置的方法，圆锥配合的形成方式有四种。

1）由内、外圆锥的结构确定装配的最终位置而形成配合。图 6-3 所示为由轴肩接触得到间隙配合的示例。

2）由内、外圆锥基准平面之间的尺寸确定装配后的最终位置而形成配合。图 6-4 所示为由结构尺寸 a 得到过盈配合的示例。

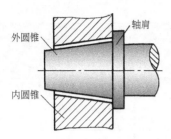

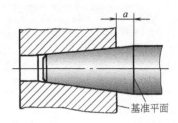

图 6-3　由轴肩接触得到间隙配合的示例　　　　图 6-4　由结构尺寸 a 得到过盈配合的示例

3）由内、外圆锥实际初始位置 P_a 开始，做一定的相对轴向位移 E_a 而形成配合。所谓实际初始位置，是指在不施加力的情况下相互结合的内、外圆锥表面接触时的轴向位置。这种形成方式可以得到间隙配合或过盈配合。图 6-5 所示为间隙配合的示例。

4）由内、外圆锥实际初始位置 P_a 开始，施加一定装配力产生轴向位移而形成配合。这种方式只能得到过盈配合，如图 6-6 所示。

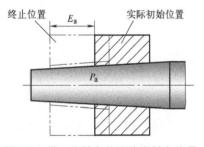

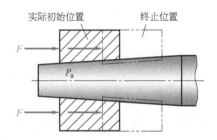

图 6-5　做一定轴向位移确定轴向位置　　　　图 6-6　施加一定装配力确定轴向位置

方式 1）、2）为结构型圆锥配合，方式 3）、4）为位移型圆锥配合。

五、圆锥配合的基本要求

1）圆锥配合应根据使用要求有适当的间隙或过盈。间隙或过盈是在垂直于圆锥表面方向起作用，但按垂直于圆锥轴线方向给定并测量，对于锥度小于或等于 1∶3 的圆锥，两个方向的数值差异很小，可忽略不计。

2）间隙或过盈应均匀，即有接触均匀性。为此，应控制内、外圆锥角偏差和形状误差。

3）有些圆锥配合要求实际基面距控制在一定范围。因为，当内、外圆锥长度一定时，基面距太大，会使配合长度减小，影响结合的稳定性和传递转矩；若基面距太小，则补偿圆锥表面磨损的调节范围就将减小。

六、圆锥配合的误差分析

圆锥工件直径和锥度（圆锥角）误差以及形状误差，都会对圆锥配合产生影响。

1. 直径误差的影响

对结构型圆锥，基面距是确定的，直径误差影响圆锥配合的实际间隙或过盈的大小。影响情况和圆柱配合一样。

对位移型圆锥，直径误差影响圆锥配合的实际初始位置，所以影响装配后的基面距。

设以内圆锥最大直径 D_i 为公称直径，基面距位置在大端。若圆锥角不存在误差，只有内、外圆锥直径误差 ΔD_i、ΔD_e（图 6-7），则对接触均匀性没有影响，但对基面距有影响。此时，基面距偏差为

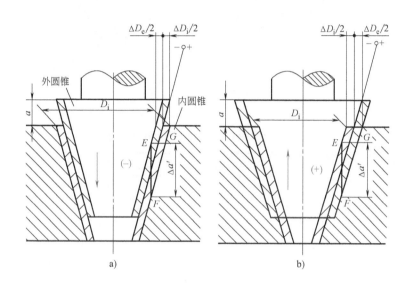

图 6-7　直径误差对基面距的影响

$$\Delta a' = \frac{\Delta D_e - \Delta D_i}{2\tan\dfrac{\alpha}{2}} = \frac{1}{C}(\Delta D_e - \Delta D_i) \tag{6-1}$$

当 $\Delta D_i > \Delta D_e$ 时（图 6-7a），$\Delta a'$ 为负值，基面距减小；反之，基面距增大（图 6-7b）。

2. 圆锥角误差的影响

不管对哪种类型的圆锥配合，圆锥角误差都影响接触均匀性。对位移型圆锥，有时还影响基面距。

设以内圆锥最大直径 D_i 为公称直径，基面距在大端，内、外圆锥大端直径均无误差，只有圆锥角误差 $\Delta\alpha_i$、$\Delta\alpha_e$，且 $\Delta\alpha_i \neq \Delta\alpha_e$，如图 6-8 所示。

当 $\alpha_i < \alpha_e$ 时，内、外圆锥在大端接触，它们对基面距影响很小，可忽略不计。但由于内、外圆锥在大端局部接触，接触面积小，将使磨损加剧且可能导致内、外圆锥相对倾斜，影响使用性能（图 6-8a）。

当 $\alpha_i > \alpha_e$ 时，内、外圆锥在小端接触，不但影响接触均匀性，而且影响位移型圆锥配合的基面距，由此而产生的基面距的变化量为 $\Delta a''$（图6-8b）。由 $\triangle EFG$ 可得

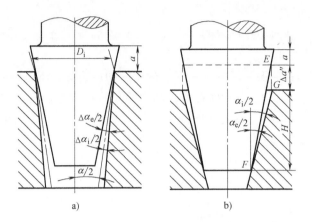

图 6-8 圆锥角误差的影响

$$\Delta a'' = EG = \frac{FG\sin\left(\dfrac{\alpha_i}{2}-\dfrac{\alpha_e}{2}\right)}{\sin\dfrac{\alpha_e}{2}} = \frac{H\sin\left(\dfrac{\alpha_i}{2}-\dfrac{\alpha_e}{2}\right)}{\sin\dfrac{\alpha_e}{2}\cos\dfrac{\alpha_i}{2}}$$

由于角度误差很小，故 $\cos\dfrac{\alpha_i}{2}\approx\cos\dfrac{\alpha}{2}$，$\sin\dfrac{\alpha_e}{2}\approx\sin\dfrac{\alpha}{2}$，$\sin\left(\dfrac{\alpha_i}{2}-\dfrac{\alpha_e}{2}\right)\approx\dfrac{\alpha_i}{2}-\dfrac{\alpha_e}{2}$，将角度单位化成"′"（$1'=0.0003\mathrm{rad}$），则有

$$\Delta a'' = \frac{0.0006H\left(\dfrac{\alpha_i}{2}-\dfrac{\alpha_e}{2}\right)}{\sin\alpha} \tag{6-2}$$

当圆锥角较小时，还可认为 $\sin\alpha\approx 2\tan\dfrac{\alpha}{2}=C$，则

$$\Delta a'' = 0.0006H\left(\frac{\alpha_i}{2}-\frac{\alpha_e}{2}\right)/C \tag{6-3}$$

一般情况下，直径误差和角度误差同时存在，当 $\Delta\alpha_i>\Delta\alpha_e$ 时，对于位移型圆锥，基面距的最大可能变动量为

$$\Delta a = \Delta a' + \Delta a'' = \frac{1}{C}\left[(\Delta D_e - \Delta D_i) + 0.0006H\left(\frac{\alpha_i}{2}-\frac{\alpha_e}{2}\right)\right] \tag{6-4}$$

3. 圆锥形状误差对配合的影响

圆锥形状误差是指素线直线度误差和横截面的圆度误差。它们主要影响配合表面的接触精度。对于间隙配合，使其间隙大小不均匀，磨损加快，影响使用寿命；对于过盈配合，由于接触面积减小，使传递转矩减小，连接不可靠；对于紧密配合，影响其密封性。

第二节 圆锥公差及其应用

一、圆锥公差项目

GB/T 11334—2005《产品几何量技术规范（GPS） 圆锥公差》适用于圆锥锥度 1:3~1:500、圆锥长度 $L=6~630mm$ 的光滑圆锥工件（即对锥齿轮、锥螺纹等不适用）。标准中规定了四个圆锥公差项目。

1. 圆锥直径公差 T_D

圆锥直径公差 T_D 是指圆锥直径允许的变动量。它适用于圆锥全长。它的公差带为两个极限圆锥所限定的区域。极限圆锥是最大、最小极限圆锥的统称。它们与公称圆锥共轴且圆锥角相等，在垂直于轴线的任意截面上两圆锥的直径差相等，如图6-9所示。

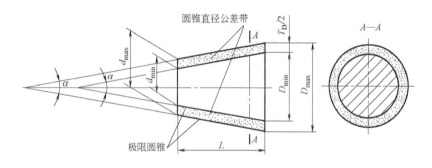

图 6-9　圆锥直径公差带

为了统一公差标准，圆锥直径公差带的标准公差和基本偏差都没有专门制定标准，而是从 GB/T 1800.1—2009《产品几何技术规范（GPS） 极限与配合 第1部分：公差、偏差和配合的基础》中选取。

2. 圆锥角公差 AT

圆锥角公差 AT 是指圆锥角的允许变动量。以角度值为单位时用 AT_α 表示；以线性值为单位时用 AT_D 表示。

圆锥角公差带（GB/T 11334—2005 中称为圆锥角公差区）是两个极限圆锥角所限定的区域。极限圆锥角是指允许的上圆锥角 α_{max} 和下圆锥角 α_{min}（图6-10）。

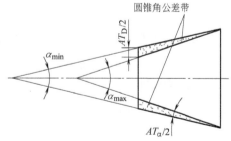

图 6-10　圆锥角公差带

GB/T 11334—2005 对圆锥角公差规定了12个等级，其中 $AT1$ 公差等级最高，其余依次降低。$AT4~AT9$ 级圆锥角公差数值见表6-3。

表6-3中，每一圆锥角公差等级的 AT_α 值是随着公称圆锥长度 L 的增大而减小的，因为根据试验，圆锥角的加工误差是随 L 增大而减小的。

表 6-3　　$AT4 \sim AT9$ 级圆锥角公差数值（摘自 GB/T 11334—2005）

公称圆锥长度 L/mm		圆锥角公差等级								
		AT4			AT5			AT6		
		AT_α		AT_D	AT_α		AT_D	AT_α		AT_D
大于	至	/μrad	/(′)(″)	/μm	/μrad	/(′)(″)	/μm	/μrad	/(′)(″)	/μm
16	25	125	26″	>2.0~3.2	200	41″	>3.2~5.0	315	1′05″	>5.0~8.0
25	40	100	21″	>2.5~4.0	160	33″	>4.0~6.3	250	52″	>6.3~10.0
40	63	80	16″	>3.2~5.0	125	26″	>5.0~8.0	200	41″	>8.0~12.5
63	100	63	13″	>4.0~6.3	100	21″	>6.3~10.0	160	33″	>10.0~16.0
100	160	50	10″	>5.0~8.0	80	16″	>8.0~12.5	125	26″	>12.5~20.0

公称圆锥长度 L/mm		圆锥角公差等级								
		AT7			AT8			AT9		
		AT_α		AT_D	AT_α		AT_D	AT_α		AT_D
大于	至	/μrad	/(′)(″)	/μm	/μrad	/(′)(″)	/μm	/μrad	/(′)(″)	/μm
16	25	500	1′43″	>8.0~12.5	800	2′45″	>12.5~20.0	1 250	4′18″	>20.0~32.0
25	40	400	1′22″	>10.0~16.0	630	2′10″	>16.0~25.0	1 000	3′26″	>25.0~40.0
40	63	315	1′05″	>12.5~20.0	500	1′43″	>20.0~32.0	800	2′45″	>32.0~50.0
63	100	250	52″	>16.0~25.0	400	1′22″	>25.0~40.0	630	2′10″	>40.0~63.0
100	160	200	41″	>20.0~32.0	315	1′05″	>32.0~50.0	500	1′43″	>50.0~80.0

表 6-3 中，在每一公称圆锥长度 L 的尺寸段内，当公差等级一定时，AT_α 为一定值，对应的 AT_D 随长度不同而变化，即

$$AT_D = AT_\alpha \times L \times 10^{-3} \tag{6-5}$$

式中，AT_α 单位为 μrad；AT_D 单位为 μm；L 单位为 mm。

1μrad 等于半径为 1m、弧长为 1μm 所对应的圆心角。微弧度与分、秒的关系为

$$5μrad \approx 1″ \qquad 300μrad \approx 1′$$

例如：当 $L = 100$mm，AT_α 为 9 级时，查表 6-3 得 $AT_\alpha = 630$μrad 或 $AT_\alpha = 2′10″$，$AT_D = 63$μm。若 $L = 80$mm，AT_α 仍为 9 级时，按式（6-5）得 $AT_D = (630 \times 80 \times 10^{-3})$ μm = 50.4μm ≈ 50μm。

3. 给定截面圆锥直径公差 T_{DS}

给定截面圆锥直径公差 T_{DS} 是指在垂直于圆锥轴线的给定截面内圆锥直径的允许变动量。它仅适用于该给定截面的圆锥直径。给定截面圆锥直径公差带（GB/T 11334—2005 中称为给定截面圆锥直径公差区）是在给定的截面内两同心圆所限定的区域，如图 6-11 所示。T_{DS} 公差带所限定的是平面区域，而 T_D 公差带限定的是空间区域，二者是不同的。

4. 圆锥的形状公差 T_F

圆锥的形状公差包括素线直线度公差和圆度公差等。T_F 的数值从 GB/T 1184—1996《形状和位置公差　未注公差值》标准中选取。

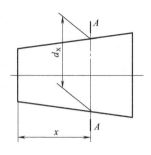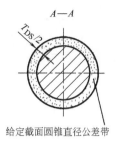

给定截面圆锥直径公差带

图 6-11　给定截面圆锥直径公差带

二、圆锥公差的给定方法

对于一个具体的圆锥工件，并不都需要给定上述四项公差，而是根据工件的不同要求来给公差项目。

GB/T 11334—2005 中规定了两种圆锥公差的给定方法。

方法一　给出圆锥的理论正确圆锥角 α（或锥度 C）和圆锥直径公差 T_D，由 T_D 确定两个极限圆锥。此时，圆锥角误差和圆锥的形状误差均应在极限圆锥所限定的区域内。

当对圆锥角公差、形状公差有更高要求时，可再给出圆锥角公差 AT、形状公差 T_F，此时，AT、T_F 仅占 T_D 的一部分。

方法一通常适用于有配合要求的内、外圆锥。

方法二　给出给定截面圆锥直径公差 T_{DS} 和圆锥角公差 AT，此时 T_{DS} 和 AT 是独立的，应分别满足。

当对形状公差有更高要求时，可再给出圆锥的形状公差。

方法二通常适用于对给定截面圆锥直径有较高要求的情况。例如：某些阀类零件中，两个相互结合的圆锥在规定截面上要求接触良好，以保证密封性。

三、圆锥公差的标注

GB/T 15754—1995《技术制图　圆锥的尺寸和公差标注》在正文里规定，通常圆锥公差应按面轮廓度法标注，如图 6-12a 和图 6-13a 所示。它们的公差带分别如图 6-12b 和图6-13b所示。

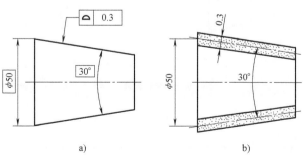

a)　　　　　　　　　　　b)

图 6-12　标注示例（一）

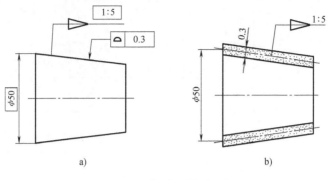

图 6-13　标注示例（二）

必要时还可给出附加的几何公差要求，但只占面轮廓度公差的一部分。

此外，该标准还在附录中规定了两种标注方法。

（1）基本锥度法　该法与 GB/T 11334—2005 中第一种圆锥公差给定方法一致，标注示例如图 6-14 所示。

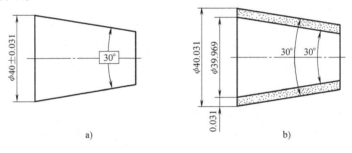

图 6-14　标注示例（三）

（2）公差锥度法　该法与 GB/T 11334—2005 中第二种圆锥公差给定方法一致，标注示例如图 6-15 所示。

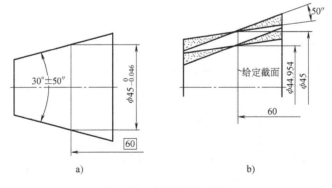

图 6-15　标注示例（四）

四、圆锥公差的选用

由于有配合要求的圆锥公差通常采用第一种方法给定，所以，本节主要介绍在这种情况下圆锥公差的选用。

1. 直径公差的选用

如前所述，对结构型圆锥，直径误差主要影响实际配合间隙或过盈。选用时，可根据配合公差 T_{DP} 来确定内、外圆锥直径公差 T_{Di}、T_{De}。和圆柱配合一样

$$T_{DP} = S_{max} - S_{min} = \delta_{max} - \delta_{min} = S_{max} + \delta_{max}$$

$$T_{DP} = T_{Di} + T_{De}$$

上述公式中，S、δ 分别表示配合间隙量、过盈量。

为保证配合精度，直径公差一般不低于 9 级。

GB/T 12360—2005 中推荐结构型圆锥配合优先采用基孔制，外圆锥直径基本偏差一般在 d~zc 中选取。

例 6-1　某结构型圆锥根据传递转矩的需要，最大过盈量 $\delta_{max} = 159\mu m$，最小过盈量 $\delta_{min} = 70\mu m$，公称直径为 100mm，锥度 $C = 1 : 50$，试确定其内、外圆锥的直径公差带代号。

解　圆锥配合公差 $T_{DP} = \delta_{max} - \delta_{min} = (159 - 70)\mu m = 89\mu m$

因为　　　　　　　　　　　　$T_{DP} = T_{Di} + T_{De}$

查 GB/T 1800.1—2009，IT7+IT8 = 89μm，一般孔的精度比轴低一级，故取内圆锥直径公差为 $\phi 100H8$（$^{+0.054}_{0}$）mm，外圆锥直径公差为 $\phi 100u7$（$^{+0.159}_{+0.124}$）mm。

对位移型圆锥，其配合性质是通过给定的内、外圆锥的轴向位移量或装配力确定的，而与直径公差带无关。直径公差仅影响接触的初始位置和终止位置及接触精度。

所以，对位移型圆锥配合，可根据对终止位置基面距的要求和对接触精度的要求来选取直径公差。如对基面距有要求，公差等级一般在 IT8 ~ IT12 之间选取，必要时，应通过计算来选取和校核内、外圆锥的公差带；若对基面距无严格要求，可选较低的直径公差等级，以便使加工更经济；如对接触精度要求较高，可用给圆锥角公差的办法来满足。为了计算和加工方便，GB/T 12360—2005 中推荐位移型圆锥的基本偏差用 H、h 或 JS、js 的组合。

2. 圆锥角公差的选用

按国家标准规定的圆锥角公差的第一种给定方法，圆锥角误差限制在两个极限圆锥范围内，可不另给圆锥角公差。$L = 100mm$ 的圆锥直径公差 T_D 所限制的最大圆锥角误差见表6-4。当 $L \neq 100mm$ 时，应将表中数值"$\times 100/L$"。L 的单位为 mm。

如果对圆锥角有更高要求，可另给出圆锥角公差。

对于国家标准规定的圆锥角的 12 个公差等级，其适用范围大体如下。

$AT1 \sim AT5$：用于高精度的圆锥量规、角度样板等。

$AT6 \sim AT8$：用于工具圆锥以及传递大力矩的摩擦锥体、锥销等。

$AT8 \sim AT10$：用于中等精度锥体或角度零件。

$AT11 \sim AT12$：用于低精度零件。

从加工角度考虑，圆锥角公差 AT 的等级数字与相应的 IT 公差等级有大体相当的加工难度，如 $AT6$ 级与 IT6 级加工难度大体相当。

表 6-4　$L=100$mm 的圆锥直径公差 T_D 所限制的最大圆锥角误差 $\Delta\alpha_{max}$

（摘自 GB/T 11334—2005）　　　　　　　　　　　　　　　（单位：μrad）

标准公差等级	圆锥直径/mm												
	≤3	>3~6	6>~10	>10~18	>18~30	>30~50	>50~80	>80~120	>120~180	>180~250	>250~315	>315~400	>400~500
IT4	30	40	40	50	60	70	80	100	120	140	160	180	200
IT5	40	50	60	80	90	110	130	150	180	200	230	250	270
IT6	60	80	80	110	130	160	190	220	250	290	320	360	400
IT7	100	120	150	180	210	250	300	350	400	460	520	570	630
IT8	140	180	220	270	330	390	460	540	630	720	810	890	970
IT9	250	300	360	430	520	620	740	870	1000	1150	1300	1400	1550
IT10	400	480	580	700	840	1000	1200	1400	1600	1850	2100	2300	2500

圆锥角极限偏差可按单向（$\alpha+AT$ 或 $\alpha-AT$）或双向取。双向取时可以对称（$\alpha\pm\dfrac{AT}{2}$），也可以不对称。

对有配合要求的圆锥，内、外圆锥角极限偏差的方向及组合，影响初始接触部位和基面距，选用时必须考虑。若对初始接触部位和基面距无特殊要求，只要求接触均匀性，内、外圆锥角极限偏差方向应尽量一致。

第三节　角度与角度公差

一、基本概念

除圆锥外，其他带角度的几何体可统称为棱体。

棱体是指出两个相交平面与一定尺寸所限定的几何体，如图 6-16 所示。

具有较小角度的棱体称为楔；具有较大角度的棱体称为 V 形体、榫或燕尾槽。

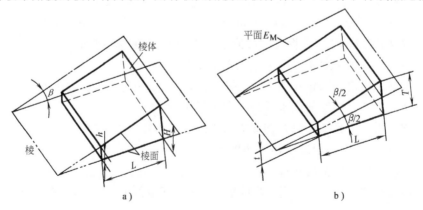

a)　　　　　　　　　　　　　　b)

图 6-16　棱体及其几何参数

相交的平面称为棱面，棱面的交线称为棱。棱体的主要几何参数有：

（1）棱体角 β　两相交棱面形成的二面角。

（2）棱体厚　在平行于棱并垂直于棱体中心平面 E_M（平分棱体角的平面）的某指定截面上测量的厚度。常用的有最大棱体厚 T 和最小棱体厚 t。

（3）棱体高　在平行于棱并垂直于一个棱面的某指定截面上测量的高度。常用的有最大棱体高 H 与最小棱体高 h。

（4）斜度 S　两指定截面的棱体高之差与该两截面之间的距离之比，即

$$S = \frac{H-h}{L} \tag{6-6}$$

斜度 S 与棱体角 β 的关系为

$$S = \tan\beta = 1 : \cot\beta \tag{6-7}$$

（5）比率 C_p　两指定截面的棱体厚之差与该两个截面之间的距离之比，即

$$C_p = \frac{T-t}{L} \tag{6-8}$$

比率 C_p 与棱体角 β 的关系为

$$C_p = 2\tan\frac{\beta}{2} = 1 : \frac{1}{2}\cot\frac{\beta}{2} \tag{6-9}$$

二、棱体的角度与斜度系列

GB/T 4096—2001《产品几何量技术规范（GPS）　棱体的角度与斜度系列》中规定了一般用途棱体的角度与斜度（见表 6-5）和特殊用途棱体的角度与比率（见表 6-6）。

一般用途棱体的角度与斜度，优先选用第 1 系列，当不能满足需要时，选用第 2 系列。

特殊用途棱体的角度与比率，通常只适用于表中最后一栏所指的适用范围。

表 6-5　一般用途棱体的角度与斜度（摘自 GB/T 4096—2001）

基 本 值			推 算 值		
系列 1	系列 2	S	C_p	S	β
120°	—	—	1 : 0.028 675	—	—
90°	—	—	1 : 0.500 000	—	—
—	75°	—	1 : 0.651 613	1 : 0.267 949	—
60°	—	—	1 : 0.866 025	1 : 0.577 350	—
45°	—	—	1 : 1.207 107	1 : 1.000 000	—
—	40°	—	1 : 1.373 739	1 : 1.191 754	—
30°	—	—	1 : 1.866 025	1 : 1.732 051	—
20°	—	—	1 : 2.835 461	1 : 2.747 477	—
15°	—	—	1 : 3.797 877	1 : 3.732 051	—
—	10°	—	1 : 5.715 026	1 : 5.671 282	—

（续）

基 本 值			推 算 值		
系列1	系列2	S	C_p	S	β
—	8°	—	1:7.150 333	1:7.115 370	—
—	7°	—	1:8.174 928	1:8.144 346	—
—	6°	—	1:9.540 568	1:9.514 364	—
—	—	1:10	—	—	5°42′38″
5°	—	—	1:11.451 883	1:11.430 052	—
—	4°	—	1:14.318 127	1:14.300 666	—
—	3°	—	1:19.094 230	1:19.081 137	—
—	—	1:20	—	—	2°51′44.7″
—	2°	—	1:28	1:28	—
—	—	1:50	—	—	1°8′44.7″
—	1°	—	1:57.294 327	1:57.2289 962	—
—	—	1:100	—	—	34′25.5″
0°30′	—	—	1:144.590 820	1:144.588 650	—
—	—	1:200	—	—	17′11.3″
—	—	1:500	—	—	6′52.5″

表6-6 特殊用途棱体的角度与比率（摘自 GB/T 4096—2001）

基 本 值	推 算 值	用 途
棱体角β	比率 C_p	
108°	1:0.363 271 3	V形体
72°	1:0.688 191 0	
55°	1:0.960 491 2	燕尾体
50°	1:1.072 253 5	

三、角度公差

GB/T 11334—2005 中规定的圆锥角的公差数值同样适用于棱体角，此时以角度短边长度作为公称圆锥长度。

第四节 未注公差角度的极限偏差

GB/T 1804—2000 对金属切削加工的圆锥角和棱体角，包括在图样上注出的角度和通常不需要标注的角度（如 90°等）规定了未注公差角度的极限偏差（表6-7）。该极限偏差应为一般工艺方法可以保证达到的精度。应用中可根据不同产品的需要，从标准中所规定的四个未注公差角度的公差等级（精密级 f、中等级 m、粗糙级 c 和最粗级 v）中选取合适的等级。

表 6-7　未注公差角度的极限偏差（摘自 GB/T 1804—2000）

公差等级	长度分段/mm				
	≤10	>10~50	>50~120	>120~400	>400
精密级 f	±1°	±30′	±20′	±10′	±5′
中等级 m					
粗糙级 c	±1°30′	±1°	±30′	±15′	±10′
最粗级 v	±3°	±2°	±1°	±30′	±20′

未注公差角度的公差等级在图样或技术文件上用标准号和公差等级表示。例如：选用中等级时，则表示为 GB/T 1804-m。

第五节　角度和锥度的检测

检测角度和锥度的方法很多，现将常用的几种方法介绍如下。

一、相对检测法

相对检测法的实质是将角度量具与被测角度或锥度相比较，用光隙法或涂色法估计出被测角度或锥度的偏差，或判断被测角度或锥度是否在允许的公差范围之内。

相对检测常用的角度量具有角度量块、角度样板、直角尺和圆锥量规等。

角度量块（图 2-5）是角度测量中的标准量具，用来检定和调整一般精度的测角仪和量具，也可直接用于检验精度高的工件。

角度样板是根据被测角度的两个极限角值制成的，因此有通端和止端之分。检验工件角度时，若用通端角度样板时，光线从角顶到角底逐渐增大；用止端角度样板时，光线从角顶到角底逐渐减少，这就表明，被测角度的实际值在规定的两个极限范围内，被测角度合格（图 6-17），反之，则不合格。

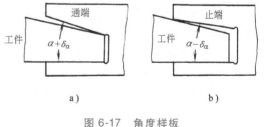

图 6-17　角度样板

直角尺的公称角度为 90°。用于检验工件直角偏差时，是借助目测光隙或用塞尺来确定偏差大小的。图 6-18 所示为常用的两种直角尺的结构形式。

圆锥量规用来检验内、外圆锥工件的锥度和直径偏差。检验内圆锥用圆锥塞规，检验外圆锥用圆锥环规（图 6-19）。

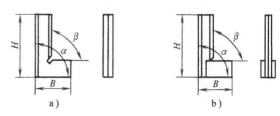

图 6-18　常用的两种直角尺的结构形式
a）平样板直角尺　b）宽底座样板直角尺

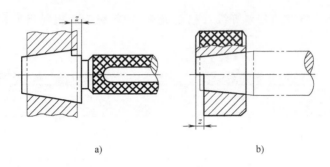

a)   b)

图 6-19　圆锥量规

检验时，先在量规圆锥面的素线全长上涂 3~4 条极薄的显示剂，然后把量规与被测圆锥对研（来回转角应小于 180°）。根据被测圆锥上的着色或量规上擦掉的痕迹，来判断被测锥度是否合格。圆锥量规还可用来检验被测圆锥直径偏差。在量规的基面端刻有距离为 z 的两条刻线（或小台阶），$z = \dfrac{T_D}{C} \times 10^{-3}$ mm（T_D 为圆锥直径公差，单位为 μm）。若被测圆锥的基面端位于量规的两刻线之间，则表示直径合格。

二、绝对测量法

角度的绝对测量就是直接从计量器具上读出被测角度。对于精度不高的工件，常用游标万能角度尺进行测量；对于精度较高的工件，用工具显微镜、光学测角仪、光学分度头等仪器测量。

光学分度头是用得较广的仪器，多用于测量工件（如花键、齿轮、铣刀等）的分度中心角。它的测量范围为 0°~360°，分度值有多种。图 6-20a 所示为分度值为 10″ 的光学分度头的光学系统。

光源 6 发出的光线经滤光片 7、聚光镜 8 到反射镜 9 反射照亮主轴上分度值为 1°的玻璃分度盘 10（测量时，主轴与玻璃分度盘和被测工件同步旋转），玻璃分度盘上的刻线影像投射到前组物镜 11、棱镜 12 成像在秒值分划板 5 的刻线表面上，然后连同秒值刻线影像一起经后组物镜 4 成像在分值分划板 3 的刻线表面上。通过目镜 1 可以同时观察到度、分和秒值刻线的影像。图 6-20b 所示为光学分度头读数装置的视场。读数时，先将双刻线 16 和分值分划板一起通过手轮转动，以使临近的度值刻线 17 准确地套在双线中间，读取"度"值；在三角形指标 13 的指示处读取"分"值；"秒"值是通过分值刻线和秒值刻线 15 光亮的联通亮线 14 在秒值刻线上读取。图 6-20b 所示的读数值为 27°4′40″。

三、间接测量法

间接测量法是通过测量与锥度或角度有关的尺寸，按几何关系换算出被测的锥度或角度。

图 6-21 所示为用正弦规测量外圆锥锥度。测量前先按公式 $h = L\sin\alpha$ 计算并组合量块

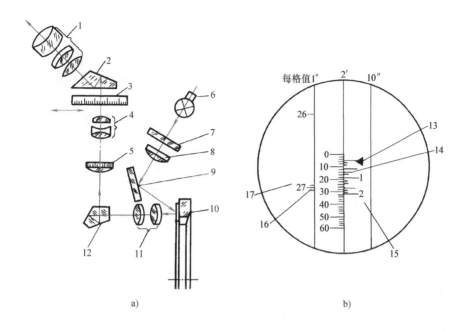

a)　　　　　　　　　　　　　　　b)

图 6-20　分度值为 10″的光学分度头的光学系统

1—目镜　2、12—棱镜　3—分值分划板　4—后组物镜　5—秒值分划板　6—光源　7—滤光片

8—聚光镜　9—反射镜　10—玻璃分度盘　11—前组物镜　13—三角形指标

14—联通亮线　15—秒值刻线　16—双刻线　17—度值刻线

组，式中 α 为公称圆锥角，L 为正弦规两圆柱中心距。然后按图 6-21 所示进行测量。工件锥度偏差 $\Delta C = (h_a - h_b)/l$，式中 h_a、h_b 分别为指示表在 a、b 两点的读数，l 为 a、b 两点间距离。

图 6-22 所示为用不同直径钢球测量内圆锥的圆锥角 α。测得 H 和 h 后，按照关系式

$$\sin \frac{\alpha}{2} = \frac{D_0 - d_0}{2(H-h) + d_0 - D_0}$$，计算求得被测角度 α。

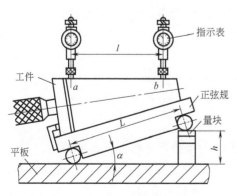

图 6-21　用正弦规测量外圆锥锥度

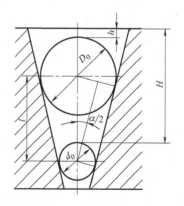

图 6-22　用钢球测量内锥角

小结

本章主要介绍了圆锥配合分类、圆锥几何参数误差对配合的影响以及圆锥公差与配合国家标准。圆锥的主要几何参数有圆锥角、圆锥直径和圆锥长度等。在零件图上圆锥直径只标注最大或最小直径。圆锥角大小也可用锥度表示。结构型圆锥配合通过控制基面距来确定装配时最终的轴向位置，可以形成不同松紧的配合；而位移型圆锥配合，则从实际初始位置开始，通过控制相对轴向位移或产生轴向位移的装配力大小来确定装配时最终的轴向相对位置，从而得到所需要的间隙配合和过盈配合。对圆锥配合的要求一般可归纳为配合间隙或过盈大小（沿径向度量）、配合面的接触均匀性以及配合性质的稳定性三个方面。圆锥公差项目有四个：圆锥直径公差 T_D，圆锥角公差 AT，给定截面圆锥直径公差 T_{DS}，圆锥的形状公差 T_F。对一个具体圆锥工件，通常没有必要给出全部四项公差要求。GB/T 11334—2005 中规定了两种给定圆锥公差要求的方法：①给出圆锥的理论正确圆锥角和圆锥直径公差；②给出给定截面圆锥直径公差和圆锥角公差。然后根据功能要求决定是否提出形状公差（素线直线度和圆度）要求。此外，也可以按面轮廓度标注（GB/T 15754—1995）。角度的检测方法有多种。在直接检测法中，用角度量块、角度样板、直角尺和圆锥量规等进行检测，属于相对检测；用游标万能角度尺、工具显微镜、光学分度头等测量角度属于绝对测量。间接测量法包括用正弦规测外锥角、用钢球测内锥角等。

习题

6-1 圆锥配合有哪些优点？对圆锥配合有哪些基本要求？

6-2 圆锥有哪些主要几何参数？若某圆锥最大直径为 100mm，最小直径为 95mm，圆锥长度为 100mm，试确定圆锥角、圆锥素线角和锥度。

6-3 国家标准规定了哪几项圆锥公差？对于某一圆锥工件，是否需要将几个公差项目全部给出？

6-4 圆锥直径公差与给定截面圆锥直径公差有什么不同？

6-5 某车床尾座顶尖套与顶尖配合采用莫氏锥度 No.4，顶尖圆锥长度 $L = 118$mm，圆锥角公差等级为 AT8，试查出圆锥角 α 和锥度 C 以及圆锥角公差的数值（AT_α 和 AT_D）。

6-6 圆锥公差有哪几种给定方法？各适用在什么场合？如何在图样上标注？

6-7 有一外圆锥，最大直径 $D = 200$mm，圆锥长度 $L = 400$mm，圆锥直径公差等级为 IT8 级，求直径公差所能限定的最大圆锥角误差 $\Delta\alpha_{max}$。

6-8 在选择圆锥直径公差时，结构型圆锥和位移型圆锥有什么不同？

6-9 常用的检测圆锥角（锥度）的方法有哪些？用圆锥塞规检验内圆锥时，根据接触斑点的分布情况，如何判断圆锥角偏差是正值还是负值？

6-10 如图 6-23 所示，在平板上用高精度的圆柱及量块测量外锥角，先使两个直径相等的圆柱在外锥体小端处接触，测出 m 值；然后用等高量块组把圆柱垫起一个高度 H，测出 M 值，求外锥角 α 值。

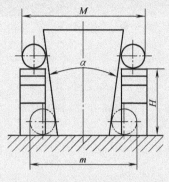

图 6-23 习题 6-10 图

第七章
尺寸链基础

▶ 导读

在机器的设计、制造和装配过程中，零件的尺寸和精度往往会相互影响，如设计尺寸与工序尺寸之间、各零件的尺寸及精度与部件或整机的装配精度要求之间，都会存在一种内在的联系。所以，在进行精度设计时，不能孤立地对待某个零件的某个尺寸，而应当进行综合的分析并确定合理的公差。尺寸链的原理方法是进行几何参数精度综合设计的重要方法。通过本章学习，读者应理解尺寸链的概念、组成、特点；理解计算尺寸链的任务；理解计算直线尺寸链的完全互换法、不完全互换法和其他方法的特点和适用场合；初步具有建立尺寸链、用完全互换法和大数互换法计算直线尺寸链的能力。

本章内容主要涉及的标准是 GB/T 5847—2004《尺寸链　计算方法》。

第一节　概述

一、尺寸链的含义及其特性

在一个零件和一台机器的结构中，总有一些相互联系的尺寸，这些相互联系的尺寸按一定顺序连接成一个封闭的尺寸组，称为尺寸链。

如图 7-1a 所示的间隙配合，就是一个由孔、轴直径和间隙三个尺寸组成的最简单的尺寸链。间隙大小受孔径和轴径变化的影响。

图 7-1b 所示为由阶梯轴的三个台阶长度和总长形成的尺寸链。

图 7-1c 所示为零件在加工过程中，以 B 面为定位基准获得尺寸 A_1、A_2，A 面到 C 面的距离 A_0 也就随之确定，尺寸 A_1、A_2 和 A_0 构成一个封闭尺寸组，形成尺寸链。

综上所述可知，尺寸链具有如下两个特性。

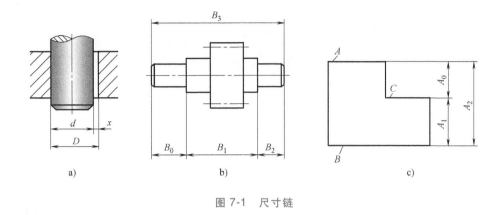

图 7-1 尺寸链

（1）封闭性　组成尺寸链的各个尺寸按一定顺序构成一个封闭系统。

（2）相关性　其中一个尺寸变动将影响其他尺寸变动。

二、尺寸链的组成

构成尺寸链的各个尺寸称为环。尺寸链的环分为封闭环和组成环。

（1）封闭环　加工或装配过程中最后自然形成的尺寸，如图 7-1 所示 x、B_0 和 A_0。

（2）组成环　尺寸链中除封闭环以外的其他环。根据它们对封闭环影响的不同，又分为增环和减环。与封闭环同向变动的组成环称为增环，即当该组成环尺寸增大（或减小）而其他组成环不变时，封闭环尺寸也随之增大（或减小），如图 7-1a 所示 D；与封闭环反向变动的组成环称为减环，即当该组成环尺寸增大（或减小）而其他组成环不变时，封闭环尺寸却随之减小（或增大），如图 7-1a 所示 d。

三、尺寸链的分类

1. 按应用场合分类

（1）装配尺寸链　装配尺寸链是指全部组成环为不同零件的设计尺寸所形成的尺寸链（图 7-1a）。

（2）零件尺寸链　零件尺寸链是指全部组成环为同一零件的设计尺寸所形成的尺寸链（图 7-1b）。

装配尺寸链和零件尺寸链统称为设计尺寸链。

（3）工艺尺寸链　工艺尺寸链是指全部组成环为同一零件的工艺尺寸所形成的尺寸链（图 7-1c）。

2. 按各环所在空间位置分类

（1）直线尺寸链　直线尺寸链是指全部组成环都平行于封闭环的尺寸链（图 7-1）。

（2）平面尺寸链　平面尺寸链是指全部组成环位于一个或几个平行平面内，但某些组成环不平行于封闭环（图 7-2）的尺寸链。

（3）空间尺寸链　空间尺寸链是指组成环位于几个不平行的平面内的尺寸链。

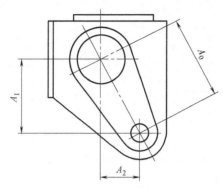

图 7-2　平面尺寸链

尺寸链中常见的是直线尺寸链。平面尺寸链和空间尺寸链可以用坐标投影法转换为直线尺寸链。

3. 按各环尺寸的几何特性分类

（1）长度尺寸链　链中各环均为长度尺寸（图7-1、图7-2）。

（2）角度尺寸链　链中各环均为角度尺寸（图7-3）。

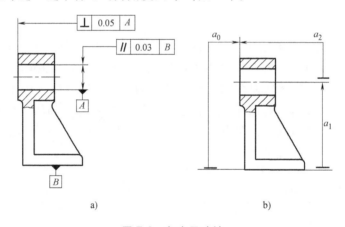

图 7-3　角度尺寸链

角度尺寸链常用于分析和计算机械结构中有关零件要素的位置精度，如平行度、垂直度和同轴度等。

本章重点讨论长度尺寸链中的直线尺寸链、装配尺寸链。

第二节　尺寸链的确立与分析

一、确定封闭环

建立尺寸链，首先要正确地确定封闭环。

装配尺寸链的封闭环是在装配之后形成的，往往是机器上有装配精度要求的尺寸，如保证机器可靠工作的相对位置尺寸或保证零件相对运动的间隙等。在着手建立尺寸链之前，必须查明在机器装配和验收的技术要求中规定的所有几何精度要求项目，这些项目往往就是某些尺寸链的封闭环。

零件尺寸链的封闭环应为公差等级要求最低的环，一般在零件图上不进行标注，以免引起加工中的混乱。例如：图 7-1b 中尺寸 B_0 是不标注的。

工艺尺寸链的封闭环是在加工中最后自然形成的环，一般为被加工零件要求达到的设计尺寸或工艺过程中需要的余量尺寸。加工顺序不同，封闭环也不同。所以工艺尺寸链的封闭环必须在加工顺序确定之后才能判断。

一个尺寸链中只有一个封闭环。

二、查找组成环

组成环是对封闭环有直接影响的那些尺寸，与此无关的尺寸要排除在外。一个尺寸链的环数要尽量少。

查找装配尺寸链的组成环时，先从封闭环的任意一端开始，找相邻零件的尺寸，然后再找与第一个零件相邻的第二个零件的尺寸，这样一环接一环，直到封闭环的另一端为止，从而形成封闭的尺寸组。

图 7-4a 所示的车床主轴轴线与尾座轴线高度差的允许值 A_0 是装配技术要求，为封闭环。组成环可从尾座顶尖开始查找，尾座顶尖轴线到底板的高度 A_1、与床面相连的底板的厚度 A_2、床面到主轴轴线的距离 A_3，最后回到封闭环。A_1、A_2 和 A_3 均为组成环。

一个尺寸链中最少要有两个组成环。

当几何误差的影响不能忽略时（封闭环精度要求高或几何误差较大），几何误差也应该作为组成环考虑。

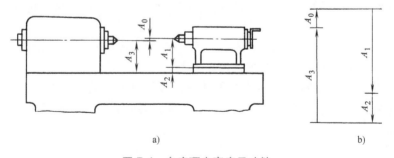

a)　　　　　　　　　　　　　　b)

图 7-4　车床顶尖高度尺寸链

三、画尺寸链线图

为清楚表达尺寸链的组成，通常不需要画出零件或部件的具体结构，也不必按照严格的比例，只需将链中各尺寸依次画出，形成封闭的图形即可，这样的图形称为尺寸链线图，如图 7-4b 所示。在尺寸链线图中，常用带单箭头的线段表示各环，按顺时针（或逆时针）依次画出箭头。可依据箭头的方向判断增环和减环，与封闭环箭头方向相同的环为减环，与封闭环箭头方向相反的环为增环。在图 7-4b 中，A_3 为减环，A_1、A_2 为增环。

四、分析计算尺寸链的任务和方法

（一）任务

分析和计算尺寸链是为了正确、合理地确定尺寸链中各环的尺寸和精度，主要解决以下三类任务。

（1）正计算 已知各组成环的极限尺寸，求封闭环的极限尺寸。这类计算主要用来验算设计的正确性，故又称为校核计算。

（2）反计算 已知封闭环的极限尺寸和各组成环的公称尺寸，求各组成环的极限偏差。这类计算主要用在设计上，即根据机器的使用要求来分配零件的公差。

（3）中间计算 已知封闭环和部分组成环的极限尺寸，求某一组成环的极限尺寸。这类计算常用在工艺上。

反计算和中间计算通常称为设计计算。

（二）方法

1. 完全互换法（极值法）

从尺寸链各环的最大与最小极限尺寸出发进行尺寸链计算，不考虑各环实际尺寸的分布情况。按此法计算出来的尺寸加工各组成环，装配时各组成环不需挑选或辅助加工，装配后即能满足封闭环的公差要求，即可实现完全互换。

完全互换法是尺寸链计算中最基本的方法。

2. 大数互换法（概率法）

大数互换法是以保证大数互换为出发点的。

生产实践和大量统计资料表明，在大量生产且工艺过程稳定的情况下，各组成环的实际尺寸趋近公差带中间的概率大，出现在极限值的概率小了，增环与减环以相反极限值形成封闭环的概率就更小了。所以，用完全互换法解尺寸链，虽然能实现完全互换，但往往是不经济的。

采用大数互换法，不是在全部产品中，而是在绝大多数产品中，装配时不需要挑选或修配，就能满足封闭环的公差要求，即保证大数互换。

按大数互换法，在相同封闭环公差条件下，可使组成环的公差扩大，从而获得良好的技术经济效益，也比较科学合理。大数互换法常用在大批量生产的情况。

3. 其他方法

在某些场合，为了获得更高的装配精度，而生产条件又不允许提高组成环的制造精度时，可采用分组互换法、修配法和调整法等来完成这一任务。

第三节 用完全互换法解尺寸链

一、基本公式

设尺寸链的组成环数为 m。A_0 为封闭环的公称尺寸，A_i 为第 i 个组成环的公称尺寸，

$A_1 \sim A_n$ 为增环的公称尺寸，$A_{n+1} \sim A_m$ 为减环的公称尺寸，则对于直线尺寸链有如下公式。

（1）封闭环的公称尺寸

$$A_0 = \sum_{i=1}^{n} A_i - \sum_{i=1}^{m} A_i \tag{7-1}$$

即封闭环的公称尺寸等于所有增环的公称尺寸之和减去所有减环的公称尺寸之和。

（2）封闭环的极限尺寸

$$A_{0\max} = \sum_{i=1}^{n} A_{i\max} - \sum_{i=n+1}^{m} A_{i\min} \tag{7-2}$$

$$A_{0\min} = \sum_{i=1}^{n} A_{i\min} - \sum_{i=n+1}^{m} A_{i\max} \tag{7-3}$$

即封闭环的上极限尺寸等于所有增环的上极限尺寸之和减去所有减环的下极限尺寸之和；封闭环的下极限尺寸等于所有增环的下极限尺寸之和减去所有减环的上极限尺寸之和。

（3）封闭环的极限偏差

$$ES_0 = \sum_{i=1}^{n} ES_i - \sum_{i=n+1}^{m} EI_i \tag{7-4}$$

$$EI_0 = \sum_{i=1}^{n} EI_i - \sum_{i=n+1}^{m} ES_i \tag{7-5}$$

即封闭环的上极限偏差等于所有增环上极限偏差之和减去所有减环下极限偏差之和；封闭环的下极限偏差等于所有增环下极限偏差之和减去所有减环上极限偏差之和。

（4）封闭环的公差

$$T_0 = \sum_{i=1}^{m} T_i \tag{7-6}$$

即封闭环的公差等于所有组成环公差之和。

二、校核计算

校核计算的步骤是：根据装配要求确定封闭环；寻找组成环；画尺寸链线图；判别增环和减环；由各组成环的公称尺寸和极限偏差验算封闭环的公称尺寸和极限偏差。

例 7-1 如图 7-5a 所示的结构，已知各零件的尺寸 $A_1 = 30_{-0.13}^{0}$ mm，$A_2 = A_5 = 5_{-0.075}^{0}$ mm，$A_3 = 43_{+0.02}^{+0.18}$ mm，$A_4 = 3_{-0.04}^{0}$ mm，设计要求间隙 A_0 为 0.1～0.45mm，试做校核计算。

解 1）确定封闭环为要求的间隙 A_0，寻找组成环并画尺寸链线图（图 7-5b），判断 A_3 为增环，A_1、A_2、A_4 和 A_5 为减环。

2）按式（7-1）计算封闭环的公称尺寸。

$$A_0 = A_3 - (A_1 + A_2 + A_4 + A_5) = 43\text{mm} - (30 + 5 + 3 + 5)\text{mm} = 0\text{mm}$$

即要求封闭环的尺寸为 $0_{+0.10}^{+0.45}$ mm。

3）按式（7-4）、式（7-5）计算封闭环的极限偏差。

$$ES_0 = ES_3 - (EI_1 + EI_2 + EI_4 + EI_5) = +0.18\text{mm} - (-0.13 - 0.075 - 0.04 - 0.075)\text{mm} = +0.50\text{mm}$$

$$EI_0 = EI_3 - (ES_1 + ES_2 + ES_4 + ES_5) = +0.02\text{mm} - (0 + 0 + 0 + 0)\text{mm} = +0.02\text{mm}$$

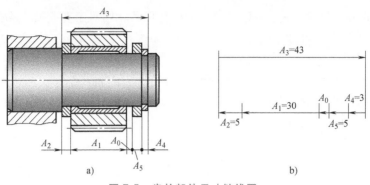

图 7-5　齿轮部件尺寸链线图

4）按式（7-6）计算封闭环的公差。

$$T_0 = T_1 + T_2 + T_3 + T_4 + T_5 = (0.13 + 0.075 + 0.16 + 0.04 + 0.075)\text{mm} = 0.48\text{mm}$$

校核结果表明，封闭环的上、下极限偏差及公差均已超过规定范围，必须调整组成环的极限偏差才能满足要求。

例 7-2　如图 7-6a 所示圆筒，已知外圆 $A_1 = \phi 70^{-0.04}_{-0.12}$ mm，内孔尺寸 $A_2 = \phi 60^{+0.06}_{0}$ 0mm，内外圆轴线的同轴度公差为 $\phi 0.02$mm，求壁厚 A_0。

解　1）确定封闭环、组成环、画尺寸链线图。车外圆和镗内孔后就形成了壁厚，因此，壁厚 A_0 是封闭环。

取半径组成尺寸链，此时 A_1、A_2 的极限尺

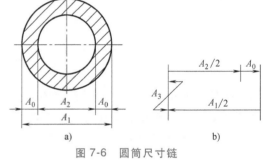

图 7-6　圆筒尺寸链

寸均按半值计算：$\dfrac{A_1}{2} = 35^{-0.02}_{-0.06}$mm，$\dfrac{A_2}{2} = 30^{+0.03}_{0}$mm。

同轴度公差 $\phi 0.02$mm，允许内外圆轴线偏移 0.01mm，可正可负。故以 $A_3 = (0 \pm 0.01)$ mm 加入尺寸链中，作为增环或减环均可，此处以增环代入。

画尺寸链线图如图 7-6b 所示，A_1 为增环，A_2 为减环。

2）求封闭环的公称尺寸。

$$A_0 = \frac{A_1}{2} + A_3 - \frac{A_2}{2} = 35\text{mm} + 0 - 30\text{mm} = 5\text{mm}$$

3）求封闭环的上、下极限偏差。

$$\text{ES}_0 = \frac{\text{ES}_1}{2} + \text{ES}_3 - \frac{\text{EI}_2}{2} = -0.02\text{mm} + 0.01\text{mm} - 0 = -0.01\text{mm}$$

$$\text{EI}_0 = \frac{\text{EI}_1}{2} + \text{EI}_3 - \frac{\text{ES}_2}{2} = -0.06\text{mm} - 0.01\text{mm} - 0.03\text{mm} = -0.10\text{mm}$$

所以，壁厚 $A_0 = 5^{-0.01}_{-0.10}$mm。

三、设计计算

设计计算是根据封闭环的极限尺寸和组成环的公称尺寸确定各组成环的公差和极限偏差，最后再进行校核计算。

在具体分配各组成环的公差时，可采用"等公差法"或"等精度法"。

当各环的公称尺寸相差不大时，可将封闭环的公差平均分配给各组成环。如果需要，可在此基础上进行必要的调整。这种方法称为"等公差法"，即

$$T_i = \frac{T_0}{m} \tag{7-7}$$

在实际工作中，各组成环的公称尺寸一般相差较大，按"等公差法"分配公差，从加工工艺上讲不合理。为此，可采用"等精度法"。

所谓"等精度法"就是各组成环公差等级相同，即各环公差等级系数相等，设其值均为 a，则

$$a_1 = a_2 = a_3 = \cdots = a_m = a \tag{7-8}$$

按 GB/T 1800.1—2009 规定，在 IT5~IT18 公差等级内，标准公差的计算式为 $T = ai$，其中 i 为标准公差因子，如第三章所述，在常用尺寸段内 $i = 0.45\sqrt[3]{D} + 0.001D$。为应用方便，将公差等级系数 a 的数值和标准公差因子 i 的数值列于表 7-1 和表 7-2 中。

表 7-1　公差等级系数 a 的数值

公差等级	IT6	IT7	IT8	IT9	IT10	IT11	IT12	IT13	IT14	IT15	IT16	IT17	IT18
a	10	16	25	40	64	100	160	250	400	640	1000	1600	2500

表 7-2　标准公差因子 i 的数值

尺寸段 D/mm	1~3	>3~6	>6~10	>10~18	>18~30	>30~50	>50~80	>80~120	>120~180	>180~250	>250~315	>315~400	>400~500
i/μm	0.54	0.73	0.90	1.08	1.31	1.56	1.86	2.17	2.52	2.90	3.23	3.54	3.89

由式（7-6）可得

$$a = \frac{T_0}{\sum\limits_{k=1}^{m} i_k} \tag{7-9}$$

计算出 a 后，按标准查取与之相近的公差等级系数，进而查表确定各组成环的公差。

各组成环的极限偏差确定方法是先留一个组成环作为调整环，其余各组成环的极限偏差按"入体原则"确定，即内尺寸要素的下极限偏差为 0，外尺寸要素的上极限偏差为 0，非尺寸要素的公差带取对称分布。

进行公差设计计算时，必须进行校核，以保证设计的正确性。

例 7-3　如图 7-7a 所示齿轮箱，根据使用要求，应保证间隙 A_0 在 1~1.75mm 之间。已知各零件的公称尺寸为（单位为 mm）：$A_1 = 140$，$A_2 = A_5 = 5$，$A_3 = 101$，$A_4 = 50$。用"等精度法"确定各环的极限偏差。

解　1）由于间隙 A_0 是装配后得到的，故为封闭环，尺寸链线图如图 7-7b 所示，其中 A_3、A_4 为增环，A_1、A_2 和 A_5 为减环。

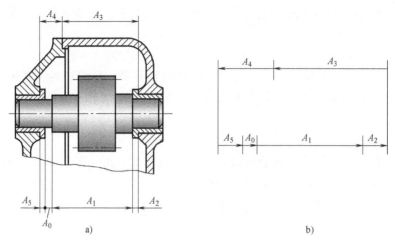

图 7-7　齿轮箱部件尺寸链

2）计算封闭环的公称尺寸。

$$A_0 = (A_3 + A_4) - (A_1 + A_2 + A_5)$$
$$= (101 + 50)\text{mm} - (140 + 5 + 5)\text{mm} = 1\text{mm}$$

故得封闭环的尺寸为 $1^{+0.75}_{0}$mm，$T_0 = 0.75$mm。

3）确定各组成环的公差。由表 7-2 查出各组成环的公差因子：$i_1 = 2.52$；$i_2 = i_5 = 0.73$；$i_3 = 2.17$；$i_4 = 1.56$。

按式（7-9）计算各组成环相同的公差等级系数

$$a = \frac{T_0}{\sum\limits_{k=1}^{5} i_k} = \frac{750\mu\text{m}}{(2.52 + 0.73 + 2.17 + 1.56 + 0.73)\mu\text{m}} = 97.3$$

查表 7-1 可知，a 在 IT10 与 IT11 级之间，接近 IT11 级。

由于箱体零件和轴的尺寸与衬套尺寸相比较加工困难些，因此初步决定 A_1、A_3 和 A_4 为 IT11 级，而 A_2 和 A_5 为 IT10 级。

查标准公差数值表，得各组成环的公差为：$T_1 = 0.25$mm，$T_2 = T_5 = 0.048$mm，$T_3 = 0.22$mm，$T_4 = 0.16$mm。

校核封闭环公差

$$T_0 = T_1 + T_2 + T_3 + T_4 + T_5 = 0.726\text{mm} < 0.75\text{mm}$$

所以上述按 IT10 和 IT11 级分配相应的组成环公差是合适的。

4）确定各组成环的极限偏差。确定 A_4 为调整环。根据"入体原则"，由于 A_1、A_2、A_5 为轴的尺寸，故取其上极限偏差为 0，即 $A_1 = 140^{\ 0}_{-0.25}$mm，$A_2 = A_5 = 5^{\ 0}_{-0.048}$mm。$A_3$ 为非尺寸要素，取其公差带对称分布，即 $A_3 = (101 \pm 0.11)$mm。关于 A_4，根据式（7-5）有

$$0\text{mm} = (-0.11\text{mm} + \text{EI}_4) - (0 + 0 + 0)\text{mm}$$

因此 $EI_4 = +0.11mm$。

又由于 $T_4 = 0.16mm$，故 $ES_4 = +0.27mm$。

最后结果为

$$A_1 = 140^{\ 0}_{-0.25}mm \qquad A_2 = 5^{\ 0}_{-0.048}mm \qquad A_3 = (101 \pm 0.11)mm$$

$$A_4 = 50^{+0.27}_{+0.11}mm \qquad A_5 = 5^{\ 0}_{-0.048}mm \qquad A_0 = 1^{+0.726}_{\ 0}mm$$

第四节　用大数互换法解尺寸链

一、基本公式

封闭环的公称尺寸计算公式与式（7-1）相同。

1. 封闭环的公差

根据概率论关于独立随机变量合成规则，各组成环（独立随机变量）的标准偏差 σ_i 与封闭环的标准偏差 σ_0 的关系为

$$\sigma_0 = \sqrt{\sum_{i=1}^{m} \sigma_i^2} \tag{7-10}$$

如果组成环的实际尺寸都按正态分布，且分布范围与公差带宽度一致，分布中心与公差带中心重合（图 7-8），则封闭环的尺寸也按正态分布，各环公差与标准偏差的关系为

$$T_0 = 6\sigma_0 \qquad T_i = 6\sigma_i$$

将此关系代入式（7-10）得

$$T_0 = \sqrt{\sum_{i=1}^{m} T_i^2} \tag{7-11}$$

即封闭环的公差等于所有组成环公差的平方和开方。

当各组成环为不同于正态分布的其他分布时，应当引入一个相对分布系数 K，即

$$T_0 = \sqrt{\sum_{i=1}^{m} K_i^2 T_i^2} \tag{7-12}$$

不同形式的分布，K 的值也不同。如正态分布时，$K = 1$；偏态分布时，$K = 1.17$ 等。

2. 封闭环的中间偏差和极限偏差

由图 7-8 可见，中间偏差 Δ 为上极限偏差与下极限偏差的算术平均值，即

$$\Delta_0 = \frac{1}{2}(ES_0 + EI_0) \tag{7-13}$$

$$\Delta_i = \frac{1}{2}(ES_i + EI_i) \tag{7-14}$$

将式（7-2）与式（7-3）相加除以 2，可得封闭环的中

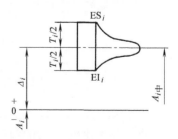

图 7-8　组成环按正态规律分布

间尺寸 $A_{0中}$ 为

$$A_{0中} = \sum_{i=1}^{n} A_{i中} - \sum_{i=n+1}^{m} A_{i中} \qquad (7\text{-}15)$$

即封闭环的中间尺寸等于所有增环的中间尺寸之和减去所有减环中间尺寸之和。

式（7-15）减去式（7-1）得到封闭环的中间偏差 Δ_0 为

$$\Delta_0 = \sum_{i=1}^{n} \Delta_i - \sum_{i=n+1}^{m} \Delta_i \qquad (7\text{-}16)$$

即封闭环的中间偏差等于所有增环的中间偏差之和减去所有减环的中间偏差之和。中间偏差、极限偏差和公差的关系为

$$ES = \Delta + \frac{T}{2} \qquad (7\text{-}17)$$

$$EI = \Delta - \frac{T}{2} \qquad (7\text{-}18)$$

式（7-13）~式（7-18）也可以用于完全互换法。

用大数互换法计算尺寸链的步骤与完全互换法相同，只是某些计算公式不同。

二、校核计算

例 7-4　用大数互换法解例 7-1。假设各组成环按正态分布，且分布范围与公差带宽度一致，分布中心与公差带中心重合。

解　步骤 1）和 2）与例 7-1 同。

3）计算封闭环公差。

$$T_0 = \sqrt{\sum_{i=1}^{5} T_i^2} = \sqrt{0.13^2 + 0.075^2 + 0.16^2 + 0.04^2 + 0.075^2}\,\text{mm} \approx 0.235\text{mm} <$$

0.35mm，符合要求。

4）计算封闭环的中间偏差。因为

$$\Delta_1 = -0.065\text{mm}, \quad \Delta_2 = \Delta_5 = -0.0375\text{mm}, \quad \Delta_3 = +0.10\text{mm}, \quad \Delta_4 = -0.02\text{mm}$$

所以

$$\Delta_0 = \Delta_3 - (\Delta_1 + \Delta_2 + \Delta_4 + \Delta_5)$$
$$= +0.10\text{mm} - (-0.065 - 0.0375 - 0.02 - 0.0375)\,\text{mm} = +0.26\text{mm}$$

5）计算封闭环的极限偏差。

$$ES_0 = \Delta_0 + \frac{T_0}{2} = +0.26\text{mm} + \frac{0.235}{2}\text{mm} \approx +0.378\text{mm}$$

$$EI_0 = \Delta_0 - \frac{T_0}{2} = +0.26\text{mm} - \frac{0.235}{2}\text{mm} \approx +0.143\text{mm}$$

校核结果表明，封闭环的上、下极限偏差满足间隙为 $0.1 \sim 0.45\text{mm}$ 的要求。

与例 7-1 比较，在组成环公差一定的情况下，用大数互换法计算尺寸链，使封闭环的公差范围更窄。

三、设计计算

用大数互换法解尺寸链的设计计算和完全互换法在目的、方法和步骤等方面基本相同。它的目的仍是如何把封闭环的公差分配到各组成环上；方法也有"等公差法"和"等精度法"，只是由于封闭环的公差 $T_0 = \sqrt{\sum_{i=1}^{m} T_i^2}$，所以在采用"等公差法"时，各组成环的公差

$$T_i = \frac{T_0}{\sqrt{m}} \tag{7-19}$$

采用"等精度法"时，各组成环的公差等级系数

$$a = \frac{T_0}{\sqrt{\sum_{k=1}^{m} i_k^2}} \tag{7-20}$$

例 7-5　用大数互换法中的"等精度法"解例 7-3。同样假设各组成环按正态分布，且分布范围与公差带宽度一致，分布中心与公差带中心重合。

解　步骤 1)、2) 与例 7-3 同。

3) 计算各环的公差。各组成环相同的公差等级系数

$$a = \frac{T_0}{\sqrt{\sum_{k=1}^{5} i_k^2}} = \frac{750\mu m}{\sqrt{2.52^2 + 0.73^2 + 2.17^2 + 1.56^2 + 0.73^2}\,\mu m} = 196$$

查表 7-1 可知，$a = 196$ 在 IT12 ~ IT13 之间。

取 A_3 为 IT13 级，其余为 IT12 级，即

$$T_1 = 0.40\text{mm}，T_2 = T_5 = 0.12\text{mm}，T_3 = 0.54\text{mm}，T_4 = 0.25\text{mm}$$

校核封闭环的公差

$$T_0 = \sqrt{0.40^2 + 0.12^2 + 0.54^2 + 0.25^2 + 0.12^2}\text{mm} = 0.737\text{mm} < 0.75\text{mm}，$$符合要求。

故封闭环为 $1^{+0.737}_{0}$mm。

4) 确定各组成环的极限偏差。除把 A_4 作为调整环外，其余各环按"入体原则"确定极限偏差，即

$$A_1 = 140^{0}_{-0.40}\text{mm}，A_2 = 5^{0}_{-0.12}\text{mm}，A_3 = (101 \pm 0.27)\text{mm}，A_5 = 5^{0}_{-0.12}\text{mm}$$

各环的中间偏差为

$$\Delta_1 = -0.20\text{mm}，\Delta_2 = \Delta_5 = -0.06\text{mm}，\Delta_3 = 0，\Delta_0 = +0.369\text{mm}$$

因为

$$\Delta_0 = (\Delta_3 + \Delta_4) - (\Delta_1 + \Delta_2 + \Delta_5)$$

所以

$$\Delta_4 = \Delta_0 + \Delta_1 + \Delta_2 + \Delta_5 - \Delta_3 = (0.369 - 0.20 - 0.06 - 0.06 - 0)\text{mm} = +0.049\text{mm}$$

$$ES_4 = \Delta_4 + \frac{T_4}{2} = +0.049\text{mm} + \frac{0.25}{2}\text{mm} = +0.174\text{mm}$$

$$EI_4 = \Delta_4 - \frac{T_4}{2} = +0.049\text{mm} - \frac{0.25}{2}\text{mm} = -0.076\text{mm}$$

最后结果为

$A_1 = 140_{-0.40}^{0}\text{mm}$，$A_2 = A_5 = 5_{-0.12}^{0}\text{mm}$，$A_3 = (101 \pm 0.27)\text{mm}$，$A_4 = 50_{-0.076}^{+0.174}\text{mm}$

与例 7-3 比较，当封闭环的公差一定时，用大数互换法解尺寸链各组成环的公差等级可降低 1~2 级，降低了加工成本，而实际出现不合格件的可能性很小，可以获得明显的经济效益。

第五节　用其他方法解装配尺寸链

一、分组互换法

分组互换法是把组成环的公差扩大 N 倍，使之达到经济加工精度要求，然后按完工后零件实际尺寸分成 N 组，装配时根据大配大、小配小的原则，按对应组进行装配，以满足封闭环要求。

例如：设公称尺寸为 $\phi18\text{mm}$ 的孔、轴配合间隙要求为 $x = 3 \sim 8\mu\text{m}$，这意味着封闭环的公差 $T_0 = 5\mu\text{m}$，若按完全互换法，则孔、轴的制造公差只能为 $2.5\mu\text{m}$。

若采用分组互换法，将孔、轴的制造公差扩大四倍，公差为 $10\mu\text{m}$，将完工后的孔、轴按实际尺寸分为四组，按对应组进行装配，各组的最大间隙均为 $8\mu\text{m}$，最小间隙为 $3\mu\text{m}$，故能满足要求（图 7-9）。

采用分组互换法给组成环分配公差时，为了保证装配后各组的配合性质一致，其增环公差值应等于减环公差值。

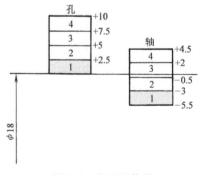

图 7-9　分组互换法

分组互换法的优点是既可扩大零件的制造公差，又能保证高的装配精度。它的主要缺点是增加了检测费用；仅组内零件可以互换；由于零件尺寸分布不均匀，可能在某些组内剩下多余零件，造成浪费。

分组互换法一般宜用于大批量生产中的高精度、零件形状简单易测、环数少的尺寸链。另外，由于分组后零件的几何误差不会减小，这就限制了分组数，一般为 2~4 组。

二、修配法

修配法是根据零件加工的可能性，对各组成环规定经济可行的制造公差，装配时，通过修配方法改变尺寸链中预先规定的某组成环的尺寸（该环称为补偿环），以满足装配精度要求。

如图 7-4a 所示，将 A_1、A_2 和 A_3 的公差放大到经济可行的程度，为保证主轴和尾座等高性能的要求，选面积最小、重量最轻的底板 A_2 为补偿环，装配时通过对 A_2 环的辅助加工（如铲、刮等）切除少量材料，以抵偿封闭环上产生的累积误差，直到满足 A_0 要求为止。

补偿环切莫选择各尺寸链的公共环，以免因修配而影响其他尺寸链的封闭环精度。

装配前补偿环需预留修配余量 T_k，则

$$T_k = \sum_{i=1}^{m} T_i - T_0 \tag{7-21}$$

式中　T_i——按经济加工精度给定的第 i 个组成环的公差值。

修配法的优点是既扩大了组成环的制造公差，又能得到较高的装配精度。它的主要缺点是增加了修配工作量和费用；修配后各组成环失去互换性；不易组织流水生产。

修配法常用于批量不大、环数较多、精度要求高的尺寸链。

三、调整法

调整法是将尺寸链各组成环按经济公差制造，由于组成环尺寸公差放大而使封闭环上产生的累积误差，可在装配时采用调整补偿环的尺寸或位置来补偿。

常用的补偿环可分为两种。

（1）固定补偿环　在尺寸链中选择一个合适的组成环作为补偿环（如垫片、垫圈或轴套等）。补偿环可根据需要按尺寸大小分为若干组，装配时，从合适的尺寸组中取一补偿环，装入尺寸链中预定的位置，使封闭环达到规定的技术要求。如图7-10所示，两固定补偿环用于使锥齿轮处于正确的啮合位置。装配时，根据所测的实际间隙选择合适的调整垫片用作补偿环，使间隙达到要求。

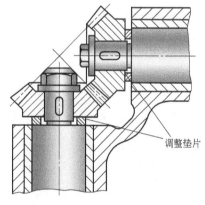

图 7-10　固定补偿环

（2）可动补偿环　装配时调整可动补偿环的位置以达到封闭环的精度要求。这种补偿环在机械设计中应用很广，结构形式很多，如机床中常用的镶条、调节螺旋副等。如图7-11所示，用螺钉调整镶条位置以保证所需间隙。

调整法的主要优点是：加大了组成环的制造公差，使制造容易，同时可得到很高的装配精度；装配时不需修配；使用过程中可以调整补偿环的位置或更换补偿环，以恢复机器原有精度。它的主要缺点是有时需要额外增加尺寸链零件数（补偿环），使结构复杂，增加了制造费用，降低了结构的刚性。

调整法主要应用在封闭环精度要求高、组成环数目较多的尺寸链，尤其是对使用过程中组成环的尺寸可能由于磨损、温度变化或受力变形等原因而产生较大变化的尺寸链，调整法具有独到

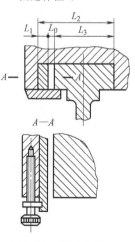

图 7-11　可动补偿环

的优越性。

调整法和修配法的精度在一定程度上取决于工人的技术水平。

▶ 小结

本章主要介绍了尺寸链的概念以及根据零件图或装配图正确绘制尺寸链、正确识别尺寸链中的各环、计算尺寸链（包括正计算、反计算）等。尺寸链是由一些有关联的尺寸构成的封闭尺寸组。尺寸链的环有封闭环和组成环之分。在建立尺寸链时，首先确定封闭环，然后查找对封闭环有影响的组成环。建立尺寸链之后计算尺寸链之前，要判断增环与减环。判断方法：从封闭环开始，沿一确定的方向（逆时针或者顺时针）用单箭头的线段依次表示各环，箭头方向与封闭环相同的为减环，相反的为增环。按计算尺寸链的目的不同，有正计算、反计算和中间计算三种情况。无论哪种情况，都是先建立尺寸链，再运用封闭环与组成环之间的基本公式进行计算。在反计算时，需根据封闭环公差分配各组成环公差，最好采用"等精度法"。只有各环公称尺寸相近时，"等公差法"才适用。完全互换法（极值法）和大数互换法（概率法）计算尺寸链的步骤相同，只是它们的公差、极限尺寸、极限偏差的计算公式不同。

习　题

7-1　什么叫尺寸链？它有何特点？

7-2　如何确定尺寸链的封闭环？能不能说尺寸链中未知的环就是封闭环？

7-3　计算尺寸链主要为解决哪几类问题？

7-4　完全互换法、大数互换法、分组互换法、修配法和调整法各有何特点？各适用于何种场合？

7-5　有一孔、轴配合，装配前孔和轴均需镀铬，镀层厚度均为（10 ± 2）μm，镀后应满足 $\phi30H8/f7$ 的配合，问孔和轴在镀前尺寸应是多少？（用完全互换法）

7-6　如图7-12所示的曲轴部件，经调试运转，发现有的曲轴肩与轴承衬套端面有划伤现象。按设计要求 $A_0=0.1\sim0.2mm$，而 $A_1=150^{+0.018}_{0}mm$，$A_2=A_3=75^{-0.02}_{-0.08}mm$。试验算图样给定零件尺寸的极限偏差是否合理？

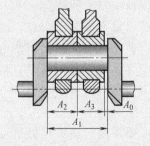

图 7-12　习题 7-6 图

7-7 对例 7-1 中的 A_1 和 A_3 尺寸进行调整，使间隙为 $0.1 \sim 0.45\text{mm}$ 的要求用完全互换法能得到满足。

7-8 如图 7-13 所示的链轮部件及其支架，要求装配后轴向间隙 $A_0 = 0.2 \sim 0.5\text{mm}$，试按大数互换法决定各零件有关尺寸的公差与极限偏差。

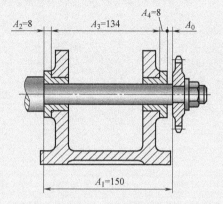

图 7-13 习题 7-8 图

7-9 图 7-14 所示为锥齿轮减速器装配图的一部分（小齿轮套环结构），轴承盖的左端与右轴承的右端面间应保证一定的轴向间隙。试找出该间隙和对该间隙有直接影响的全部尺寸连接成封闭的尺寸组，并画出尺寸链线图，判别封闭环、增环和减环。

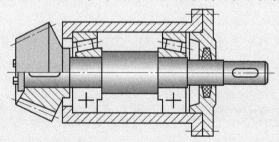

图 7-14 习题 7-9 图

第八章
光滑极限量规设计

> **导读**

　　光滑极限量规是一种专用量具，其结构简单，使用方便，检验效率高，生产中应用广泛。通过本章学习，读者应了解光滑极限量规的作用、种类；掌握工作量规公差带的分布特点；理解泰勒原则的含义，了解符合泰勒原则的量规应具有的要求、当量规偏离泰勒原则时应采取的措施；掌握工作量规的设计方法。

　　本章内容主要涉及的标准是：GB/T 1957—2006《光滑极限量规　技术条件》、GB/T 10920—2008《螺纹量规和光滑极限量规　型式与尺寸》。

第一节　概述

　　光滑极限量规是一种没有刻度的专用检验工具。用光滑极限量规检验工件时，只能判断工件是否在规定的极限尺寸范围内，而不能测出工件实际尺寸和几何误差的数值。光滑极限量规结构简单，使用方便、可靠，检验效率高，在大批量生产中得到广泛应用。

　　零件图样上被测要素的尺寸公差和几何公差按独立原则标注时，一般使用通用计量器具分别测量。当单一要素的孔和轴采用包容要求标注时，则应使用光滑极限量规（简称为量规）来检验，把尺寸误差和形状误差都控制在尺寸公差范围内。检验孔的量规称为塞规，检验轴的量规称为环规或卡规。量规有通规和止规，如图8-1所示，应成对使用。通规用来模拟最大实体边界，检验孔或轴的实际轮廓是否超越该理想边界。止规用来检验孔或轴的实际尺寸是否超越最小实体边界。

　　用量规检验工件时，只要通规通过，止规不通过，就说明工件是合格的。

　　量规按用途可分为：

　　（1）工作量规　工作量规是指在工件制造过程中操作者检验工件时所使用的量规。

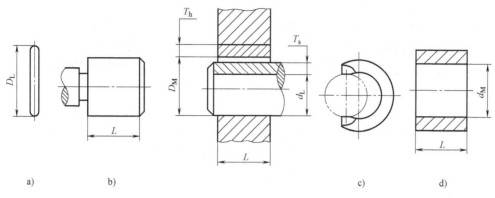

a) b) c) d)

图 8-1　光滑极限量规（简称为量规）

a)、c)　止规　b)、d)　通规

通规用代号 T 表示，止规用代号 Z 表示。

（2）验收量规　验收量规是指在验收工件时检验人员或用户代表所使用的量规。验收量规一般不需要另行制造。验收量规的通规是从磨损较多，但未超过磨损极限的工作量规通规中挑选出来的；验收量规的止规应接近工件最小实体尺寸。这样，由操作者用工作量规自检合格的工件，检验人员用验收量规验收时也一定合格。

（3）校对量规　校对量规是指用以检验工作量规的量规。孔用工作量规使用通用计量器具测量很方便，不需要校对量规，只有轴用工作量规才使用校对量规。

校对量规可分为以下三大类。

校通-通（TT）是检验轴用工作量规中的通规的校对量规。校对时应通过，否则通规不合格。

校止-通（ZT）是检验轴用工作量规中的止规的校对量规。校对时应通过，否则止规不合格。

校通-损（TS）是检验轴用工作量规中的通规是否达到磨损极限的校对量规。校对时不通过，否则说明该通规已达到或超过磨损极限，不应再使用。

第二节　量规设计原则

一、泰勒原则

设计光滑极限量规时应遵守泰勒原则（极限尺寸判断原则）的规定。泰勒原则是指遵守包容要求的单一尺寸要素（孔或轴）的实际尺寸和形状误差综合形成的体外作用尺寸不允许超越最大实体尺寸，在孔或轴的任何位置上的实际尺寸不允许超越最小实体尺寸。

符合泰勒原则的量规如下。

（1）量规尺寸要求　通规的尺寸理论上应等于工件的最大实体尺寸（MMS）；止规的

尺寸理论上应等于工件的最小实体尺寸（LMS）。

（2）量规形状要求 通规用来控制工件的体外作用尺寸，它的测量面应是与孔或轴形状相对应的完整表面，且测量长度等于配合长度。因此通规常称为全形量规。止规用来控制工件的实际尺寸，它的测量面应是点状的，止规表面与被测件是点接触。

用符合泰勒原则的量规检验工件，若通规能通过，而止规不能通过，就表示工件合格，否则不合格。如图 8-2 所示，孔的实际轮廓已超出尺寸公差带，应认定为废品。用全形通规检验时，不能通过；用两点状止规检验，沿 x 方向不能通过，但沿 y 方向却能通过。于是，该孔被判断为废品。若用两点状通规检验，则可能沿 y 方向通过；用全形止规检验，则不能通过。这样因量规形状不正确，有可能把该孔误判为合格品。

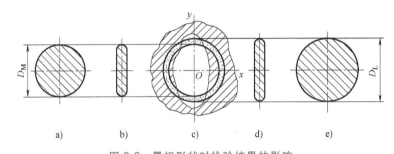

图 8-2　量规形状对检验结果的影响

a）全形通规　b）两点状通规　c）工件　d）两点状止规　e）全形止规

在量规的实际应用中，由于量规制造和使用方面的原因，要求量规形状完全符合泰勒原则是有困难的。因此标准中规定，允许在被检验工件的形状误差不影响配合性质的条件下，可使用偏离泰勒原则的量规。例如：量规厂供应的标准通规的长度，常不等于工件的配合长度。对大尺寸的孔和轴通常用非全形的塞规（或杆规）和卡规检验，以替代笨重的全形通规。曲轴的直径无法用全形环规检验，只能用卡规检验。对于止规，由于测量时点接触容易磨损，故止规不得不采用小平面、圆柱面或球面代替。检验小孔用的止规，为制造方便和增加刚度，常采用全形塞规。检验薄壁工件时，为防止两点状止规引起工件变形，也采用全形止规。

为了尽量避免在使用偏离泰勒原则的量规检验时造成的误判，操作时一定要注意。例如：使用非全形的通端塞规时，应在被检验孔的全长上沿圆周的几个位置上检验；使用卡规时，应在被检验轴的配合长度内的几个部位并围绕被检验轴圆周的几个位置上检验。

二、量规公差带

量规是专用量具，其制造精度要求比被检验工件更高。但不可能将量规工作尺寸正好加工到某一规定值。故对量规工作尺寸也要规定制造公差。

通规在使用过程中会逐渐磨损，为使通规具有一定的寿命，需要留出适当的磨损储量，规定磨损极限。至于止规，由于它不通过工件，则不需要留磨损储量。校对量规也不留磨损储量。

1. 工作量规的公差带

GB/T 1957—2006 规定，量规的公差带不得超越工件的公差带。工作量规的尺寸公差 T_1 与被检验工件的公差等级和公称尺寸有关，见表 8-1，其公差带分布如图 8-3 所示。通规尺寸公差带的中心到工件最大实体尺寸之间的距离 Z_1（位置要素）体现了平均使用寿命。通规的磨损极限尺寸就是零件的最大实体尺寸。

量规公差带采用图 8-3 所示布置方式，其特点是：量规的公差带全部位于被检验工件公差带内，能有效地保证产品的质量与互换性，但有时会把一些合格的工件检验成不合格品，实质上缩小了工件生产公差范围。

表 8-1　光滑极限量规的尺寸公差 T_1 和通规尺寸公差带的中心到工件最大实体尺寸之间的距离 Z_1 值（摘自 GB/T 1957—2006）　　　　　　　（单位：μm）

工件公称尺寸/mm	IT6			IT7			IT8			IT9			IT10			IT11			IT12		
	IT6	T_1	Z_1	IT7	T_1	Z_1	IT8	T_1	Z_1	IT9	T_1	Z_1	IT10	T_1	Z_1	IT11	T_1	Z_1	IT12	T_1	Z_1
≤3	6	1.0	1.0	10	1.2	1.6	14	1.6	2.0	25	2.0	3	40	2.4	4	60	3	6	100	4	9
>3~6	8	1.2	1.4	12	1.4	2	18	2	2.6	30	2.4	4	48	3	5	75	4	8	120	5	11
>6~10	9	1.4	1.6	15	1.8	2.4	22	2.4	3.2	36	2.8	5	58	3.6	6	90	5	9	150	6	13
>10~18	11	1.6	2	18	2	2.8	27	2.8	4	43	3.4	6	70	4	8	110	6	11	180	7	15
>18~30	13	2	2.4	21	2.4	3.4	33	3.4	5	52	4	7	84	5	9	130	7	13	210	8	18
>30~50	16	2.4	2.8	25	3	4	39	4	6	62	5	8	100	6	11	160	8	16	250	10	22
>50~80	19	2.8	3.4	30	3.6	4.6	46	4.6	7	74	6	9	120	7	13	190	9	19	300	12	26
>80~120	22	3.2	3.8	35	4.2	5.4	54	5.4	7	87	7	10	140	8	15	220	10	22	350	14	30

2. 校对量规的公差带

如前所述，只有轴用量规才有校对量规。校对量规的公差带如图 8-3b 所示。

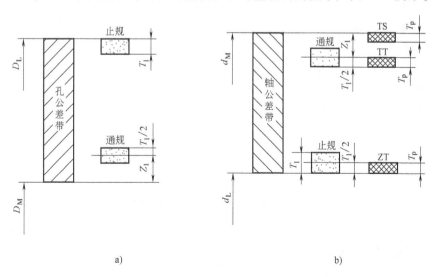

图 8-3　量规公差带分布

a）孔用量规公差带分布　b）轴用量规公差带分布

（1）"校通-通"量规（TT）　其作用是防止轴用通规尺寸过小，其公差带从通规的下极限偏差起，向轴用通规公差带内分布。

（2）"校止-通"量规（ZT） 其作用是防止轴用止规尺寸过小，其公差带从止规的下极限偏差起，向轴用止规公差带内分布。

（3）"校通-损"量规（TS） 其作用是防止轴用通规在使用过程中超过磨损极限，其公差带从通规的磨损极限起，向被检验工件公差带内分布。

校对量规的尺寸公差 T_p 为工作量规尺寸公差 T_1 的一半，校对量规的形状误差应控制在其尺寸公差带内。

第三节 工作量规设计

工作量规的设计步骤一般如下。

1）根据被检工件的尺寸大小和结构特点等因素选择量规的结构形式。

2）根据被检工件的公称尺寸和公差等级查出量规的位置要素 Z_1 和尺寸公差 T_1，画量规公差带图，计算量规工作尺寸的上、下极限偏差。

3）查出量规的结构尺寸，画量规的工作图，标注尺寸及技术要求。

一、量规的结构形式

光滑极限量规的结构形式很多，图 8-4 和图 8-5 分别给出了几种常见的轴用和孔用量规的结构形式，表 8-2 列出了量规型式适用的尺寸范围，供设计时选用，其具体尺寸可参见 GB/T 10920—2008《螺纹量规和光滑极限量规 型式与尺寸》。

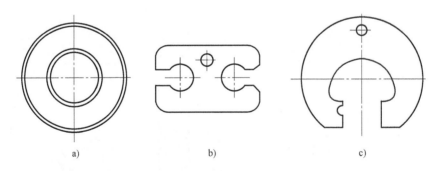

a)   b)   c)

图 8-4 轴用量规的结构形式

a）圆柱环规 b）双头卡规 c）单头双极限圆形片状卡规

二、量规的技术要求

1. 量规材料

量规测量面的材料，可用渗碳钢、碳素工具钢、合金工具钢及其他耐磨材料（如硬质合金）等。钢制量规测量面硬度不应小于 60HRC。

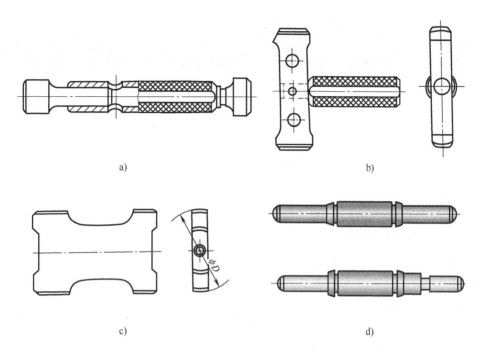

图 8-5　孔用量规的结构形式

a）锥柄圆柱双头塞规　b）单头非全形塞规　c）片形塞规　d）球端杆规

表 8-2　量规型式适用的尺寸范围（摘自 GB/T 1957—2006）

用　　途	推荐顺序	量规的工作尺寸/mm			
		~18	>18~100	>100~315	>315~500
孔用通规	1	全形塞规		非全形塞规	球端杆规
	2	—	非全形塞规或片形塞规	片形塞规	—
孔用止规	1	全形塞规	全形塞规或片形塞规		球端杆规
	2	—	非全形塞规		—
轴用通规	1	环规		卡规	
	2	卡规		—	
轴用止规	1	卡规			
	2	环规	—		

2. 几何公差

量规的几何公差应控制在尺寸公差带内，其几何公差一般为量规尺寸公差的 50%。考虑到制造和测量的困难，当量规的尺寸公差小于 0.002mm 时，其几何公差仍取 0.001mm。

3. 表面粗糙度

量规测量面的表面粗糙度参数 Ra 的上限值按表 8-3 选取。校对量规测量面的表面粗糙度参数比工作量规更小。

表 8-3　量规测量面的表面粗糙度参数 Ra 的上限值/μm（摘自 GB/T 1957—2006）

工 作 量 规	工作量规的公称尺寸/mm		
	≤120	>120~315	>315~500
IT6 级孔用量规	0.05	0.10	0.20
IT6~IT9 级轴用量规 IT7~IT9 级孔用量规	0.10	0.20	0.40
IT10~IT12 级孔、轴用量规	0.20	0.40	0.80
IT13~IT16 级孔、轴用量规	0.40	0.80	0.80

三、量规设计举例

例 8-1　设计检验 $\phi30H8$（$^{+0.033}_{0}$）Ⓔ 和 $\phi30f7$（$^{-0.020}_{-0.041}$）Ⓔ 的工作量规。

解　1）选择量规的型式分别为锥柄圆柱双头塞规和单头双极限圆形片状卡规。

2）由表 8-1 查出孔用和轴用工作量规的尺寸公差 T_1 和位置要素 Z_1。

塞规：$T_1 = 3.4\mu m$，$Z_1 = 5\mu m$

卡规：$T_1 = 2.4\mu m$，$Z_1 = 3.4\mu m$

画出工作量规的公差带图，如图 8-6 所示。

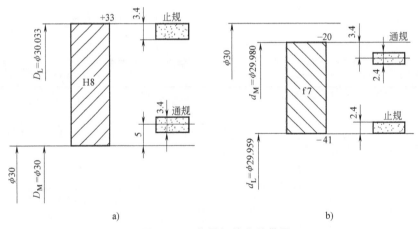

a)　　　　　　　　　　　　　　　b)

图 8-6　工作量规的公差带图

3）计算量规的极限偏差。

① 塞规通端。

$$上极限偏差 = EI + Z_1 + T_1/2 = \left(0 + 0.005 + \frac{0.0034}{2}\right) mm = +0.0067mm$$

$$下极限偏差 = EI + Z_1 - T_1/2 = \left(0 + 0.005 - \frac{0.0034}{2}\right) mm = +0.0033mm$$

所以，塞规通端尺寸为 $\phi30^{+0.0067}_{+0.0033}mm$。也可按工艺尺寸标注为 $\phi30.0067^{0}_{-0.0034}mm$，其磨损极限尺寸为 $\phi30mm$。

② 塞规止端。

$$上极限偏差 = ES = +0.033mm$$

$$下极限偏差 = ES - T_1 = 0.033mm - 0.0034mm = +0.0296mm$$

所以，塞规止端的尺寸为 $\phi 30^{+0.033}_{+0.0296}mm$，也可按工艺尺寸标注为 $\phi 30.033^{0}_{-0.0034}mm$。

③ 卡规通端。

$$上极限偏差 = es - Z_1 + T_1/2 = \left(-0.020 - 0.0034 + \frac{0.0024}{2}\right)mm = -0.0222mm$$

$$下极限偏差 = es - Z_1 - T_1/2 = \left(-0.020 - 0.0034 - \frac{0.0024}{2}\right)mm = -0.0246mm$$

所以，卡规通端尺寸为 $30^{-0.0222}_{-0.0246}mm$，也可按工艺尺寸标注为 $29.9754^{+0.0024}_{0}mm$，其磨损极限尺寸为 29.980mm。

④ 卡规止端。

$$上极限偏差 = ei + T_1 = -0.041mm + 0.0024mm = -0.0386mm$$

$$下极限偏差 = ei = -0.041mm$$

所以，卡规止端尺寸 $30^{-0.0386}_{-0.0410}mm$，也可按工艺尺寸标注为 $29.959^{+0.0024}_{0}mm$。

检验 $\phi 30H8\text{Ⓔ}$ 和 $\phi 30f7\text{Ⓔ}$ 的工作量规简图如图 8-7 和图 8-8 所示。检验 $\phi 30f7\text{Ⓔ}$ 的工作量规的工作图如图 11-10 所示。

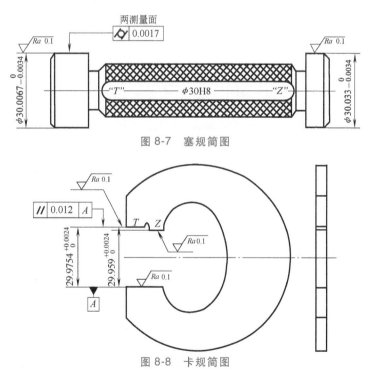

图 8-7 塞规简图

图 8-8 卡规简图

> ▶ **小结**

本章主要依据 GB/T 1957—2006《光滑极限量规 技术条件》、GB/T 10920—2008

《螺纹量规和光滑极限量规 型式与尺寸》，介绍了光滑极限量规的型式、公差和使用等。工作量规用于检验遵守包容要求的工件。检验工件时，通规和止规应成对使用：如果通规通过并且止规止住，则被检验工件合格；否则不合格。设计工作量规时应遵守泰勒原则。符合泰勒原则的工作量规，通规控制工件的体外作用尺寸，而止规控制工件的局部实际尺寸。通规按工件最大实体尺寸制造，其测量面为全形；止规按工件最小实体尺寸制造，其测量面应是点状。工作量规的主要设计内容是：①画量规公差带图，计算确定量规测量面的工作尺寸；②选择量规的结构型式并查表确定有关尺寸，绘制量规结构图；③确定量规的材料、工作面硬度、几何精度等技术要求，完成量规工作图。

习 题

8-1 试述光滑极限量规的作用和分类。

8-2 孔用、轴用工作量规的公差带是如何布置的？其特点是什么？

8-3 光滑极限量规的设计原则是什么？说明其含义。

8-4 试计算遵守包容要求的 $\phi40H7/n6$ 配合的孔、轴工作量规的工作尺寸。

8-5 试计算 $\phi25K7Ⓔ$ 的工作量规的工作尺寸。

第九章
常用结合件公差与检测

▶ 导读

　　单键、花键、螺纹及滚动轴承是机械产品中几种常用结合件。本章将分别介绍有关平键、花键、普通螺纹和滚动轴承的公差特点及一般检测方法。通过本章学习，读者应掌握平键、矩形花键联接的极限与配合特点、几何公差和表面粗糙度的选用与标注方法；掌握矩形花键联接的定心方式及理由；了解平键与花键联接采用的基准制的理由；了解普通螺纹的使用要求、主要几何参数及其对互换性的影响；理解作用中径的概念和中径合格的判断方法；掌握国家标准有关普通螺纹公差等级和基本偏差的规定，初步掌握普通螺纹极限与配合的选用和正确标注方法；了解平键、矩形花键和螺纹常用的检测方法；掌握滚动轴承内、外径公差带的位置特点，滚动轴承的公差等级及其应用情况；初步掌握与滚动轴承配合的轴、外壳孔的尺寸公差带的选用与标注方法。

　　本章内容涉及的相关标准主要有：GB/T 1095—2003《平键　键槽的剖面尺寸》、GB/T 1144—2001《矩形花键尺寸、公差和检验》、GB/T 192—2003《普通螺纹　基本牙型》、GB/T 196—2003《普通螺纹　基本尺寸》、GB/T 197—2003《普通螺纹　公差》、GB/T 275—2015《滚动轴承　配合》、GB/T 307.1—2005《滚动轴承　向心轴承　公差》、GB/T 307.3—2005《滚动轴承　通用技术规则》、GB/T 307.4—2012《滚动轴承公差　第4部分：推力轴承公差》等。

　　在生产实际中，某些零部件的生产已经规范化和标准化了，但在使用时必须了解它们有关的公差规定及对它们的检测方法，以便有效地掌握它们的性能。

第一节　单键公差与检测

　　单键联接广泛用于轴与轴上传动零件（如齿轮、带轮、手轮等）之间的联接，用以传递转矩或兼作导向。

单键（通常称为键）的类型有平键、半圆键、楔键和切向键几种。应用最广的是平键。这里只讨论平键的公差与检测。

一、平键联接

平键联接通过键的侧面与轴键槽和轮毂键槽的侧面相互接触来传递转矩。键的上表面与轮毂键槽间留有一定的间隙，如图9-1所示。

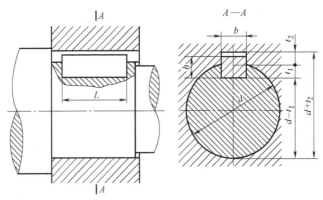

图 9-1　平键联接的几何参数

在图9-1尺寸中，b 为键和键槽（包括轴槽和轮毂槽）宽度，t_1 和 t_2 分别为轴槽和轮毂槽深度，h 为键高度（$t_1+t_2-h=0.2\sim0.5\text{mm}$），$L$ 为键长度，d 为轴和轮毂孔直径。

平键联接时，键、键槽宽度、轴槽深度和轮毂槽深度见表9-1。

表 9-1　平键联接相关尺寸　　　　　（单位：mm）

键	键槽宽度	轴槽深度 t_1		轮毂槽深度 t_2	
公称尺寸 b×h	公称尺寸 b	公称尺寸	极限偏差	公称尺寸	极限偏差
2×2	2	1.2		1	
3×3	3	1.8		1.4	
4×4	4	2.5	+0.1 0	1.8	+0.1 0
5×5	5	3.0		2.3	
6×6	6	3.5		2.8	
8×7	8	4.0		3.3	
10×8	10	5.0		3.3	
12×8	12	5.0	+0.2 0	3.3	+0.2 0
14×9	14	5.5		3.8	
16×10	16	6.0		4.3	

在平键联接中，键宽和键槽宽 b 是配合尺寸，因此，键宽和键槽宽的极限与配合是本节主要研究的问题。

键由型钢制成，是标准件，是平键结合中的"轴"，所以键宽和键槽宽的配合采用基轴制配合。国家标准 GB/T 1095—2003《平键　键槽的剖面尺寸》从 GB/T 1801—2009 中选取公差带，对键宽规定一种公差带；对轴和轮毂的键槽宽各规定三种公差带，构成三种不同性质的配合，以满足各种不同用途的需要。平键联接的配合类型如图 9-2 所示，三组配合的应用场合见表 9-2。

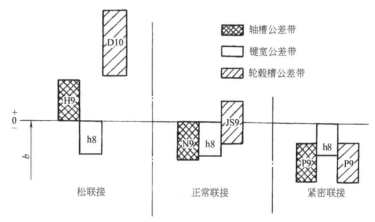

图 9-2　平键联接的配合类型

表 9-2　平键联接的三组配合的应用场合

联接类型	尺寸 b 的公差带			应用场合
	键	轴槽	轮毂槽	
松联接	h8	H9	D10	用于导向平键,轮毂可在轴上移动
正常联接		N9	JS9	键固定在轴槽中和轮毂槽中,用于载荷不大的场合
紧密联接		P9	P9	键牢固地固定在轴槽中和轮毂槽中,用于载荷较大、有冲击和双向转矩的场合

键长的公差带为 h14，轴槽长的公差带为 H14。在非配合尺寸中，矩形截面（$b \neq h$）的键高 h 的公差带为 h11，方形截面（$b = h$）的键高 h 的公差带与 b 相同，为 h8，关于 $d - t_1$ 和 $d + t_2$ 的极限偏差可以通过分析 d 以及 t_1 和 t_2 的极限偏差而确定。

二、平键联接公差配合的选用与标注

根据使用要求和应用场合确定其配合类型。

对于导向平键，应选用松联接。因为在这种配合方式中，由于几何误差的影响，使键（h8）与轴槽（H9）的配合实为不可动联接，而键与轮毂槽（D10）的配合间隙较大，因而轮毂可以在轴上相对移动。

对于承受重载荷、冲击载荷或双向转矩的键联接，应选用紧密联接。因为这时键（h8）与键槽（P9）配合较紧，再加上几何误差的影响，使之结合紧密、可靠。

除了这两种情况，对于承受一般载荷，考虑拆装方便，应选用正常联接。

平键联接选用时，还应考虑其配合表面的几何误差和表面粗糙度的影响。

为保证键侧与键槽之间有足够的接触面积和避免装配困难，应分别规定轴槽和轮毂槽的对称度公差。按 GB/T 1184—1996《形状和位置公差　未注公差值》确定，一般取 7~9 级。以键宽 b 为主参数。

当平键的键长 L 与键宽 b 之比大于或等于 8 时（$L/b \geqslant 8$），应规定键的两工作侧面在长度方向上的平行度要求，这时平行度公差也按 GB/T 1184—1996 中的规定选取：当 $b \leqslant$ 6mm 时，公差等级取 7 级；当 $b \geqslant 8 \sim 36$mm 时，公差等级取 6 级；当 $b \geqslant 40$mm 时，公差等级取 5 级。

键槽配合面的表面粗糙度 Ra 值一般取 1.6~3.2μm，非配合面取 6.3~10μm。

键槽的标注示例如图 9-3 所示。

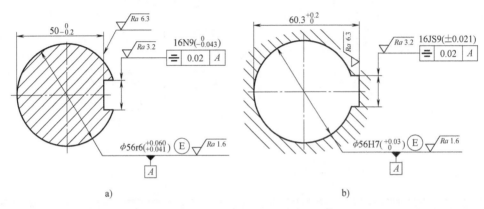

图 9-3　键槽的标注示例

a）轴槽　b）轮毂槽

三、平键键槽的检测

单件小批生产时，采用通用计量器具（如千分尺、游标卡尺等）测量键槽尺寸精度。键槽对其轴线的对称度误差可用图 9-4 所示方法进行测量。

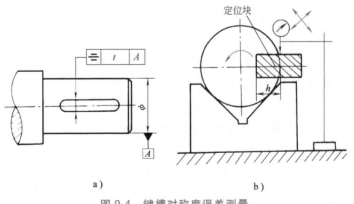

图 9-4　键槽对称度误差测量

将与键槽宽度相等的定位块插入键槽，用 V 形块模拟基准轴线。测量分两步进行。第一步是截面测量。调整被测件使定位块沿径向与平板平行，测量定位块至平板的距离，再将被测件旋转180°，重复上述测量，得到该截面上、下两对应点的读数差为 a，则该截面的对称度误差：$f_{截}=ah/(d-h)$，式中，d 为轴的直径，h 为槽深。第二步是长向测量。沿键槽长度方向测量，取长向两点的最大读数差为长向对称度误差：$f_{长}=a_{高}-a_{低}$。取 $f_{截}$、$f_{长}$ 中最大值作为该零件对称度误差的近似值。

在大批量生产时，常用极限量规检验键槽尺寸。用如图9-5所示的功能量规检验键槽对称度误差。当功能量规能插入轮毂槽中或伸入轴槽底，则键槽合格。但必须说明，功能量规只适用于检验遵守最大实体要求的工件。

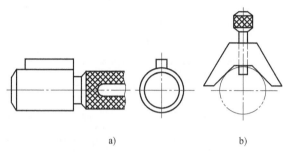

图 9-5　检验键槽对称度的功能量规

a) 轮毂槽对称度量规　　b) 轴槽对称度量规

第二节　花键公差与检测

花键联接与普通键联接相比更具优点，其定心精度高，导向性好，承载能力强，因而在机械中获得广泛应用。花键联接可作固定联接，也可作滑动联接。

花键的类型有矩形花键、渐开线花键和三角形花键几种，其中矩形花键应用最广泛。这里只讨论矩形花键的公差与检测。

一、矩形花键联接

GB/T 1144—2001《矩形花键尺寸、公差和检验》规定了矩形花键联接的尺寸系列、定心方式和极限与配合、标注方法以及检测规则。为便于加工和测量，矩形花键的键数为偶数，有6、8、10三种。按承载能力不同，矩形花键可分为中、轻两个系列，中系列的键高尺寸较大，承载能力强；轻系列的键高尺寸较小，承载能力相对低。矩形花键的公称尺寸系列见表9-3。

矩形花键联接的配合尺寸有大径 D、小径 d 和键（或槽）宽 B，如图9-6所示。

在矩形花键联接中，要保证三个配合面同时达到高精度的配合是很困难的，也没必要。因此，为了保证使用性能，改善加工工艺，只能选择一个配合面作为主要配合面，对其规定较高的精度，以保证配合性质和定心精度，该表面称为定心表面。由于花键配

表9-3　矩形花键的公称尺寸系列（摘自 GB/T 1144—2001）　（单位：mm）

小径 d	轻 系 列				中 系 列			
	规格 $N \times d \times D \times B$	键数 N	大径 D	键宽 B	规格 $N \times d \times D \times B$	键数 N	大径 D	键宽 B
11	—	—	—	—	6×11×14×3	6	14	3
13					6×13×16×3.5		16	3.5
16					6×16×20×4		20	4
18					6×18×22×5		22	5
21					6×21×25×5		25	
23	6×23×26×6	6	26	6	6×23×28×6	6	28	6
26	6×26×30×6		30		6×26×32×6		32	
28	6×28×32×7		32	7	6×28×34×7		34	7
32	6×32×36×6		36	6	8×32×38×6	8	38	6
36	8×36×40×7	8	40	7	8×36×42×7		42	7
42	8×42×46×8		46	8	8×42×48×8		48	8
46	8×46×50×9		50	9	8×46×54×9		54	9
52	8×52×58×10		58	10	8×52×60×10		60	10
56	8×56×62×10		62		8×56×65×10		65	
62	8×62×68×12		68	12	8×62×72×12		72	
72	10×72×78×12	10	78	12	10×72×82×12	10	82	12
82	10×82×88×12		88		10×82×92×12		92	
92	10×92×98×14		98	14	10×92×102×14		102	14
102	10×102×108×16		108	16	10×102×112×16		112	16
112	10×112×120×18		120	18	10×112×125×18		125	18

合面的硬度通常要求较高，需淬火热处理。为保证定心表面的尺寸精度和形状精度，淬火后需要进行磨削加工。从加工工艺性看，小径便于磨削（内花键小径可在内圆磨床上磨削，外花键小径可用成形砂轮磨削），因此标准规定采用小径定心，而在大径处留有较大的间隙。矩形花键是靠键侧接触传递转矩的，所以键宽和键槽宽应保证足够的精度。

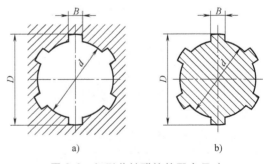

图9-6　矩形花键联接的配合尺寸

矩形花键的极限与配合分两种情况：一种为一般用途矩形花键，另一种为精密传动用矩形花键。内、外花键的尺寸公差带见表9-4。

表9-4中公差带及其极限偏差数值与 GB/T 1800—2009《产品几何技术规范（GPS）极限与配合》规定一致。

表 9-4　内、外花键的尺寸公差带（摘自 GB/T 1144—2001）

内 花 键				外 花 键			装配形式
d	D	B		d	D	B	
		拉削后不热处理	拉削后热处理				
一般用							
H7	H10	H9	H11	f7	a11	d10	滑动
				g7		f9	紧滑动
				h7		h10	固定
精密传动用							
H5	H10	H7、H9		f5	a11	d8	滑动
				g5		f7	紧滑动
				h5		h8	固定
H6				f6		d8	滑动
				g6		f7	紧滑动
				h6		h8	固定

注：1. 精密传动用的内花键，当需要控制键侧配合间隙时，键槽宽可选 H7，一般情况下选 H9。

　　2. d 为 H6 和 H7 的内花键，允许与提高一级的外花键配合。

　　为了减少加工和检验内花键用花键拉刀和花键量规的规格和数量，矩形花键联接采用基孔制配合。

　　定心直径 d 的公差带在一般情况下，内、外花键取相同的公差等级，这个规定不同于普通光滑孔、轴的配合（一般精度较高的情况下，孔比轴低一级）。这主要是考虑到矩形花键采用小径定心，使加工难度由内花键转为外花键。但在有些情况下，内花键允许与提高一级的外花键配合。公差带为 H7 的内花键可以与公差带为 f6、g6、h6 的外花键配合；公差带为 H6 的内花键，可以与公差带为 f5、g5、h5 的外花键配合，这主要是考虑矩形花键常用来作为齿轮的基准孔，在贯彻齿轮标准过程中，有可能出现外花键的定心直径公差等级高于内花键定心直径公差等级的情况。

　　矩形花键规格的标记为 N×d×D×B，即键数×小径×大径×键宽。例如：6×23×26×6 表示花键的键数为 6，小径、大径和键宽的公称尺寸分别为 23mm、26mm 和 6mm。在需要表明花键联接的配合性质时，按 GB/T 1144—2001 还应该在其公称尺寸后加注公差带代号。例如：

花键副为　　　　$6×23\dfrac{H7}{f7}×26\dfrac{H10}{a11}×6\dfrac{H11}{d10}$　　　GB/T 1144—2001

其中

内花键为　6×23H7×26H10×6H11　　　　　　GB/T 1144—2001

外花键为　6×23f7×26a11×6d10　　　　　　　GB/T 1144—2001

二、矩形花键联接公差配合的选用与标注

　　矩形花键公差配合的选用关键是确定联接精度和配合松紧程度。

根据定心精度要求和传递转矩大小确定联接精度。精密传动因花键联接定心精度高、传递转矩大而且平稳，多用于精密机床主轴变速箱以及重载减速器中轴与齿轮内花键的联接。

配合松紧程度的确定首先根据内、外花键之间是否有轴向移动来确定选择固定联接还是滑动联接。对于内、外花键之间要求有相对移动，而且移动距离长、移动频率高的情况，应选用配合间隙较大的滑动联接，以保证运动灵活性及配合面间有足够的润滑油层，如汽车、拖拉机等变速器中的变速齿轮与轴的联接。对于内、外花键之间虽有相对滑动但定心精度要求高、传递转矩大或经常有反向转动的情况，则应选用配合间隙较小的紧滑动联接。对于内、外花键间无轴向移动，只用来传递转矩的情况，则应选用固定联接。

由于矩形花键联接表面复杂，键长与键宽比值较大，因而几何误差是影响联接质量的重要因素，必须对其加以控制。

为保证定心表面的配合性质，内、外花键小径（定心直径）的尺寸公差和几何公差的关系必须采用包容要求（按 GB/T 4249—2009 中的规定）。

键和键槽的位置误差包括它们的中心平面相对于定心轴线的对称度、等分度以及键（键槽）侧面对定心轴线的平行度误差，可规定位置度公差予以综合控制，并采用最大实体要求，用综合量规（即功能量规）检验。矩形花键位置度公差 t_1 见表9-5。

表9-5　矩形花键位置度公差 t_1（摘自 GB/T 1144—2001）　　　（单位：mm）

键槽宽或键宽 B		3	3.5~6	7~10	12~18
t_1	键槽宽	0.010	0.015	0.020	0.025
	键宽 滑动、固定	0.010	0.015	0.020	0.025
	键宽 紧滑动	0.006	0.010	0.013	0.016

在单件小批生产时，采用单项测量，可规定对称度和等分度公差，如图9-7所示的标注示例，遵守独立原则。对称度公差由 GB/T 1144—2001 标准中的附录A规定，见表9-6。花键或花键槽中心平面偏离理想位置（沿圆周均布）的最大值为等分误差，其公差值与对称度相同，故省略不注。

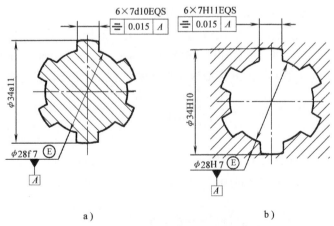

图9-7　花键对称度公差的标注示例
a）外花键　b）内花键

表 9-6　矩形花键对称度公差（摘自 GB/T 1144—2001）　（单位：mm）

键槽宽或键宽 B		3	3.5~6	7~10	12~18
t_2	一般用	0.010	0.012	0.015	0.018
	精密传动用	0.006	0.008	0.009	0.011

对于较长的花键，可根据使用要求自行规定键（键槽）侧面对定心轴线的平行度公差，标准未进行规定。

GB/T 1144—2001 中没有规定矩形花键各配合面的表面粗糙度，可参考表 9-7 选用。

表 9-7　矩形花键表面粗糙度推荐值　（单位：μm）

加工表面		大　径	小　径	键　侧
内花键	*Ra* 上限值	6.3	0.8	3.2
外花键		3.2	0.8	1.6

三、矩形花键的检测

矩形花键的检测有单项检测和综合检测。

在单件小批生产中，花键的尺寸和位置误差用千分尺、游标卡尺、指示表等通用计量器具分别检测。

在大批大量生产中，先用花键功能量规同时检测花键的小径、大径、键宽（键槽宽）及大、小径的同轴度误差、各键（键槽）的位置度误差等综合结果。若功能量规能自由通过，则为合格。内、外花键用功能量规检验合格后，再用单项止端塞规（卡规）或普通计量器具检测其小径、大径及键宽（键槽宽）的实际尺寸是否超越其最小实体尺寸。

矩形花键功能量规如图 9-8 所示，其工作公差带设计参阅 GB/T 1144—2001 标准中的附录 B，这里不一一列出。

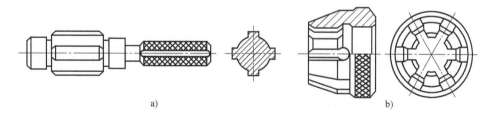

图 9-8　矩形花键功能量规

a）花键塞规（两短柱起导向作用）　b）花键环规（圆孔起导向作用）

第三节　普通螺纹联接公差与检测

螺纹联接在机器制造和仪器制造中应用都很广泛。按联接性质和使用要求不同，螺纹主要分以下三类。

（1）普通螺纹　用于联接或紧固零件，分粗牙与细牙两种。例如：螺栓与螺母的联接，螺钉与机件的联接。它的主要要求是可旋合性和联接可靠性。

（2）传动螺纹　用于传递动力、运动或位移，如丝杠和测微螺纹。对传动螺纹的主要要求是传动准确、可靠，螺牙接触良好及耐磨等。另外，它还必须有足够的传动灵活性与效率，有良好的稳定性、较小的空程误差和一定的间隙。

（3）紧密螺纹　用于密封的螺纹联接。对这类螺纹的主要要求是结合紧密、不漏水、不漏气、不漏油，如联接管道用的螺纹。

本节以普通螺纹为例介绍螺纹联接的互换性。

一、普通螺纹的几何参数及其对互换性的影响

（一）普通螺纹的主要几何参数

普通螺纹的几何参数取决于螺纹轴向剖面内的基本牙型。所谓基本牙型是将原始三角形（两个连接着的其底边平行于螺纹轴线的等边三角形，其高用 H 表示）的顶部截去 $H/8$ 和底部截去 $H/4$ 所形成的理论牙型，如图 9-9 所示。该牙型具有螺纹的理论尺寸。

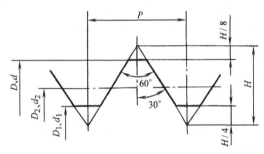

图 9-9　普通螺纹的基本牙型

1. 大径（D、d）

与外螺纹牙顶或内螺纹牙底相重合的假想圆柱面的直径，称为大径。国家标准规定，普通螺纹的大径作为螺纹的公称直径。

2. 小径（D_1、d_1）

与内螺纹牙顶或外螺纹牙底相重合的假想圆柱面的直径，称为小径。

为了应用方便，与牙顶相重合的直径又被称为顶径，即外螺纹大径和内螺纹小径。与牙底相重合的直径称为底径，即外螺纹小径和内螺纹大径。

3. 中径（D_2、d_2）

一个假想圆柱的直径。该圆柱的母线通过牙型上沟槽宽度和凸起宽度相等的地方。此直径称为中径。

4. 螺距（P）和导程（Ph）

螺距是指相邻两牙在中径线上对应两点间的轴向距离。导程是指同一条螺旋线上的相邻两牙在中径线上对应两点间的轴向距离。对单线螺纹，导程等于螺距；对多线螺纹，导程等于螺距与螺纹线数的乘积。

5. 牙型角（α）与牙侧角（β）

牙型角是指在螺纹轴向剖面内相邻两牙侧间的夹角。普通螺纹的理论牙型角为 $60°$。牙侧角是指某一牙侧与螺纹轴线的垂线之间的夹角。普通螺纹的理论牙侧角为 $30°$。

牙型角正确时，牙侧角仍可能有偏差，如左右两牙侧角分别为 $29°$ 和 $31°$，故对牙侧角的控制尤为重要。

6. 螺纹旋合长度

螺纹旋合长度是指两旋合螺纹沿螺纹轴线方向有效接触部分的长度。

普通螺纹的公称尺寸见表9-8。

表9-8 普通螺纹的公称尺寸　　　　　（单位：mm）

大径 D,d			螺距 P	中径 D_2,d_2	小径 D_1,d_1	大径 D,d			螺距 P	中径 D_2,d_2	小径 D_1,d_1
第1系列	第2系列	第3系列				第1系列	第2系列	第3系列			
6			**1**	5.350	4.917			15	1.5	14.026	13.376
			0.75	5.513	5.188				1	14.350	13.917
	7		**1**	6.350	5.917	16			**2**	14.701	13.835
			0.75	6.513	6.188				1.5	15.026	14.376
									1	15.350	14.917
8			**1.25**	7.188	6.647			17	1.5	16.026	15.376
			1	7.250	6.917				1	16.350	15.917
			0.75	7.513	7.188		18		**2.5**	16.376	15.294
	9		**1.25**	8.188	7.647				2	16.701	15.835
			1	8.350	7.917				1.5	17.026	16.376
			0.75	8.513	8.188				1	17.350	16.917
10			**1.5**	9.026	8.376	20			**2.5**	18.376	17.294
			1.25	9.188	8.647				2	18.701	17.835
			1	9.350	8.917				1.5	19.026	18.376
			0.75	9.513	9.188				1	19.350	18.917
		11	**1.5**	10.026	9.376		22		**2.5**	20.376	19.294
			1	10.350	9.917				2	20.701	19.835
			0.75	10.513	10.188				1.5	21.026	20.376
12			**1.75**	10.853	10.106				1	21.350	20.917
			1.5	11.026	10.376	24			**3**	22.051	20.752
			1.25	11.188	10.647				2	22.701	21.835
			1	11.350	10.917				1.5	23.026	22.376
	14		**2**	12.701	11.835				1	23.350	22.917
			1.5	13.026	12.376			25	2	23.701	22.835
			1.25①	13.188	12.647				1.5	24.026	23.376
			1	13.350	12.917				1	24.350	23.917

注：1. 直径优先选用第1系列，其次选用第2系列，第3系列尽可能不用。
　　2. 用黑体字表示的螺距为粗牙。

① 仅用于发动机的火花塞。

（二）螺纹几何参数对互换性的影响

如前所述，对普通螺纹互换性的主要要求是可旋合性和联接可靠性（有足够的接触面积，从而保证一定的联接强度）。由于螺纹的大径和小径处均留有间隙，一般不会影响其互换性。而内、外螺纹联接就是依靠它们旋合以后牙侧接触的均匀性来实现的。因此，影响螺纹互换性的主要参数是中径、螺距和牙侧角。

1. 螺纹中径偏差对互换性的影响

中径偏差是指中径实际尺寸与中径公称尺寸的代数差。假设其他参数处于理想状态，若外螺纹的中径小于内螺纹的中径，就能保证内、外螺纹的旋合性；反之，就会产生干涉而难以旋合。但是，如果外螺纹的中径过小，内螺纹的中径过大，则会削弱其联接强度。可见中径偏差的大小直接影响着螺纹的互换性。

2. 螺距偏差对互换性的影响

螺距偏差分为单个螺距偏差和螺距累积偏差两种。前者是指单个螺距的实际尺寸与其公称尺寸的代数差。后者是指旋合长度内，任意个螺距的实际尺寸与其公称尺寸的代数差。后者的影响更为明显。为保证可旋合性，必须对旋合长度范围内的任意两牙间螺距的最大累积偏差加以控制。

累积螺距偏差对旋合性的影响如图 9-10 所示。

在图 9-10 中，假定内螺纹具有基本牙型，内、外螺纹的中径及牙侧角都相同，但外螺纹螺距有偏差。结果，内、外螺纹的牙型产生干涉（图中阴影重叠部分），外螺纹将不能自由旋入内螺纹。为了使螺距有偏差的外螺纹仍可自由旋入标准的内螺纹，在制造中应将外螺纹实际中径减小一个数值 f_p（或者将标准内螺纹加大一个数值 f_p），这样可以防止干涉或消除此干涉区。这个 f_p 就是补偿螺距偏差的影响而折算到中径上的数值，被称为螺距偏差的中径当量。

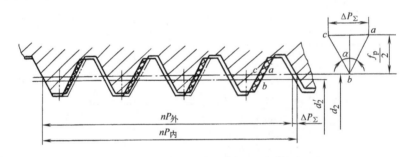

图 9-10 累积螺距偏差对旋合性的影响

从图 9-10 中的几何关系可得

$$f_p = |\Delta P_\Sigma| \cot\beta \tag{9-1}$$

对普通螺纹，$\alpha/2(\beta) = 30°$，则

$$f_p = 1.732 |\Delta P_\Sigma| \tag{9-2}$$

式中的 ΔP_Σ 之所以取绝对值，是由于 ΔP_Σ 不论是正值或负值，影响旋合性的性质不变，只是改变牙侧干涉的位置。ΔP_Σ 应是在旋合长度内最大的螺距累积偏差值，而该值并不一定就出现在最大旋合长度上。

3. 牙侧角偏差对互换性的影响

牙侧角偏差是指牙侧角的实际值与理论值的代数差。它是螺纹牙侧相对于螺纹轴线的位置误差。它对螺纹的旋合性和联接强度均有影响。

假设内螺纹具有基本牙型，外螺纹中径及螺距与内螺纹相同，仅牙侧角有偏差，此时内、外螺纹旋合时牙侧将发生干涉，如图 9-11 所示。

在图 9-11a 中，外螺纹的 $\Delta\beta = \beta(外) - \beta(内) < 0$，则其牙顶部分的牙侧发生干涉。

在图 9-11b 中，外螺纹的 $\Delta\beta = \beta(外) - \beta(内) > 0$，则其牙根部分的牙侧发生干涉。

在图 9-11c 中，由 $\triangle ABC$ 和 $\triangle DEF$ 可以看出，当左右牙侧角偏差不相同时，两侧干涉区的最大径向干涉量也就不同。通常中径当量取平均值。根据任意三角形的正弦定理，

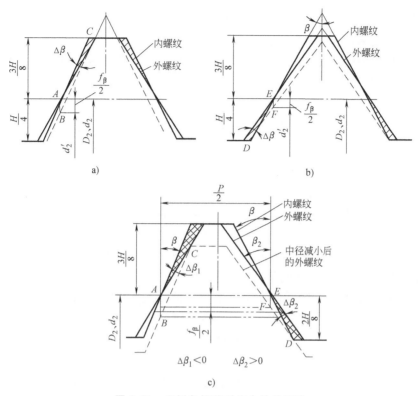

图 9-11　牙侧角偏差对旋合性的影响

考虑到左右牙侧角偏差可能同时出现的各种情况及必要的单位换算，可推得牙侧角偏差的中径当量通式为

$$f_\beta = 0.073P(K_1|\Delta\beta_1| + K_2|\Delta\beta_2|) \tag{9-3}$$

式中　　　f_β——牙侧角偏差的中径当量，单位为 μm；

　　　　　P——螺距，单位为 mm；

$\Delta\beta_1$、$\Delta\beta_2$——左、右牙侧角偏差，单位为 "'"；

　　K_1、K_2——系数（见表 9-9）。

表 9-9　K_1、K_2 的数值

螺　纹　　　牙侧角偏差	$\Delta\beta > 0$	$\Delta\beta < 0$
外螺纹	2	3
内螺纹	3	2

4. 螺纹作用中径及中径合格条件

（1）作用中径与中径（综合）公差　实际上，螺距偏差和牙侧角偏差是同时存在的。为了保证旋合性，外螺纹只能与一个中径较大的内螺纹旋合，其效果相当于外螺纹的中径增大；内螺纹只能与一个中径较小的外螺纹旋合，其效果相当于内螺纹的中径减小。

在规定的旋合长度内，恰好包容实际螺纹的一个假想螺纹的中径称为螺纹的作用中径。此假想螺纹具有基本牙型的螺距、牙侧角及牙型高度，并在牙顶处和牙底处留有间隙，以保证不与实际螺纹的大、小径发生干涉。

外螺纹的作用中径 d_{2m} 等于实际中径 d_{2a} 与螺距偏差的中径当量值 f_p、牙侧角偏差的中径当量值 f_β 之和，即

$$d_{2m} = d_{2a} + (f_p + f_\beta) \tag{9-4}$$

内螺纹的作用中径 D_{2m} 等于实际中径 D_a 与螺距偏差及牙侧角偏差的中径当量值 $(f_p + f_\beta)$ 之差，即

$$D_{2m} = D_{2a} - (f_p + f_\beta) \tag{9-5}$$

实际中径 $D_{2a}(d_{2a})$ 用螺纹的单一中径代替。母线通过牙型上沟槽宽度等于基本螺距一半的地方的假想圆柱的直径即为单一中径。单一中径是按三针量法测量螺纹中径而定义的。

由于螺距及牙侧角偏差的影响均可折算为中径当量，故只要规定中径公差即可控制中径本身的尺寸偏差、螺距偏差和牙侧角偏差的共同影响。可见中径公差是一项综合公差。

（2）中径的合格条件　如果外螺纹的作用中径过大，内螺纹的作用中径过小，将使螺纹难以旋合。若外螺纹的单一中径过小，内螺纹的单一中径过大，将会影响螺纹的联接强度。所以从保证螺纹旋合性和联接强度看，螺纹中径合格条件为：螺纹的作用中径不能超越最大实体牙型的中径；任意位置的实际中径（单一中径）不能超越最小实体牙型的中径。所谓最大与最小实体牙型，是指在螺纹中径公差范围内，分别具有材料量最多和最少且与基本牙型形状一致的螺纹牙型。

对外螺纹：作用中径不大于中径上极限尺寸；任意位置的实际中径不小于中径下极限尺寸，即

$$d_{2m} \leqslant d_{2max} \qquad d_{2a} \geqslant d_{2min}$$

对内螺纹：作用中径不小于中径下极限尺寸；任意位置的实际中径不大于中径上极限尺寸，即

$$D_{2m} \geqslant D_{2min} \qquad D_{2a} \leqslant D_{2max}$$

二、普通螺纹联接的极限与配合

（一）普通螺纹的公差带

螺纹公差带由其大小（公差等级）和相对于基本牙型的位置（基本偏差）所组成。国家标准 GB/T 197—2003 对其做了有关规定。

1. 公差等级

螺纹公差带大小由公差值确定，并按公差值大小分为若干等级，见表9-10。

表9-10　螺纹公差等级（摘自 GB/T 197—2003）

螺 纹 直 径	公 差 等 级	螺 纹 直 径	公 差 等 级
外螺纹中径 d_2	3,4,5,6,7,8,9	内螺纹中径 D_2	4,5,6,7,8
外螺纹大径 d	4,6,8	内螺纹小径 D_1	4,5,6,7,8

各级公差值和基本偏差值见表 9-11（中径公差值）和表 9-12（基本偏差值与顶径公差值）。

表 9-11　普通螺纹中径公差值（摘自 GB/T 197—2003）

公称直径 D、d/mm		螺距	内螺纹中径公差 T_{D2}/μm					外螺纹中径公差 T_{d2}/μm						
>	≤	P/mm	公差等级					公差等级						
			4	5	6	7	8	3	4	5	6	7	8	9
5.6	11.2	0.75	85	106	132	170	—	50	63	80	100	125	—	—
		1	95	118	150	190	236	56	71	90	112	140	180	224
		1.25	100	125	160	200	250	60	75	95	118	150	190	236
		1.5	112	140	180	224	280	67	85	106	132	170	212	265
11.2	22.4	1	100	125	160	200	250	60	75	95	118	150	190	236
		1.25	112	140	180	224	280	67	85	106	132	170	212	265
		1.5	118	150	190	236	300	71	90	112	140	180	224	280
		1.75	125	160	200	250	315	75	95	118	150	190	236	300
		2	132	170	212	265	335	80	100	125	160	200	250	315
		2.5	140	180	224	280	355	85	106	132	170	212	265	335
22.4	45	1	106	132	170	212	—	63	80	100	125	160	200	250
		1.5	125	160	200	250	315	75	95	118	150	190	236	300
		2	140	180	224	280	355	85	106	132	170	212	265	335
		3	170	212	265	335	425	100	125	160	200	250	315	400
		3.5	180	224	280	355	450	106	132	170	212	265	335	425
		4	190	236	300	375	475	112	140	180	224	280	355	450
		4.5	200	250	315	400	500	118	150	190	236	300	375	475

表 9-12　普通螺纹基本偏差值和顶径公差值（摘自 GB/T 197—2003）　（单位：μm）

螺距 P/mm	内螺纹的基本偏差 EI		外螺纹的基本偏差 es				内螺纹小径公差 T_{D1}					外螺纹大径公差 T_d		
	G	H	e	f	g	h	4	5	6	7	8	4	6	8
1	+26		−60	−40	−26		150	190	236	300	375	112	180	280
1.25	+28		−63	−42	−28		170	212	265	335	425	132	212	335
1.5	+32		−67	−45	−32		190	236	300	375	475	150	236	375
1.75	+34		−71	−48	−34		212	265	335	425	530	170	265	425
2	+38	0	−71	−52	−38	0	236	300	375	475	600	180	280	450
2.5	+42		−80	−58	−42		280	355	450	560	710	212	335	530
3	+48		−85	−63	−48		315	400	500	630	800	236	375	600
3.5	+53		−90	−70	−53		355	450	560	710	900	265	425	670
4	+60		−95	−75	−60		375	475	600	750	950	300	475	750

在同一公差等级中，内螺纹中径公差比外螺纹中径公差大 32% 左右，原因是内螺纹加工比较困难。

对外螺纹小径和内螺纹大径（即螺纹底径），没有规定公差值，而只规定该处的实际轮廓不得超越按基本偏差和基本牙型所确定的最大实体牙型，即应保证旋合时不发生干涉。由于螺纹加工时，外螺纹中径和小径、内螺纹中径和大径是同时由刀具切出的，其尺寸由刀具保证，故在正常情况下，外螺纹小径不会过小，内螺纹大径不会过大。

2. 基本偏差

基本偏差为公差带两极限偏差中靠近零线的那个偏差。它确定公差带相对基本牙型的位置。

国家标准对内螺纹规定了两种基本偏差，其代号为 G 和 H，如图 9-12a、b 所示。对外螺纹规定了四种基本偏差，其代号为 e、f、g、h，如图 9-12c、d 所示。

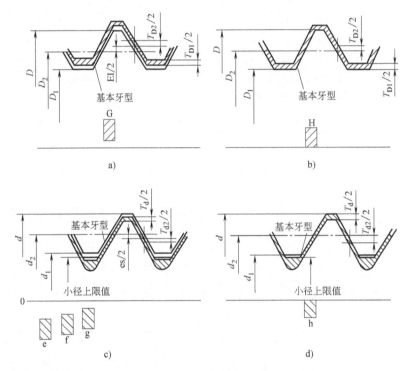

图 9-12　内、外螺纹基本偏差

T_{D1}—内螺纹小径公差　T_{D2}—内螺纹中径公差

T_d—外螺纹大径公差　T_{d2}—外螺纹中径公差

（二）螺纹的旋合长度与精度等级

为了满足普通螺纹不同使用性能的要求，国家标准规定了不同公称直径和螺距对应的旋合长度，它分为短、中和长三组，分别用代号 S、N 和 L 表示，其数值见表 9-13。

表 9-13　螺纹的旋合长度（摘自 GB/T 197—2003）　　　　（单位：mm）

公称直径 D、d		螺距 P	旋合长度			
			S	N		L
>	≤		≤	>	≤	>
5.6	11.2	0.75	2.4	2.4	7.1	7.1
		1	3	3	9	9
		1.25	4	4	12	12
		1.5	5	5	15	15

（续）

公称直径 D、d		螺距 P	旋合长度			
			S	N		L
>	≤		≤	>	≤	>
11.2	22.4	1	3.8	3.8	11	11
		1.25	4.5	4.5	13	13
		1.5	5.6	5.6	16	16
		1.75	6	6	18	18
		2	8	8	24	24
		2.5	10	10	30	30
22.4	45	1	4	4	12	12
		1.5	6.3	6.3	19	19
		2	8.5	8.5	25	25
		3	12	12	36	36
		3.5	15	15	45	45
		4	18	18	53	53
		4.5	21	21	63	63

　　螺纹的精度不仅取决于螺纹直径的公差等级，而且与旋合长度有关。当公差等级一定时，旋合长度越长，加工时产生的螺距累积偏差和牙侧角偏差就可能越大，加工就越困难。因此，公差等级相同而旋合长度不同的螺纹的精度等级就不相同。为此，按螺纹公差等级和旋合长度规定了三种精度等级，分别称为精密级、中等级和粗糙级。螺纹精度等级的高低，代表螺纹加工的难易程度。同一精度级，随旋合长度的增加应降低螺纹的公差等级，见表9-14。

表 9-14　螺纹的推荐公差带（摘自 GB/T 197—2003）

公差精度	公差带位置					
	G			H		
	旋合长度			旋合长度		
	S	N	L	S	N	L
精密	—	—	—	4H	5H	6H
中等	(5G)	6G	(7G)	5H	<u>6H</u>	7H
粗糙	—	(7G)	(8G)	—	7H	8H

公差精度	公差带位置											
	e			f			g			h		
	旋合长度			旋合长度			旋合长度			旋合长度		
	S	N	L	S	N	L	S	N	L	S	N	L
精密	—	—	—	—	—	—	—	(4g)	(5g4g)	(3h4h)	4h	(5h4h)
中等	—	6e	(7e6e)	—	6f	—	—	(5g6g)	<u>6g</u>	(7g6g)	(5h6h)	6h	(7h6h)
粗糙	—	(8e)	(9e8e)	—	—	—	—	8g	(9g8g)	—	—	—

注：公差带的优先选用顺序为：粗字体公差带、一般字体公差带、括号内公差带。带下划线的粗字体公差带用于大量生产的紧固件螺纹。

（三）螺纹在图样上的标注

　　螺纹的完整标记由螺纹代号、螺纹公差带代号及其他有必要做进一步说明的个别信息组成。各部分之间用"-"分开。例如：

M16-5H6H-L
旋合长度代号
螺纹公差带代号
螺纹代号

1. 螺纹代号

螺纹代号包括螺纹的特征代号和尺寸代号。普通螺纹的特征代号为"M"。

单线螺纹的尺寸代号为"公称直径×螺距"，粗牙螺纹的螺距值可省略注出。多线螺纹的尺寸代号为"公称直径×Ph导程P螺距"。

2. 螺纹公差带代号

螺纹公差带代号包括中径、顶径的公差等级和基本偏差代号。当中径和顶径公差带代号不同时，应分别注出，前者为中径，后者为顶径。基本偏差代号小写为外螺纹，大写为内螺纹。例如：5H6H表示内螺纹中径为5级，顶径为6级，其公差带位置均为H。当中径、顶径的公差带代号相同时，合并标注一个即可。

在标注时，允许省略最常用的公差带，即中等公差精度螺纹在下列情况下，不标注其公差带代号。

对内螺纹：

公差带代号5H在公称直径≤1.4mm时，省略不注出。

公差带代号6H在公称直径≥1.6mm时，省略不注出。

注：对螺距为0.2mm的螺纹，其公差等级为4级。

对外螺纹：

公差带代号6h在公称直径≤1.4mm时，省略不注出。

公差带代号6g在公称直径≥1.6mm时，省略不注出。

示例：

公称直径为10mm，中径公差带和顶径公差带为6g、中等旋合长度的粗牙外螺纹可标注为M10

公称直径为10mm，中径公差带和顶径公差带为6H、中等旋合长度的粗牙内螺纹可标注为M10

3. 螺纹旋合长度和旋向

除了中等旋合长度的代号"N"不注出外，对于短或长旋合长度，应注出"S"或"L"的代号。对左旋螺纹，应在旋合长度代号之后标注"LH"代号。右旋螺纹不标注旋向代号。旋向代号与前面的部分之间用"-"隔开。

当内、外螺纹装配在一起时（装配图注法），采用一斜线把内、外螺纹公差带分开，左边为内螺纹，右边为外螺纹。

例如M20×2-6H/5g6g-S-LH，表示普通内、外螺纹配合，其公称直径为20mm，螺距为2mm，细牙。内螺纹中径和顶径公差带代号同为6H；外螺纹中径和顶径公差带代号分别为5g、6g；短旋合长度，左旋。

（四）普通螺纹极限与配合的选用

1. 螺纹联接精度与旋合长度的确定

对国家标准规定的普通螺纹联接的精密、中等和粗糙三级，其应用情况如下。

（1）精密级 用于精密联接螺纹。要求配合性质稳定，配合间隙变动较小，需保证一定的定心精度的螺纹联接。

（2）中等级 用于一般的螺纹联接。

（3）粗糙级 用于不重要的螺纹联接以及制造比较困难（长不通孔攻螺纹）或热轧棒上的螺纹。

实际选用时，还必须考虑螺纹的工作条件、尺寸的大小、加工的难易程度、工艺结构等情况。例如：当螺纹的承载较大，且为交变载荷或有较大的振动，则应选用精密级；对于小直径的螺纹，为了保证联接强度，也必须提高其联接精度；而对于加工难度较大的螺纹，虽是一般要求，此时也需降低其联接精度要求。

旋合长度的选择，一般多用中等旋合长度。仅当结构和强度上有特殊要求时，方可采用短旋合长度或长旋合长度。值得注意的是，应尽可能缩短旋合长度，改变那种认为螺纹旋合长度越长，其密封性、可靠性就越好的错误认识。实践证明，旋合长度过长，不仅结构笨重，加工困难，而且由于螺距累积偏差的增大，降低了承载能力，造成螺牙强度和密封性的下降。

2. 公差带的确定

螺纹公差等级和基本偏差组合，可以组成各种不同的公差带。在生产中，为了减少螺纹刀具和螺纹量规的规格和数量，规定了内、外螺纹的推荐公差带，见表9-14。

3. 配合的选择

从原则上讲，表9-14所列公差带可以任意组合成各种配合。但从保证足够的接触高度出发，最好组成 H/g、H/h、G/h 的配合。选择时主要考虑以下几种情况。

1）为了保证旋合性，内、外螺纹应具有较高的同轴度，并有足够的接触高度和结合强度。通常采用最小间隙等于零的配合（H/h），即内螺纹为 H，外螺纹为 h。

2）如需要容易拆卸，可选用较小间隙的配合（H/g 或 G/h），即内螺纹用 H 或 G，外螺纹用 g 或 h。

3）需要镀层的螺纹，其基本偏差按所需镀层厚度确定。

内螺纹较难镀层，涂镀对象主要是外螺纹。如镀层较薄时（厚度约 5μm），内螺纹选用 6H，外螺纹选取 6g；如镀层较厚（厚度达 10μm）时，内螺纹用 6H，外螺纹选 6e；如内、外螺纹均需镀层时，可选 6G/6e。

4）高温工作的螺纹，可根据装配时和工作时的温度，来确定适当的间隙和相应的基本偏差。留有间隙以防螺纹卡死。一般常用基本偏差 e，如汽车上用的 M14×1.25 规格的火花塞。温度相对较低时，可用基本偏差 g。

4. 螺纹的表面粗糙度

螺纹牙侧表面的粗糙度，主要按用途和中径公差等级来确定，见表9-15。

5. 应用举例

例 9-1 已知外螺纹标记代号为 M24×2，加工后测得：实际大径 d_a = 23.850mm，实

际中径 $d_{2a} = 22.521$ mm，螺距累积偏差 $\Delta P_{\Sigma} = +0.05$ mm，牙侧角偏差分别为：$\Delta\beta_1 - +20'$，$\Delta\beta_2 = -25'$，试分析判断大径和中径是否合格，查出所需旋合长度的范围。

表 9-15　螺纹牙侧表面的粗糙度　　　　　　　　　　（单位：μm）

Ra 上限值　　中径公差等级 用　　途		4、5	6、7	7～9
螺栓，螺钉，螺母 轴及套上的螺纹		1.6 0.8～1.6	3.2 1.6	3.2～6.3 3.2

解　1）从螺纹标记代号可知，螺纹公称直径为 24mm，螺距为 2mm，公差带代号为 6g（省略未标出）。因此，由表 9-8 查得 $d_2 = 22.701$ mm。由表 9-11 和表 9-12 查得

中径　$es = -38\mu m$，$T_{d2} = 170\mu m$

大径　$es = -38\mu m$，$T_d = 280\mu m$

2）判断大径的合格性。

$$d_{max} = d + es = 24mm - 0.038mm = 23.962mm$$

$$d_{min} = d_{max} - T_d = 23.962mm - 0.28mm = 23.682mm$$

因 $d_{max} > d_a = 23.850mm > d_{min}$，故大径合格。

3）判断中径的合格性。

$$d_{2max} = d_2 + es = 22.701mm - 0.038mm = 22.663mm$$

$$d_{2min} = d_{2max} - T_{d2} = 22.663mm - 0.17mm = 22.493mm$$

$$d_{2m} = d_{2a} + (f_p + f_\beta)$$

式中，$d_{2a} = 22.521mm$

$$f_p = 1.732|\Delta P_{\Sigma}| = (1.732 \times 0.05)mm = 0.087mm$$

$$f_\beta = 0.073P[K_1|\Delta\beta_1| + K_2|\Delta\beta_2|]$$

$$= [0.073 \times 2 \times (2 \times 20 + 3 \times 25)]\mu m = 16.8\mu m = 0.017mm$$

则　　　　　$$d_{2m} = 22.521mm + (0.087mm + 0.017mm) = 22.625mm$$

由于

$$d_{2m} = 22.625mm < 22.663mm(d_{2max})$$

$$d_{2a} = 22.521mm > 22.493mm(d_{2min})$$

按中径合格条件，中径合格。

4）根据该螺纹尺寸 $d = 24mm$，螺距 $P = 2mm$，中等旋合长度（不注出），查表 9-13 得，旋合长度范围为 $>8.5 \sim 25mm$。

三、螺纹的检测

螺纹的检测分为综合检验与单项测量。

（一）螺纹的综合检验

螺纹的综合检验可以用投影仪或螺纹量规进行。生产中主要用螺纹量规来控制螺纹的极限轮廓。螺纹的综合检验适用于成批生产。

外螺纹的大径和内螺纹的小径分别用光滑极限环规（或卡规）和光滑极限塞规检验，其他参数均用螺纹量规（图 9-13）检验。

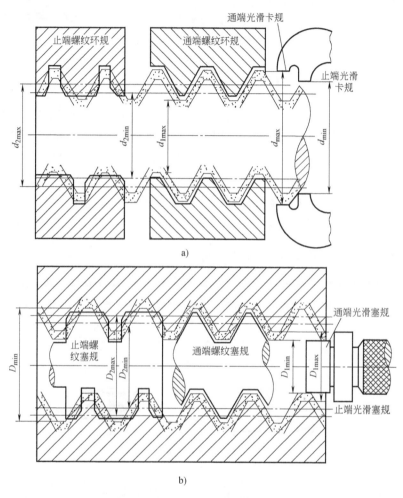

图 9-13　螺纹量规

a）外螺纹量规　b）内螺纹量规

根据螺纹中径合格条件，螺纹量规通端和止端在螺纹长度和牙型上的结构特征是不相同的。螺纹量规通端主要用于检查作用中径不得超出其最大实体牙型中径（同时控制螺纹的底径），应该有完整的牙侧，且其螺纹长度不小于工件螺纹的旋合长度的80%。当螺纹通规可以和螺纹工件自由旋合时，就表示螺纹工件的作用中径未超出最大实体牙型。螺纹量规止端只控制螺纹的实际中径不得超出其最小实体牙型中径，为了消除螺距偏差和牙侧角偏差的影响，其牙型应做成截短牙型，且螺纹长度只有2~3.5个螺距。

（二）螺纹的单项测量

螺纹的单项测量用于螺纹工件的工艺分析或螺纹量规及螺纹刀具的质量检查。所谓单项测量，即分别测量螺纹的每个参数，主要是中径、螺距和牙侧角，其次是顶径和底径，有时还需要测量牙底的形状。除了顶径可用内外径量具测量外，其他参数多用影像法测量，其中用得最多的是万能工具显微镜、大型工具显微镜和投影仪，在此不一一赘述，如需要请参阅有关资料。本处介绍三针量法及螺纹千分尺测量中径。

三针量法主要用于测量精密螺纹（如螺纹塞规、丝杆等）的中径（d_2）。它是把三根直径相等的精密量针放在螺纹槽中，用光学或机械量仪（机械测微仪、光学计、测长仪等）量出尺寸 M（图9-14），然后根据被测螺纹已知的螺距 P，牙侧角 β 及量针直径 d_0，按下式计算螺纹中径的实际尺寸。

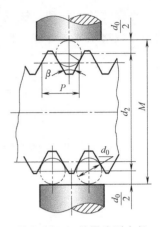

$$d_2 = M - d_0\left(1 + \frac{1}{\sin\beta}\right) + \frac{P}{2}\cot\beta$$

对于普通米制螺纹，$\beta = 30°$，则

$$d_2 = M - 3d_0 + 0.866P$$

图9-14 三针量法测中径

上列各式中的螺距 P、牙侧角 β 及量针直径 d_0 均按理论值代入。

为消除牙侧角偏差对测量结果的影响，应使量针在中径线上与牙侧接触，这样的量针直径称为最佳量针直径 $d_{0最佳}$，$d_{0最佳} = \dfrac{0.5P}{\cos\beta}$。

螺纹千分尺是测量低精度外螺纹中径的常用量具。它的结构与一般外径千分尺相似，所不同的是测头。它有成对配套的、适用于不同牙型和不同螺距的测头，如图9-15所示。

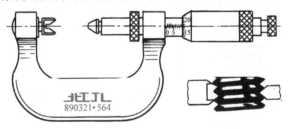

图9-15 螺纹千分尺

第四节 滚动轴承的极限与配合

滚动轴承是机器中广泛使用的标准部件。它的作用、结构、类型、寿命和强度计算等在机械设计课程中已做了详细介绍。本节主要介绍滚动轴承的精度和它与轴、外壳孔的配合选择问题。

滚动轴承工作时，要求运转平稳、旋转精度高、噪声小。为保证工作性能，除了轴承本身的制造精度外，还要正确选择轴承与轴和外壳孔的配合性质、轴和外壳孔的尺寸精度、几何公差和表面粗糙度等。

一、滚动轴承的公差等级及其应用

（一）滚动轴承的公差等级

滚动轴承的公差是按其外形尺寸公差和旋转精度分级的。外形尺寸公差是指成套轴

承的内径 d、外径 D 和宽度尺寸 B 的公差；旋转精度主要是指轴承的内、外圈的径向圆跳动、端面对滚道的跳动和端面对内孔的跳动等。

国家标准 GB/T 307.3—2005《滚动轴承　通用技术规则》规定，向心轴承（圆锥滚子轴承除外）分为 0、6、5、4 和 2 五级，公差等级依次升高（相当于 GB/T 307.3—1984 中的 G、E、D、C 和 B 级）；圆锥滚子轴承分为 0、6X、5、4 和 2 五级；推力轴承分为 0、6、5 和 4 四级。

（二）滚动轴承公差等级的应用

滚动轴承各级公差的应用情况如下。

0 级——通常称为普通级。它用于低、中速及旋转精度要求不高的一般旋转机构，在机械中应用最广。例如：用于普通机床变速箱、进给箱的轴承，汽车、拖拉机变速器的轴承，普通电动机、水泵、压缩机等旋转机构中的轴承等。

6（6x）级——它用于转速较高、旋转精度要求较高的旋转机构。例如：用于普通机床的主轴后轴承、精密机床变速箱的轴承等。

5、4 级——它用于高速、高旋转精度要求的机构。例如：用于精密机床的主轴轴承、精密仪器仪表的主要轴承等。

2 级——它用于转速很高、旋转精度要求也很高的机构。例如：用于齿轮磨床、精密坐标镗床的主轴轴承，高精度仪器仪表及其他高精度精密机械的主要轴承。

（三）滚动轴承内径、外径公差带及其特点

滚动轴承的内圈和外圈都是薄壁零件，在制造和保管过程中容易变形，但当轴承内圈与轴、外圈及外壳孔装配后，这种微量变形又能跟随做得较圆的轴和孔的形状得到一些矫正。因此，国家标准对轴承内径和外径尺寸公差做了两种规定：一是轴承套圈任意横截面内测得的最大直径与最小直径的平均值 d_{mp}（D_{mp}）与公称直径 d（D）的差，即单一平面平均内（外）径偏差 $\Delta_{d_{mp}}$（$\Delta_{D_{mp}}$）必须在极限偏差范围内，目的用于控制轴承的配合，因为平均尺寸是配合时起作用的尺寸；二是规定套圈任意横截面内最大直径、最小直径与公称直径的差，即单一内孔直径（外径）偏差 Δ_{d_s}（Δ_{D_e}）必须在极限偏差范围内，主要目的是为了限制变形量。

对于高精度的 2、4 级轴承，上述两个公差项目都做了规定，而对其余公差等级的轴承，只规定了第一项。

表 9-16 列出了部分向心轴承内、外圈单一平面平均内（外）径偏差 $\Delta_{d_{mp}}$（$\Delta_{D_{mp}}$）的极限值。

表 9-16　向心轴承的 $\Delta_{d_{mp}}$ 和 $\Delta_{D_{mp}}$（摘自 GB/T 307.1—2005）

公差等级			0		6		5		4		2	
公称直径/mm			极限偏差/μm									
大于		到	上极限偏差	下极限偏差	上极限偏差	下极限偏差	上极限偏差	下极限偏差	上极限偏差	下极限偏差	上极限偏差	下极限偏差
内圈	18	30	0	−10	0	−8	0	−6	0	−5	0	−2.5
	30	50	0	−12	0	−10	0	−8	0	−6	0	−2.5
外圈	50	80	0	−13	0	−11	0	−9	0	−7	0	−4
	80	120	0	−15	0	−13	0	−10	0	−8	0	−5

滚动轴承是标准部件，它的内、外圈与轴颈和外壳孔的配合表面无须再加工，为了便于互换和大批量生产，轴承内圈与轴颈的配合按基孔制，外圈与外壳孔的配合采用基轴制。

国家标准中规定轴承外圈单一平面平均直径 D_{mp} 的公差带与一般基准轴的公差带位置相同，上极限偏差为零，下极限偏差为负，如图 9-16 所示。但因 D_{mp}

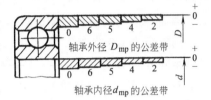

图 9-16　轴承内、外圈公差带图

的公差值是特殊规定的，所以轴承外圈与外壳孔的配合，与《极限与配合》国家标准中基轴制的同名配合不完全相同。

国家标准中规定的轴承内圈内孔的单一平面平均直径 d_{mp} 的公差带与一般基准孔的公差带位置不同，它置于零线下方，上极限偏差为零，下极限偏差为负，如图 9-16 所示。这主要考虑轴承配合的特殊需要。因为在多数情况下，轴承内圈随轴一起转动，两者之间配合必须有一定过盈，但过盈量又不宜过大，以保证拆卸方便，防止内圈应力过大。假如轴承内孔的轴公差带与一般基准孔的公差带一样，单向偏置在零线上侧，并与《极限与配合》标准中规定的轴公差带形成过盈配合，所取得的过盈量往往嫌大；如改用过渡配合，又可能出现孔、轴结合不可靠的情况；若采用非标准配合，不仅给设计者带来麻烦，而且不符合标准化和互换性原则。为此，轴承标准将内孔的单一平面平均内径 d_{mp} 的公差带置于零线下方，再与《极限与配合》标准中推荐的常用（优先）的轴的公差带配合，就能较好地满足使用要求。

二、滚动轴承与轴和外壳孔的配合

（一）轴和外壳孔的公差带

国家标准 GB/T 275—2015《滚动轴承　配合》对与 0 级轴承配合的轴规定了 17 种公差带，对外壳孔规定了 16 种公差带，如图 9-17 所示。

该标准的适用范围如下。

1）对轴承的旋转精度、运转平稳性和工作温度等无特殊要求。

2）轴为实心或厚壁钢制作。

3）外壳为铸钢或铸铁制作。

4）轴承游隙为 N 组。

（二）滚动轴承与轴、外壳孔配合的选择

正确选择滚动轴承与轴和外壳孔的配合，对保证机器正常运转、提高轴承的使用寿命、充分发挥其承载能力关系很大，选择时主要考虑下列影响因素。

1. 轴承套圈相对于载荷的状况

作用在轴承上的径向载荷，一般有以下两种情况：①定向载荷（如带拉力或齿轮的作用力）；②由定向载荷和一个较小的旋转载荷（如机件的离心力）合成，如图 9-18 所示。

载荷的作用方向与套圈间存在着以下三种关系。

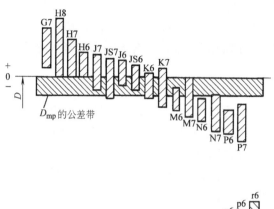

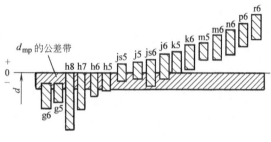

图 9-17　滚动轴承与轴和外壳孔的配合

（1）套圈相对于载荷方向固定　径向载荷始终作用在套圈滚道的局部区域上，如图 9-18a 所示固定的外圈和图 9-18b 所示固定的内圈均受到一个方向一定的径向载荷 F_0 的作用。

（2）套圈相对于载荷方向旋转　作用于轴承上的合成径向载荷与套圈相对旋转，并依次作用在该套圈的整个圆周滚道上，如图 9-18a 所示旋转的内圈和图 9-18b 所示旋转的外圈均受到一个作用位置依次改变的径向载荷 F_0 的作用。

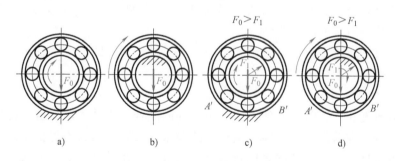

图 9-18　轴承套圈承受的载荷类型

　　a）内圈：旋转载荷　b）内圈：定向载荷　c）内圈：旋转载荷　d）内圈：摆动载荷
　　　　外圈：定向载荷　　　外圈：旋转载荷　　　外圈：摆动载荷　　　外圈：旋转载荷

（3）套圈相对于载荷方向摆动　大小和方向按一定规律变化的径向载荷作用在套圈的部分滚道上，此时套圈相对于载荷方向摆动。如图 9-18c 和图 9-18d 所示，轴承受到定向载荷 F_0 和较小的旋转载荷 F_1 的同时作用，两者的合成载荷 F 将以由小到大、再由大到小的周期变化，在 $\overset{\frown}{A'B'}$ 区域内摆动，如图9-19所示。固定的套圈相对于载荷方向摆动，旋转的套圈则相对于载荷方向旋转。

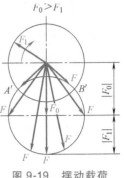

图9-19 摆动载荷

轴承套圈相对于载荷方向的关系不同，选择轴承配合的松紧程度也应不同。

当套圈相对于载荷方向固定时，其配合应选得稍松些，让套圈在振动或冲击下被滚道间的摩擦力矩带动，偶尔产生少许转位，从而改变滚道的受力状态使滚道磨损较均匀，延长轴承的使用寿命。一般选用过渡配合或具有极小间隙的间隙配合。

当套圈相对于载荷方向旋转或摆动时，为防止套圈在轴颈上或外壳孔的配合表面打滑，引起配合表面发热、磨损，配合应选得紧些，一般选用过盈量较小的过盈配合或出现过盈概率较大的过渡配合。

当载荷方向难以确定时，宜选择过盈配合。

2. 载荷的大小

向心轴承载荷大小可用径向当量动载荷 P_r 与轴承的额定动载荷 C_r 的比值来区分，GB/T 275—2015 将 $P_r \leqslant 0.06C_r$ 时称为轻载荷，$0.06C_r < P_r \leqslant 0.12C_r$ 时称为正常载荷，$P_r > 0.12C_r$ 时称为重载荷。

额定动载荷 C_r 的值可从轴承手册中查到，P_r 的计算在机械设计课程中已做详细介绍。

轴承在重载荷和冲击载荷作用下，套圈容易产生变形，使配合面受力不均匀，引起配合松动，因此，载荷越大，过盈量应选得越大；承受冲击载荷应比承受平稳载荷选用较紧的配合。

3. 轴承的工作条件

轴承运转时，由于摩擦发热和散热条件不同等原因，轴承套圈的温度往往高于与其相配的零件温度，这样，轴承内圈与轴的配合可能松动，外圈与孔的配合可能变紧，在选择配合时，必须考虑轴承工作温度（或温差）的影响。所以，在高温（高于100℃）工作的轴承，应将所选的配合进行修正。

对旋转精度和运转平稳性有较高要求时，一般不采用间隙配合。轴承的旋转精度要求越高、转速越高，配合应更紧些。

4. 其他因素

与整体式外壳相比，剖分式外壳孔与轴承外圈配合应松些，以免造成外圈产生圆度误差；当轴承安装在薄壁外壳、轻合金外壳或薄壁空心轴上时，为保证轴承工作有足够的支承刚度和强度，所采用的配合应比装在厚壁外壳、铸铁外壳或实心轴上紧一些；当考虑拆卸和安装方便，或需要轴向移动和调整套圈时，配合应松一些。

（三）与轴承配合的轴、外壳孔公差等级的选择

在选择轴承配合的同时，还应考虑到公差等级的确定。轴和外壳孔的公差等级与轴承的公差等级有关。与0、6(6X)级轴承配合的轴一般为IT6级，外壳孔一般为IT7级。对旋转精度和运转平稳性有较高要求的场合，在提高轴承公差等级的同时，与其相配的轴和外壳孔的精度也要相应提高。

滚动轴承的配合，一般用类比的方法选用。GB/T 275—2015 列出了四张表，推荐与 0 级、6（6X）级向心轴承和推力轴承配合的轴、孔的公差带。表 9-17 和表 9-18 就是其中的两张表，供选用时参考。

表 9-17　向心轴承和轴的配合——轴公差带（摘自 GB/T 275—2015）

载荷情况		举例	深沟球轴承、调心球轴承和角接触球轴承	圆柱滚子轴承和圆锥滚子轴承	调心滚子轴承	公差带
			轴承公称内径/mm			
圆柱孔轴承						
内圈承受旋转载荷或摆动载荷	轻载荷	输送机、轻载齿轮箱	≤18	—	—	h5
			>18～100	≤40	≤40	j6①
			>100～200	>40～140	>40～100	k6①
			—	>140～200	>100～200	m6①
	正常载荷	一般通用机械、电动机、泵、内燃机、正齿轮传动装置	≤18	—	—	j5、js5
			>18～100	≤40	≤40	k5②
			>100～140	>40～100	>40～65	m5②
			>140～200	>100～140	>65～100	m6
			>200～280	>140～200	>100～140	n6
				>200～400	>140～280	p6
					>280～500	r6
	重载荷	铁路机车车辆轴箱、牵引电动机破碎机等	—	>50～140	>50～100	n6③
				>140～200	>100～140	p6③
				>200	>140～200	r6③
					>200	r7③
内圈承受固定载荷	所有载荷	内圈需在轴向易移动	非旋转轴上的各种轮子	所有尺寸		F6 g6
		内圈不需在轴向易移动	张紧轮、绳轮			h6 j6
仅有轴向载荷			所有尺寸			j6、js6
圆锥孔轴承						
所有载荷		铁路机车车辆轴箱	装在退卸套上	所有尺寸		h8（IT6）④⑤
		一般机械传动	装在紧定套上	所有尺寸		H9（IT7）④⑤

① 凡对精度有较高要求的场合，应用 j5、k5、m5 代替 j6、k6、m6。
② 圆锥滚子轴承、角接触球轴承配合对游隙影响不大，可用 k6、m6 代替 k5、m5。
③ 重载荷下轴承游隙应选大于 N 组。
④ 凡有较高精度或转速要求的场合，应选用 h7（IT5）代替 h8（IT6）等。
⑤ IT6、IT7 表示圆柱度公差数值。

（四）配合表面的其他技术要求

GB/T 275—2015 规定了与轴承配合的轴和外壳孔表面的圆柱度公差、轴肩及外壳孔肩的轴向圆跳动公差、各表面的粗糙度要求等，见表 9-19 和表 9-20。

表 9-18　向心轴承和外壳体的配合——孔公差带（摘自 GB/T 275—2015）

载荷情况		举　例	其他状况	公差带[1]	
				球轴承	滚子轴承
外圈承受固定载荷	轻、正常、重	一般机械、铁路机车车辆轴箱	轴向易移动,可采用剖分式外壳	H7、G7[2]	
	冲击				
摆动载荷	轻、正常	电动机、泵、曲轴主轴承	轴向能移动,可采用整体式或剖分式外壳	J7、JS7	
	正常、重	牵引电动机	轴向不移动,采用整体式外壳	K7	
	重、冲击			M7	
外圈承受旋转载荷	轻	皮带张紧轮		J7	K7
	正常	轮毂轴承		K7、M7	M7、N7
	重			—	N7、P7

① 并列公差带随尺寸的增大从左至右选择,对旋转精度有较高要求时,可相应提高一个公差等级。

② 不适用于剖分式外壳。

表 9-19　轴和外壳孔的几何公差（摘自 GB/T 275—2015）

公称尺寸/mm		圆柱度 t				轴向圆跳动 t_1			
		轴		外 壳 孔		轴 肩		外壳孔肩	
		轴承公差等级							
		0	6(6X)	0	6(6X)	0	6(6X)	0	6(6X)
>	≤	公差值／μm							
—	6	2.5	1.5	4	2.5	5	3	8	5
6	10	2.5	1.5	4	2.5	6	4	10	6
10	18	3.0	2.0	5	3.0	8	5	12	8
18	30	4.0	2.5	6	4.0	10	6	15	10
30	50	4.0	2.5	7	4.0	12	8	20	12
50	80	5.0	3.0	8	5.0	15	10	25	15
80	120	6.0	4.0	10	6.0	15	10	25	15
120	180	8.0	5.0	12	8.0	20	12	30	20
180	250	10.0	7.0	14	10.0	20	12	30	20
250	315	12.0	8.0	16	12.0	25	15	40	25
315	400	13.0	9.0	18	13.0	25	15	25	25
400	500	15.0	10.0	20	15.0	25	15	40	25

表 9-20　配合面及端面的表面粗糙度（摘自 GB/T 275—2015）　（单位：μm）

轴或外壳孔直径/mm		轴或外壳孔配合表面直径公差等级					
		IT7		IT6		IT5	
		表面粗糙度 Ra 上限值					
>	≤	磨	车	磨	车	磨	车
—	80	1.6	3.2	0.8	1.6	0.4	0.8
80	500	1.6	3.2	1.6	3.2	0.8	1.6
端面		3.2	6.3	6.3	6.3	6.3	3.2

（五）选择举例

例 9-2　有一圆柱齿轮减速器，小齿轮轴要求有较高的旋转精度，装有 0 级单列深沟球轴承，轴承尺寸为 50mm×110mm×27mm，额定动载荷 C_r = 32000N，轴承承受的当量径向载荷 P_r = 3600N。试用类比法确定轴和外壳孔的公差带代号，画出公差带图，并确定孔、轴的几何公差值和表面粗糙度参数值，将它们分别标注在装配图和零件图上。

解　按给定条件，可算得 P_r = 0.11C_r，属于正常载荷。内圈相对于载荷方向旋转，外圈相对于载荷方向固定。参考表 9-17 和表 9-18 选轴公差带为 k5，外壳孔公差带为 G7 或 H7。但由于该轴旋转精度要求较高，故选用更紧一些的配合 J7 较为恰当。

从表 9-16 中查出轴承内、外圈单一平面平均直径的上、下极限偏差，再由国家标准查出 k5 和 J7 的上、下极限偏差，从而画出公差带图，如图9-20所示。由图 9-20 中可以算出内圈与轴 Y_{min} = -0.002mm，Y_{max} = -0.025mm；外圈与孔 X_{max} = +0.037mm，Y_{max} = -0.013mm。

为保证轴承正常工作，还应对轴和外壳孔提出几何公差及表面粗糙度要求。查表 9-19 得圆柱度要求：轴为 0.004mm，外壳孔为 0.010mm；轴向圆跳动要求：轴肩 0.012mm，外壳孔肩 0.025mm。

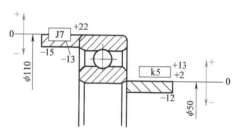

图 9-20　轴承与外壳孔和轴的配合

查表 9-20 得表面粗糙度要求：轴 Ra ≤ 0.4μm，外壳孔表面 Ra ≤ 1.6μm，轴肩端面 Ra ≤ 6.3μm，外壳孔端面 Ra ≤ 3.2μm。

将选择的各项要求标注在图样上，如图 9-21 所示。

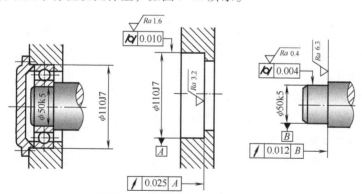

图 9-21　轴和外壳孔的公差标注

由于轴承是标准件，其内外圈公差带规定比较特别。因此，在装配图上只需标出轴和外壳孔的公差带代号，而轴承的公差等级在技术文件中说明。

> **小结**

本章主要介绍了键的类型、键联接的极限与配合；介绍了螺纹几何参数误差对互换性的影响、普通螺纹的极限与配合、螺纹的检测；介绍了滚动轴承的公差等级、滚动轴承内径与外径的公差带及其特点、滚动轴承与轴和外壳孔的配合及其选择。普通平键与轴槽、轮毂槽的宽度是主要的配合尺寸，采用基轴制，键宽公差带为h8，可以与三组不同公差带的轴槽宽和轮毂槽宽形成松、正常和紧密三种联接类型。矩形花键采用基孔制，小径定心。按精度，矩形花键分为一般用途矩形花键和精密传动用矩形花键两类，按装配形式分为滑动、紧滑动和固定三种配合。矩形花键（副）的标记为$N \times d \times D \times B$，各自的公差带代号或配合代号标注在各公称尺寸之后。普通螺纹互换性包含两方面要求：可旋合性和联接可靠性。国家标准只规定了中径和顶径公差带，实际中径、牙侧角偏差和螺距偏差由中径公差综合控制。普通螺纹的精度由公差带和旋合长度决定，精度等级分为精密级、中等级和粗糙级。普通螺纹公差带代号由公差等级数值和基本偏差代号组成（与GB/T 1801中的公差带有区别）。普通螺纹旋合长度分为短旋合长度S、中等旋合长度N、长旋合长度L。滚动轴承的单一平面平均内、外径的公差带都在零线的下方，上极限偏差为零。滚动轴承公差等级按从低到高的顺序，向心轴承（圆锥滚子轴承除外）有0、6、5、4、2共五个等级；圆锥滚子轴承有0、6X、5、4、2共五个等级；推力轴承有0、6、5、4共四个等级。轴和外壳孔公差带的选择需要考虑轴承承受载荷的类型、大小、是否有冲击、工作温度、旋转精度要求等众多因素，其中，套圈承受的载荷类型和大小是比较重要的因素。由于轴承公差带的特殊性，在装配图上，滚动轴承内圈与轴、外圈与外壳孔的配合只需分别标注出轴和外壳孔的公差带代号。

习题

9-1 平键联接为什么只对键（槽）宽规定较严的公差？

9-2 某减速器传递一般转矩，其中某一齿轮与轴之间通过平键联接来传递转矩。已知键宽$b=8mm$，确定键宽b的配合代号，查出其极限偏差值，并画公差带图。

9-3 什么是花键定心表面？GB/T 1144—2001《矩形花键尺寸、公差和检验》为什么只规定小径定心？

9-4 某机床变速箱中，有一个6级精度齿轮的内花键与花键轴联接，花键规格$6 \times 26 \times 30 \times 6$，内花键长30mm，花键轴长75mm，齿轮内花键经常需要相对花键轴做轴向移动，要求定心精度较高。试确定

1）齿轮内花键和花键轴的公差带代号，计算小径、大径、键（槽）宽的极限尺寸。

2）分别写出在装配图上和零件图上的标记。

3）绘制公差带图，并将各参数的公称尺寸和极限偏差标注在图上。

9-5 如何计算普通螺纹螺距和牙侧角偏差的中径补偿值？如何计算螺纹的作用中径？如何判断螺纹中径是否合格？

9-6 查出螺纹联接M20×2-6H/5g6g的内、外螺纹各直径的公称尺寸、基本偏差和公差，画出中径和顶径的公差带图，并在图上标出相应的偏差值。

9-7 有一螺母M24×2-6H，加工后测得中径为$D_{2a}=22.785mm$，$\Delta P_\Sigma=0.030mm$，

$\Delta\beta_1 = +35'$，$\Delta\beta_2 = +25'$，试计算螺母的作用中径，并绘出中径公差带图，判断中径是否合格，并说明理由。

9-8 滚动轴承的公差等级有哪几个？哪个等级应用最广泛？

9-9 滚动轴承与轴、外壳孔配合，采用何种基准制？其公差带分布有何特点？

9-10 选择轴承与轴、外壳孔配合时主要考虑哪些因素？

9-11 某机床转轴上安装 6 级的深沟球轴承，其内径为 40mm，外径为 90mm，该轴承承受 4000N 的当量径向载荷，轴承的额定动载荷为 31400N，内圈随轴一起转动，外圈固定。试确定：

1）与轴承配合的轴、外壳孔的公差带代号。

2）画出公差带图，计算出内圈与轴、外圈与孔配合的极限间隙、极限过盈。

3）轴和外壳孔的几何公差和表面粗糙度参数值。

4）参照图 9-21，把所选的公差带代号和各项要求标注在图样上。

第十章
渐开线圆柱齿轮传动公差与检测

> **导读**

　　齿轮传动在各种机械、仪器中应用最为广泛。本章主要内容包括：齿轮传动基本要求，齿轮的加工误差，国家标准对单个圆柱齿轮、齿轮副的评定项目和精度的规定，齿轮坯的精度要求以及齿轮精度设计方法。通过本章学习，读者应明确齿轮传动基本要求，了解齿轮加工误差的来源及对传动的影响；理解并掌握单个齿轮的评定项目特点；掌握单个齿轮的精度等级及其应用情况；理解齿轮副的评定项目特点；掌握齿厚极限偏差的确定方法；理解并掌握齿轮坯的精度要求；掌握齿轮精度设计基本方法。

　　本章内容涉及的相关标准主要有：GB/T 10095.1—2008《圆柱齿轮　精度制　第 1 部分：轮齿同侧齿面偏差的定义和允许值》、GB/T 10095.2—2008《圆柱齿轮　精度制第 2 部分：径向综合偏差与径向跳动的定义和允许值》、GB/Z 18620.1—2008《圆柱齿轮　检验实施规范　第 1 部分：轮齿同侧齿面的检验》、GB/Z 18620.2—2008《圆柱齿轮检验实施规范　第 2 部分：径向综合偏差、径向跳动、齿厚和侧隙的检验》、GB/Z 18620.3—2008《圆柱齿轮　检验实施规范　第 3 部分：齿轮坯、轴中心距和轴线平行度的检验》、GB/Z 18620.4—2008《圆柱齿轮　检验实施规范　第 4 部分：表面结构和轮齿接触斑点的检验》等。

　　齿轮是机器、仪器中使用最多的传动零件，尤其是渐开线圆柱齿轮应用甚广。本章主要介绍渐开线圆柱齿轮的精度设计及检测方法。

第一节　对齿轮传动的基本要求

　　齿轮主要用来传递运动和动力。对齿轮的使用要求可归纳为以下几个方面。

（1）传递运动准确性 要求从动轮与主动轮运动协调，为此应限制齿轮在一转内传动比的不均匀。

（2）传动平稳性 在传递运动的过程中，要求工作平稳，振动、冲击和噪声小，应限制在一齿范围内瞬时传动比的变化。

（3）载荷分布均匀性 要求啮合齿轮轮齿齿宽均匀接触，在传递载荷时不致因接触不均匀使局部接触应力过大而导致过早磨损。

（4）侧隙的合理性 为储存润滑油和补偿由于温度、弹性变形、制造误差及安装误差所引起尺寸变动，防止轮齿卡住，在齿侧非工作面间应有一定的间隙，这就是齿侧间隙。

以上 4 项要求中，前 3 项是针对齿轮本身提出的要求，第 4 项是对齿轮副的要求。不同用途和不同工作条件下的齿轮，对上述 4 项要求的侧重点是不同的。

1）读数装置和分度机构的齿轮，主要要求是传递运动准确性。当需要可逆传动时，应对齿侧间隙加以限制，以减小反转时的空程误差。

2）对于低速重载齿轮，如矿山机械、起重机械中的齿轮，主要要求载荷分布均匀性，而对传递运动准确性则要求不高。

3）对于高速重载齿轮，如汽轮机减速器中的齿轮，对传递运动准确性、传动平稳性和载荷分布均匀性要求都很高，而且要求有较大的侧隙以满足润滑需要。

4）通常的汽车、拖拉机及机床的变速箱齿轮往往主要考虑平稳性要求，以降低噪声。

第二节 影响渐开线圆柱齿轮精度的因素

影响渐开线圆柱齿轮精度的因素可以分为轮齿同侧齿面偏差（切向偏差、齿距偏差、齿廓偏差和螺旋线偏差）、径向偏差和径向圆跳动。各种偏差视其特性不同，对齿轮传动的影响也不同。

一、影响传递运动准确性的因素

根据齿轮啮合原理可以知道，齿轮齿距分布不均匀是一转中传动比变动的一个很重要的因素。由工艺分析可知，齿距分布不均匀主要是齿轮的安装偏心和运动偏心造成的。

安装偏心（也称为几何偏心）就是指齿轮坯装在加工机床的心轴上后，齿轮坯的几何中心和心轴中心不重合，如图 10-1 所示。由于这种偏心的存在，使齿轮顶圆各处到心轴中心的距离不相等，从而造成加工后齿轮一边齿高增大（轮齿变得瘦尖），另一边齿高减小（轮齿变得粗肥），如图 10-2 所示。

实际齿廓相对于机床心轴是均匀对称的，但相对齿轮本身的几何中心就偏移了。加工以后齿轮的工作、测量却是以其本身中心为基准的。从图 10-2 中可明显看出，在以 O' 为圆心的圆周上齿距是不相等的，齿距由最小逐渐变到最大，然后又逐渐变得最小，在

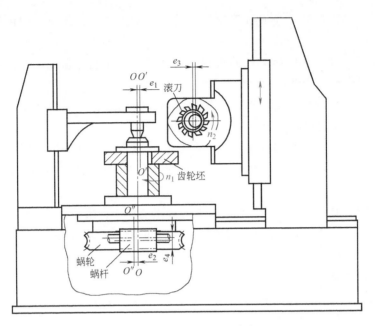

图 10-1　用滚齿机加工齿轮

齿轮转一转中按正弦规律变化。如果把这种齿轮作为从动轮与理想的齿轮相啮合，则从动轮将产生转角误差，从而影响传递运动的准确性。

　　由图 10-1 可知，滚齿时，由于机床分度蜗轮的偏心（e_2）会使工作台按正弦规律以一转为周期时快时慢地旋转，这种由分度蜗轮的角速度变化所引起的偏心误差称为运动偏心。运动偏心使所切轮齿在分度圆周上分布不均匀，齿距由最小逐渐变到最大，然后又逐渐变到最小，在齿轮一转中也按正弦规律变化。因此，运动偏心也影响传递运动准确性。

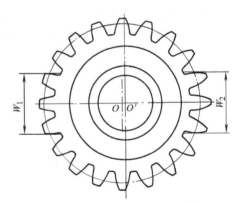

图 10-2　具有安装偏心误差的齿轮

　　几何偏心使齿面位置相对于齿轮基准中心在径向发生了变化，使被加工的齿轮产生径向偏差。

　　而运动偏心的存在，滚刀与齿轮坯的径向位置并未改变（不考虑几何偏心），当用球形或锥形测头在齿槽内测量齿圈径向圆跳动时，测头径向位置并不改变，因而运动偏心并不产生径向偏差，而是使齿轮产生切向偏差。

二、影响齿轮传动平稳性的因素

　　传动平稳性是反映齿轮瞬时传动比的变化的，这里以一齿范围来分析。

　　1）只有理想的设计齿廓曲线（如渐开线），才能保持传动比不变。齿轮加工完后总要存在齿廓总偏差，如刀具成形面的近似造型、制造及刃磨误差或机床传动链有误差

（如分度蜗杆有安装误差）时，会引起被切齿轮齿面产生波纹，如图 10-3 所示。理论上主动轮齿与从动轮齿应在点 a 接触，实际在点 a' 接触，导致了传动比变化而使传动不平稳。

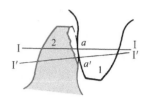

图 10-3　齿廓总偏差
对传动平稳性的影响

　　2）由齿轮啮合原理可知，要保证多对轮齿工作连续啮合，必须使两啮合齿轮的基圆齿距（基节）相等，如其有误差，将会造成前对轮齿啮合结束与后对轮齿啮合交替时的传动比变化，如图 10-4 所示。

　　当主动轮齿距大于从动轮齿距时，前对轮齿脱离啮合而后对轮齿尚未进入啮合，发生瞬间脱离，引起换齿撞击，如图 10-4a 所示；与主动轮齿距小于从动轮齿距时，前对轮齿尚未脱离啮合，后对轮齿已进入啮合，从动轮转速加快，同样也引起换齿撞击、振动和噪声，影响传动平稳性，如图 10-4b 所示。

　　GB/T 10095.1—2008 中没有给出基圆齿距偏差这个参数，它与单个齿距偏差之间有如下关系：$f_{pb} = f_{pt} \cos\alpha - p_t \Delta\alpha \sin\alpha$，式中，$f_{pb}$、$f_{pt}$ 分别为基圆齿距偏差、单个齿距偏差；$\Delta\alpha$ 为压力角偏差；p_t 为齿距。

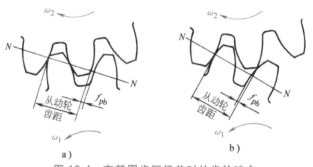

图 10-4　有基圆齿距偏差时的齿轮啮合

三、影响载荷分布均匀性的因素

　　一对齿轮的啮合过程，理论上应是齿顶到齿根沿全齿宽成线接触的啮合。对直齿，该接触线应在基圆柱切平面内且与齿轮轴线平行；对斜齿轮，该接触线应在基圆柱切平面内且与齿轮轴线成 β_b 角（β_b 为基圆螺旋角，如图 10-5 所示）。沿齿高方向，该接触线应按渐开面（直齿轮）或渐开螺旋面（斜齿轮）轨迹扫过整个齿廓的工作部分。这是齿轮轮齿均匀受载和减小磨损的理想接触情况。

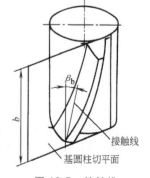

图 10-5　接触线

　　当实际情况与上述不符时，如滚齿机刀架导轨相对于工作台回转轴线的有平行度误差、加工时齿轮坯定位端面与基准孔的中心线不垂直等，会形成齿廓偏差和螺旋线偏差，轮齿的方向会产生偏斜，从而使轮齿不是理想接触情况而影响载荷分布均匀性。

　　综上所述，齿轮的长周期（一转）偏差主要是由齿轮加工过程中的几何偏心和运动偏心引起的，一般两种偏心同时存在，可能抵消，也可能叠加。

这类偏差有切向综合总偏差、齿距累积总偏差等，其结果影响齿轮传递运动准确性。

轮齿间的短周期（一齿）偏差主要由齿轮加工过程中的刀具误差、机床传动链误差等引起的。这类偏差有一齿切向综合偏差、一齿径向综合偏差，单个齿距偏差、齿廓偏差等，其结果影响齿轮传动平稳性。

同侧齿面的轴向偏差主要是由于齿轮坯轴线的歪斜和机床刀架导轨的误差造成的，如螺旋线偏差。对于直齿轮，它破坏纵向接触；对于斜齿轮，它既破坏纵向接触也破坏高度接触。

第三节　渐开线圆柱齿轮精度的评定参数与检测

GB/T 10095.1～10095.2—2008 对于渐开线圆柱齿轮精度的评定参数分为轮齿同侧齿面偏差、径向偏差和径向圆跳动几个方面。

一、齿轮轮齿同侧齿面偏差与检测

GB/T 10095.1—2008 对单个齿轮同侧齿面在齿距偏差、齿廓偏差、切向综合偏差和螺旋线偏差等内容中规定了 11 项偏差。

1. 齿距偏差

（1）单个齿距偏差（f_{pt}）　在端平面上，在接近齿高中部的一个与齿轮轴线同心的圆上，实际齿距与理论齿距的代数差称为单个齿距偏差，如图 10-6 所示。

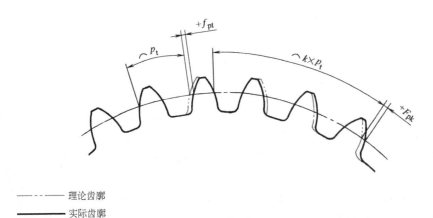

—·—·—　理论齿廓
———　实际齿廓

图 10-6　齿距偏差

（2）齿距累积偏差（F_{pk}）　任意 k 个齿距的实际弧长与理论弧长的代数差是齿距累积偏差。理论上它等于这 k 个齿距的单个齿距偏差的代数和（图 10-6）。

国家标准规定，F_{pk} 值被限定在不大于 1/8 的圆圈上评定，因此，F_{pk} 的允许值适用于齿距数 k 为 2～z/8 的弧段内。通常，F_{pk} 取 k=z/8 就足够了，如果对于特殊的应用（如高速齿轮），还需检验较小弧段，并规定相应的 k 数。

（3）齿距累积总偏差（F_p）　齿距累积总偏差是指齿轮同侧齿面任意弧段（$k=1$ 至 $k=z$）内的最大齿距累积偏差。

以上三项均可由齿距仪或万能测齿仪进行测量。齿距累积偏差和齿距累积总偏差通常采用相对法，即首先以被测齿轮上任一实际齿距（k 个齿距）作为基准，将仪器指示表调零，然后沿整个齿圈依次测出其他实际齿距与作为基准的齿距的差值（称为相对齿距偏差），经过数据处理求出（同时也可求得单个齿距偏差）。

齿距偏差反映了一齿和一转内任意个齿距的最大变化，直接反映齿轮的转角误差，是几何偏心和运动偏心的综合结果，比较全面地反映了齿轮的传递运动准确要求和平稳要求。

2. 齿廓偏差

为了更好地理解齿廓偏差这个内容，先来了解一些定义。

（1）可用长度（L_{AF}）　如图 10-7 所示，可用长度等于两条端面基圆切线之差。其中一条是从基圆到可用齿廓的外界限点，另一条是从基圆到可用齿廓的内界限点。依据设计，可用长度外界限点被齿顶、齿顶倒棱或齿顶倒圆的起始点（图 10-7 中点 A）限定，在朝齿根方向上，可用长度的内界限点被齿根圆角或挖根的起始点（图 10-7 中点 F）所限定。

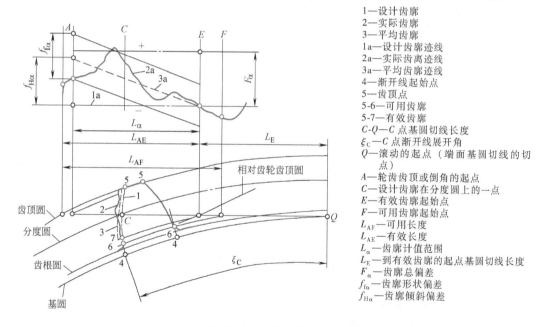

1—设计齿廓
2—实际齿廓
3—平均齿廓
1a—设计齿廓迹线
2a—实际齿离迹线
3a—平均齿廓迹线
4—渐开线起始点
5—齿顶点
5-6—可用齿廓
5-7—有效齿廓
C-Q—C 点基圆切线长度
ξ_C—C 点渐开线展开角
Q—滚动的起点（端面基圆切线的切点）
A—轮齿齿顶或倒角的起点
C—设计齿廓在分度圆上的一点
E—有效齿廓起始点
F—可用齿廓起始点
L_{AF}—可用长度
L_{AE}—有效长度
L_α—齿廓计值范围
L_E—到有效齿廓的起点基圆切线长度
F_α—齿廓总偏差
$f_{f\alpha}$—齿廓形状偏差
$f_{H\alpha}$—齿廓倾斜偏差

图 10-7　齿轮齿廓和齿廓偏差示意图

（2）有效长度（L_{AE}）　有效长度是指可用长度对应于有效齿廓的那部分。对于齿顶，其有与可用长度同样的限定（点 A）。对于齿根，有效长度延伸到与之配对齿轮有效啮合的终止点 E（即有效齿廓起始点）。如不知道配对齿轮，则点 E 为与基本齿条相啮合的有效齿廓起始点。

（3）齿廓计值范围（L_α）　齿廓计值范围是可用长度中的一部分，在 L_α 内应遵照规定精度等级的公差。除非另有规定，其长度等于从点 E 开始延伸的有效长度 L_{AE} 的 92%。

（4）设计齿廓　设计齿廓是指符合设计规定的齿廓，当无其他限定时，是指端面齿廓。齿廓迹线是由齿轮齿廓检查仪在纸上画的齿廓偏差曲线。未经修形的渐开线齿廓迹线为直线，如偏离了直线，其偏离量即表示与被检齿轮的基圆所展成的渐开线齿廓的偏差，如图 10-7 所示。

（5）被测齿面的平均齿廓 被测齿面的平均齿廓是指设计齿廓迹线的纵坐标减去一条斜直线的纵坐标后得到的一条迹线。这条斜直线使得在计值范围内实际齿廓迹线对平均齿廓迹线偏差的平方和最小。因此，平均齿廓迹线的位置和倾斜可以用"最小二乘法"求得。平均齿廓是用来确定齿廓形状偏差 $f_{f\alpha}$（图 10-7）和齿廓倾斜偏差 $f_{H\alpha}$（图 10-7）的一条辅助齿廓迹线。

实际齿廓偏离设计齿廓的量为齿廓偏差，该量在端平面内且垂直于渐开线齿廓的方向计值。

1）齿廓总偏差（F_α）。齿廓总偏差是指在计值范围内包容实际齿廓迹线内两条设计齿廓迹线间的距离，如图 10-7 所示。

2）齿廓形状偏差（$f_{f\alpha}$）。齿廓形状偏差是指在计值范围内包容实际齿廓迹线的两条与平均齿廓迹线完全相同的曲线间的距离，且两条曲线与平均齿廓迹线的距离为常数，如图 10-7 所示。

3）齿廓倾斜偏差（$f_{H\alpha}$）。齿廓倾斜偏差是指在计值范围内两端与平均齿廓迹线相交的两条设计齿廓迹线间的距离，如图 10-7 所示。

通常，齿廓工作部分为理论渐开线，也可以是采用理论渐开线齿廓为基础的修正齿廓，如修缘齿廓、凸齿廓等。其目的是为了减小基圆齿距偏差和轮齿弹性变形引起的冲击、振动和噪声。

规定了齿廓总偏差，而且还规定了齿廓形状和倾斜偏差，可以改善齿轮承载能力，降低噪声，提高传动质量。

齿廓偏差可在渐开线检查仪上测量。利用精密机构产生正确的渐开线轨迹与实际齿形进行比较，以确定齿廓偏差。

3. 切向综合偏差

（1）切向综合总偏差（F_i'） 切向综合总偏差是指被测齿轮与测量齿轮单面啮合检验时，被测齿轮一转内，齿轮分度圆上实际圆周位移与理论圆周位移的最大差值，如图 10-8 所示。

（2）一齿切向综合偏差（f_i'） 被测齿轮与测量齿轮单面啮合时，在被测齿轮一个齿距内，齿轮分度圆上实际圆周位移与理论圆周位移的最大差值。可见，一齿切向综合偏差是一个齿距内的切向综合偏差，如图 10-8 所示小波纹的幅度值。

切向综合总偏差是几何偏心、运动偏心引起误差的综合反映。一齿切向综合偏差反映齿轮工作时振动、冲击和噪声等高频运动误差的大小，是齿轮齿廓、齿距等各项误差综合的结果。

切向综合偏差要在单面啮合综合检查仪上进行测量。单面啮合综合检查仪结构复杂，价格比较高。

4. 螺旋线偏差

螺旋线偏差是在端面基圆切线方向上测得的实际螺旋线偏离设计螺旋线的量。

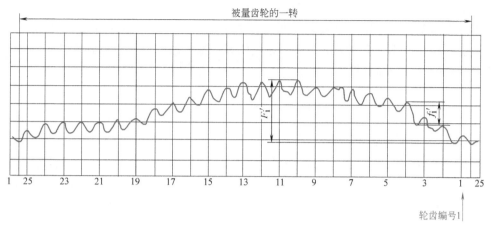

图 10-8 切向综合偏差

（1）螺旋线总偏差（F_β） 螺旋线总偏差是指在计值范围内包容实际螺旋线迹线的两条设计螺旋线迹线间的距离（图 10-9a）。

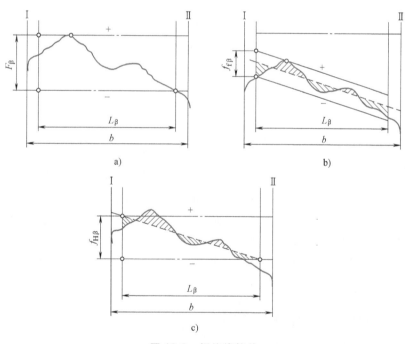

图 10-9 螺旋线偏差

（2）螺旋线形状偏差（$f_{f\beta}$） 螺旋线形状偏差是指在计值范围内包容实际螺旋线迹线的两条与平均螺旋线迹线完全相同的曲线间的距离，且两条曲线与平均螺旋线迹线的距离为常数（图 10-9b）。

（3）螺旋线倾斜偏差（$f_{H\beta}$） 螺旋线倾斜偏差是指在计值范围内（螺旋线计值范围 L_β 是指在轮齿两端处各减去下面两个数值中较小的一个后的"迹线长度"，即 5% 的齿宽或等于一个模数的长度）的两端与平均螺旋线迹线相交的设计螺旋线迹线的距离（图 10-9c）。

图 10-9 的理解近似于图 10-7，这里不再一一说明了。

螺旋线偏差影响齿轮的承载能力和传动质量，其测量方法有展成法和坐标法。展成法测量的仪器是渐开线螺旋线检查仪、导程仪等。坐标法测量可以用螺旋线样板检查仪、齿轮测量中心和三坐标测量机进行。

二、齿轮径向综合偏差与检测

1. 径向综合总偏差（F_i''）

径向综合总偏差是在径向（双面）综合检验时，产品齿轮的左右齿面同时与测量齿轮接触，并转过一整圈时出现的中心距最大值与最小值之差，如图 10-10 所示。它用齿轮双面啮合检查仪进行测量。

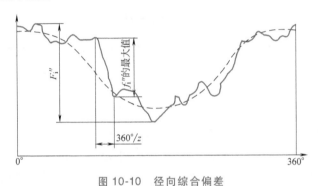

图 10-10　径向综合偏差

2. 一齿径向综合偏差（f_i''）

一齿径向综合偏差是当产品齿轮与测量齿轮双面啮合一整圈时，对应一个齿距（$360°/z$）的径向综合偏差值，可见它是一个齿距内的双啮中心距的最大变动量。

若产品齿轮的齿廓存在径向偏差及一些如齿廓形状偏差、基圆齿距偏差等短周期误差，则其双啮中心距就会在转动时变化。因此，径向综合偏差主要反映了由几何偏心引起的误差。但由于其受左右齿面的共同影响，因而不如切向综合偏差反映全面，不适合验收高精度齿轮。只是双啮仪远比单啮仪简单，操作方便，测量效率高，故在大批量生产中应用广泛。

三、齿轮径向跳动与检测

径向跳动（F_r）在标准的正文中没有给出，只是在 GB/T 10095.2—2008 的附录 B 中给出。

齿轮径向跳动为测头（球形、圆柱形、砧形）相继置于每个齿槽内时，从它到齿轮轴线的最大和最小径向距离之差。检查中，测头在近似齿高中部与左右齿面接触。径向圆跳动的测量方法及测得数据曲线分别如图 10-11 和图 10-12 所示。

图 10-12 给出了几何偏心与径向跳动的关系。径向跳动是由于齿轮的轴线和基准孔的中心线存在几何偏心所引起的。

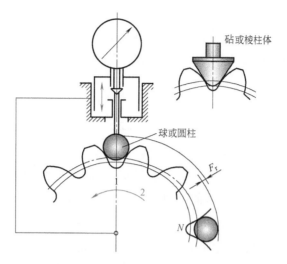

图 10-11　径向圆跳动的测量方法

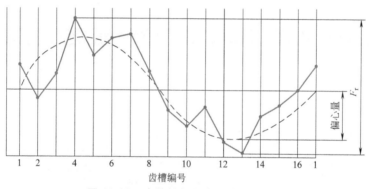

图 10-12　齿轮的径向圆跳动数据曲线

第四节　渐开线圆柱齿轮精度等级及其应用

一、精度等级

1. 轮齿同侧齿面偏差的精度等级

对于分度圆直径为 5~10000mm、法向模数为 0.5~70mm、齿宽为 4~1000mm 的渐开线圆柱齿轮，其共 11 项同侧齿面偏差由 GB/T 10095.1—2008 规定了 0、1、2、…、12 共 13 个精度等级。其中 0 级最高，12 级最低。

2. 径向综合偏差的精度等级

对于分度圆直径为 5~1000mm、法向模数为 0.2~10mm 的渐开线圆柱齿轮的径向综合总偏差 F_i'' 和一齿径向综合偏差 f_i''，GB/T 10095.2—2008 规定了 4、5、…、12 共 9 个精度等级。其中 4 级最高，12 级最低。

3. 径向跳动的精度等级

对于分度圆直径为 5~10000mm、法向模数为 0.5~70mm 的渐开线圆柱齿轮的径向跳动，GB/T 10095.2—2008 在附录 B 中推荐了 0、1、2、…、12 共 13 个精度等级。其中 0 级最高，12 级最低。

二、偏差的计算公式及允许值

齿轮的精度等级是通过实测的偏差值与国家标准规定的数值进行比较后确定的。GB/T 10095.1—2008 和 GB/T 10095.2—2008 规定：公差表格中的允许值是用对 5 级精度规定的公式乘以级间公比计算出来的。两相邻精度等级的级间公比等于 $\sqrt{2}$，本级数值除以（或乘以）$\sqrt{2}$ 即可得到相邻较高（或较低）等级的数值。5 级精度未圆整的计算值乘以 $\sqrt{2}^{0.5(Q-5)}$ 即可得任一精度等级的待求值，式中 Q 是待求值的精度等级数。表 10-1 列出了各级精度齿轮轮齿同侧齿面偏差、径向综合偏差和径向圆跳动允许值的计算公式。

表 10-1　各级精度齿轮轮齿同侧齿面偏差、径向综合偏差和径向圆跳动允许值的计算公式
（摘自 GB/T 10095.1—2008、GB/T 10095.2—2008）

项目代号	允许值的计算公式
f_{pt}	$[0.3(m_n+0.4d^{0.5})+4]\times2^{0.5(Q-5)}$
F_{pk}	$\{f_{pt}+1.6[(k-1)m_n]^{0.5}\}\times2^{0.5(Q-5)}$
F_p	$(0.3m_n+1.25d^{0.5}+7)\times2^{0.5(Q-5)}$
F_α	$(3.2m_n^{0.5}+0.22d^{0.5}+0.7)\times2^{0.5(Q-5)}$
$f_{f\alpha}$	$(2.5m_n^{0.5}+0.17d^{0.5}+0.5)\times2^{0.5(Q-5)}$
$f_{H\alpha}$	$(2m_n^{0.5}+0.14d^{0.5}+0.5)\times2^{0.5(Q-5)}$
F_β	$(0.1d^{0.5}+0.63b^{0.5}+4.2)\times2^{0.5(Q-5)}$
$f_{f\beta},f_{H\beta}$	$(0.07d^{0.5}+0.45b^{0.5}+3)\times2^{0.5(Q-5)}$
F_i'	$(F_p+f_i')\times2^{0.5(Q-5)}$
f_i'	$K(4.3+f_{pt}+F_\alpha)\times2^{0.5(Q-5)}=K(9+0.3m_n+3.2m_n^{0.5}+0.34d^{0.5})\times2^{0.5(Q-5)}$ $\varepsilon_r<4$ 时，$K=0.2\left(\dfrac{\varepsilon_r+4}{\varepsilon_r}\right)$，$\varepsilon_r\geq4$ 时，$K=0.4$
f_i''	$(2.96m_n+0.01d^{0.5}+0.8)\times2^{0.5(Q-5)}$
F_i''	$(F_r+f_i')\times2^{0.5(Q-5)}=(3.2m_n+1.01d^{0.5}+6.4)\times2^{0.5(Q-5)}$
F_r	$(0.8F_p)\times2^{0.5(Q-5)}=(0.24m_n+1.0d^{0.5}+5.6)\times2^{0.5(Q-5)}$

国家标准中所列出的允许值的表格，其值是由表 10-1 中的公式计算并圆整后得到的。由公式计算出的数值如何圆整呢？国家标准规定如下。

1）同侧齿面偏差允许值的圆整规则。如果计算值大于 $10\mu m$，圆整到最接近的整数；如果计算值小于 $10\mu m$，圆整到最接近的相差小于 $0.5\mu m$ 的小数或整数；如果计算值小于 $5\mu m$，圆整到最接近的相差小于 $0.1\mu m$ 的一位小数或整数。

2）径向综合偏差和径向圆跳动允许值的圆整规则。如果计算值大于 $10\mu m$，圆整到接近的整数；如果计算值小于 $10\mu m$，圆整到最接近 $0.5\mu m$ 的小数或整数。

表 10-1 中的公式，其参数 m_n、d 和 b 按规定取各分段界限值的几何平均值代入。例如：实际模数为 7mm，分段界限值为 $m_n = 6$mm 和 $m_n = 10$mm，则计算式中 $m_n = \sqrt{6 \times 10}$ mm = 7.746mm 代入进行计算。参数分段的目的是由于参数值很近时其计算所得值相差不大，这样既可以简化表格，也没必要为每个参数都对应一个值。

轮齿同侧齿面偏差的允许值见表 10-2～表 10-5，径向综合偏差的允许值见表 10-6 和表 10-7，径向圆跳动的允许值见表 10-8。

表 10-2　单个齿距偏差 $\pm f_{pt}$ 的允许值（摘自 GB/T 10095.1—2008）

分度圆直径 d/mm	法向模数 m_n/mm	精 度 等 级				
		5	6	7	8	9
		$\pm f_{pt}$/μm				
$20 < d \leqslant 50$	$2 < m_n \leqslant 3.5$	5.5	7.5	11.0	15.0	22.0
	$3.5 < m_n \leqslant 6$	6.0	8.5	12.0	17.0	24.0
$50 < d \leqslant 125$	$2 < m_n \leqslant 3.5$	6.0	8.5	12.0	17.0	23.0
	$3.5 < m_n \leqslant 6$	6.5	9.0	13.0	18.0	26.0
	$6 < m_n \leqslant 10$	7.5	10.0	15.0	21.0	30.0
$125 < d \leqslant 280$	$2 < m_n \leqslant 3.5$	6.5	9.0	13.0	18.0	26.0
	$3.5 < m_n \leqslant 6$	7.0	10.0	14.0	20.0	28.0
	$6 < m_n \leqslant 10$	8.0	11.0	16.0	23.0	32.0
$280 < d \leqslant 560$	$2 < m_n \leqslant 3.5$	7.0	10.0	14.0	20.0	29.0
	$3.5 < m_n \leqslant 6$	8.0	11.0	16.0	22.0	31.0
	$6 < m_n \leqslant 10$	8.5	12.0	17.0	25.0	35.0

表 10-3　齿距累积总偏差 F_p 的允许值（摘自 GB/T 10095.1—2008）

分度圆直径 d/mm	法向模数 m_n/mm	精 度 等 级				
		5	6	7	8	9
		F_p/μm				
$20 < d \leqslant 50$	$2 < m_n \leqslant 3.5$	15	21	30	42	59
	$3.5 < m_n \leqslant 6$	15	22	31	44	62
$50 < d \leqslant 125$	$2 < m_n \leqslant 3.5$	19	27	38	53	76
	$3.5 < m_n \leqslant 6$	19	28	39	55	78
	$6 < m_n \leqslant 10$	20	29	41	58	82
$125 < d \leqslant 280$	$2 < m_n \leqslant 3.5$	25	35	50	70	100
	$3.5 < m_n \leqslant 6$	25	36	51	72	102
	$6 < m_n \leqslant 10$	26	37	53	75	106
$280 < d \leqslant 560$	$2 < m_n \leqslant 3.5$	33	46	65	92	131
	$3.5 < m_n \leqslant 6$	33	47	66	94	133
	$6 < m_n \leqslant 10$	34	48	68	97	137

表 10-4　齿廓总偏差 F_α 的允许值（摘自 GB/T 10095.1—2008）

分度圆直径 d/mm	法向模数 m_n/mm	精度 等 级				
		5	6	7	8	9
		F_α/μm				
20<d≤50	2<m_n≤3.5	7	10	14	20	29
	3.5<m_n≤6	9	12	18	25	35
50<d≤125	2<m_n≤3.5	8	11	16	22	31
	3.5<m_n≤6	9.5	13	19	27	38
	6<m_n≤10	12	16	23	33	46
125<d≤280	2<m_n≤3.5	9	13	18	25	36
	3.5<m_n≤6	11	15	21	30	42
	6<m_n≤10	13	18	25	36	50
280<d≤560	2<m_n≤3.5	10	15	21	29	41
	3.5<m_n≤6	12	17	24	34	48
	6<m_n≤10	14	20	28	40	56

表 10-5　螺旋线总偏差 F_β 的允许值（摘自 GB/T 10095.1—2008）

分度圆直径 d/mm	齿宽 b/mm	精度 等 级				
		5	6	7	8	9
		F_β/μm				
20<d≤50	10<b≤20	7	10	14	20	29
	20<b≤40	8	11	16	23	32
50<d≤125	10<b≤20	7.5	11	15	21	30
	20<b≤40	8.5	12	17	24	34
	40<b≤80	10	14	20	28	39
125<d≤280	10<b≤20	8	11	16	22	32
	20<b≤40	9	13	18	25	36
	40<b≤80	10	15	21	29	41
280<d≤560	20<b≤40	9.5	13	19	27	38
	40<b≤80	11	15	22	31	44
	80<b≤160	13	18	26	36	52

表 10-6　径向综合总偏差 F_i'' 的允许值（摘自 GB/T 10095.2—2008）

分度圆直径 d/mm	法向模数 m_n/mm	精度 等 级				
		5	6	7	8	9
		F_i''/μm				
20<d≤50	1.0<m_n≤1.5	16	23	32	45	64
	1.5<m_n≤2.5	18	26	37	52	73

（续）

分度圆直径 d/mm	法向模数 m_n/mm	精 度 等 级				
		5	6	7	8	9
		F''_i/μm				
50<d≤125	1.0<m_n≤1.5	19	27	39	55	77
	1.5<m_n≤2.5	22	31	43	61	86
	2.5<m_n≤4.0	25	36	51	72	102
125<d≤280	1.0<m_n≤1.5	24	34	48	68	97
	1.5<m_n≤2.5	26	37	53	75	106
	2.5<m_n≤4.0	30	43	61	86	121
	4.0<m_n≤6.0	36	51	72	102	144
280<d≤560	1.0<m_n≤1.5	30	43	61	86	122
	1.5<m_n≤2.5	33	46	65	92	131
	2.5<m_n≤4.0	37	52	73	104	146
	4.0<m_n≤6.0	42	60	84	119	169

表 10-7　一齿径向综合偏差 f''_i 的允许值（摘自 GB/T 10095.2—2008）

分度圆直径 d/mm	法向模数 m_n/mm	精 度 等 级				
		5	6	7	8	9
		f''_i/μm				
20<d≤50	1.0<m_n≤1.5	4.5	6.5	9	13	18
	1.5<m_n≤2.5	6.5	9.5	13	19	26
50<d≤125	1.0<m_n≤1.5	4.5	6.5	9	13	18
	1.5<m_n≤2.5	6.5	9.5	13	19	26
	2.5<m_n≤4.0	10	14	20	29	41
125<d≤280	1.0<m_n≤1.5	4.5	6.5	9	13	18
	1.5<m_n≤2.5	6.5	9.5	13	19	27
	2.5<m_n≤4.0	10	15	21	29	41
	4.0<m_n≤6.0	15	22	31	44	62
280<d≤560	1.0<m_n≤1.5	4.5	6.5	9	13	18
	1.5<m_n≤2.5	6.5	9.5	13	19	27
	2.5<m_n≤4.0	10	15	21	29	41
	4.0<m_n≤6.0	15	22	31	44	62

表 10-8　径向圆跳动 F_r 的允许值（摘自 GB/T 10095.2—2008）

分度圆直径 d/mm	法向模数 m_n/mm	精 度 等 级				
		5	6	7	8	9
		F_r/μm				
$20 < d \leqslant 50$	$2 < m_n \leqslant 3.5$	12	17	24	34	47
	$3.5 < m_n \leqslant 6$	12	17	25	35	49
$50 < d \leqslant 125$	$2 < m_n \leqslant 3.5$	15	21	30	43	61
	$3.5 < m_n \leqslant 6$	16	22	31	44	62
	$6 < m_n \leqslant 10$	16	23	33	46	65
$125 < d \leqslant 280$	$2 < m_n \leqslant 3.5$	20	28	40	56	80
	$3.5 < m_n \leqslant 6$	20	29	41	58	82
	$6 < m_n \leqslant 10$	21	30	42	60	85
$280 < d \leqslant 560$	$2 < m_n \leqslant 3.5$	26	37	52	74	105
	$3.5 < m_n \leqslant 6$	27	38	53	75	106
	$6 < m_n \leqslant 10$	27	39	55	77	109

对于没有提供数值表的偏差的允许值，可在对其定义及圆整规则的基础上，用表10-1中公式求取。

当齿轮参数不在给定的范围内或供需双方同意时，可以在计算公式中代入实际齿轮参数计算，而无须取分段界限的几何平均值。

在给定的文件中，如果所要求的齿轮精度等级规定为标准中的某一等级，且无其他规定时，则各项偏差的允许值均按该精度等级。然而，可根据协议，对不同情况规定不同的精度等级。

三、齿轮精度等级的确定

根据齿轮的用途、使用要求、传动功率和回转速度等技术条件，齿轮精度等级的选用方法一般有计算法和类比法，大多情况下采用类比法确定。

1. 计算法

根据齿轮传动机构最终达到的精度要求，应用传动尺寸链的方法计算和分配各级齿轮副的传动精度，确定齿轮的精度等级。由于影响齿轮精度的因素既有齿轮自身原因，也有安装误差的影响，所以很难精确计算出齿轮所需精度等级，故计算结果只能作为参考。计算法仅适用于特殊精度机构使用的齿轮。

2. 类比法

类比法是指查阅类似机构的设计，根据实际验证的已有经验来确定齿轮精度，并且针对本机构自身特点进行修正的方法。

轮齿同侧齿面偏差规定的 13 个精度等级中，0、1、2 级为超精度级，3、4、5 级为高精度级，6、7、8 级为常用精度级，是使用最广泛的等级，9、10、11、12 级为低精度级。表 10-9 和表 10-10 给出了一些机械采用的齿轮精度等级和圆柱齿轮精度等级的应用范围，供使用类比法时参考。

表 10-9 一些机械采用的齿轮精度等级

应 用 范 围	精 度 等 级	应 用 范 围	精 度 等 级
单啮仪、双啮仪	2～5	载重汽车	6～9
蜗杆减速器	3～5	通用减速器	6～8
金属切削机床	3～8	轧钢机	5～10
航空发动机	4～7	矿用绞车	6～10
内燃机车、电气机车	5～8	起重机	6～9
轻型汽车	5～8	拖拉机	6～10

表 10-10 圆柱齿轮精度等级的应用范围

精度等级	工作条件及应用范围	圆周速度/m·s⁻¹		效 率	切 齿 方 法	齿面的最后加工
		直齿	斜齿			
3级	用于特别精密的分度机构或在最平稳且无噪声的极高速下工作的齿轮传动中的齿轮；特别精密机构中的齿轮；特别高速传动的齿轮（透平传动）；检测5、6级的测量齿轮	>40	>75	不低于0.99（包括轴承不低于0.985）	在周期误差特小的精密机床上用展成法加工	特精密的磨齿和研齿，精密滚齿或单边剃齿（之后不经淬火处理）
4级	用于特别精密的分度机构或在最平稳且无噪声的极高速下工作的齿轮传动中的齿轮；特别精密机构中的齿轮；高速透平传动的齿轮；检测7级齿轮的测量齿轮	>35	>70	不低于0.99（包括轴承不低于0.985）	在周期误差极小的精密机床上用展成法加工	精密磨齿，大多数用精密滚刀加工、研齿或单边剃齿
5级	用于精密分度机构的齿轮或要求极平稳且无噪声的高速下工作的齿轮传动中的齿轮；精密机构用齿轮；透平传动的齿轮；检测8、9级的测量齿轮	>20	>40	不低于0.99（包括轴承不低于0.985）	在周期误差小的精密机床上用展成法加工	精密磨齿，大多数用精密滚刀加工，进而研齿或剃齿
6级	用于要求最高效率且无噪声的高速下工作的齿轮传动或分度机构的齿轮传动中的齿轮；特别重要的航空、汽车用齿轮；读数装置中特别精密的齿轮	～15	～30	不低于0.99（包括轴承不低于0.985）	在精密机床上用展成法加工	精密磨齿或剃齿
7级	在高速和适度功率或大功率和适度速度下工作的齿轮；金属切削机床中需要运动协调性的进给齿轮；高速减速器齿轮；航空、汽车以及读数装置用齿轮	～10	～15	不低于0.98（包括轴承不低于0.975）	在精密机床上用展成法加工	无需热处理的齿轮仅用精确刀具加工；对于淬硬齿轮必须精整加工（磨齿、研齿、珩齿）
8级	无须特别精密的一般机械制造用齿轮；不包括在分度链中的机床齿轮；飞机、汽车制造业中不重要的齿轮；起重机构用齿轮；农业机械中的重要齿轮；通用减速器齿轮	～6	～10	不低于0.97（包括轴承不低于0.965）	用展成法或分度法（根据齿轮实际齿数设计齿形的刀具）加工	齿不用磨；必要时剃齿或研齿
9级	用于粗糙工作的，对它不提正常精度要求的齿轮；因结构上考虑受载低于计算载荷的传动用齿轮	～2	～4	不低于0.96（包括轴承不低于0.95）	任何方法	无须特殊的精加工工序

四、齿轮检验项目的确定

在检验时，测量全部轮齿要素既不经济也无必要。有些要素对于特定齿轮的功能并没有明显影响，且有些测量项目可以代替其他一些项目，如径向综合偏差检验能代替径向跳动检验。这些项目的误差控制有重复。

由于 GB/T 10095.1—2008 中规定切向综合偏差是该标准的检验项目，但不是必检项目；齿廓和螺旋线的形状偏差和倾斜偏差有时作为有用的评定参数，但也不是必检项目。所以，为评定单个齿轮的加工精度，应检验单个齿距偏差 f_{pt}、齿距累积总偏差 F_p、齿廓总偏差 F_α、螺旋线总偏差 F_β。

齿距累积偏差 F_{pk} 在高速齿轮中使用。

当检验切向综合偏差 F_i' 和 f_i' 时，可不必检验单个齿距偏差 f_{pt} 和齿距累积总偏差 F_p。

GB/T 10095.2—2008 中规定的径向综合偏差和径向跳动由于检验时是双面啮合，与齿轮工作状态不一致，只反映径向偏差，不能全面反映同侧齿面的偏差，所以只能作为辅助检验项目。当批量生产齿轮时，用 GB/T 10095.1—2008 中规定的项目进行首检，然后用同样方法生产的其他齿轮就可只检查径向综合偏差 F_i'' 和 f_i'' 或径向跳动 F_r。它们可方便迅速地反映由于产品齿轮装夹等原因造成的偏差。

对于质量控制测量项目的减少须由供需双方协商确定。

此外，对单个齿轮还需检验齿厚偏差，它是作为侧隙评定指标。需要说明，齿厚偏差在 GB/T 10095.1~2—2008 中均未做规定，指导性技术文件中也未推荐具体数值，由设计者按齿轮副侧隙计算确定（详见第六节）。

五、齿轮精度等级在图样上的标注

在文件需叙述齿轮精度要求时，应注明标准代号，如 GB/T 10095.1—2008 或 GB/T 10095.2—2008。

关于齿轮精度等级和齿厚偏差标注如下。

若齿轮的检验项目为同一等级时，可标注精度等级和标准代号。如齿轮检验项目同为 7 级，则标注为

$$7GB/T\ 10095.1—2008\ 或\ 7GB/T\ 10095.2—2008$$

若齿轮检验项目的精度等级不同时，如齿廓总偏差 F_α 为 6 级，而齿距累积总偏差 F_p 和螺旋线总偏差 F_β 均为 7 级时，则标注为

$$6(F_\alpha)、7(F_p、F_\beta)GB/T\ 10095.1—2008$$

齿厚偏差标注时在齿轮工作图右上角参数表中标出其公称值及极限偏差。

以上标注只是建议性的，目前的国家标准没有给出具体的标注样式。

第五节　齿轮坯的精度与齿面粗糙度

齿轮坯是齿轮轮齿加工前的工件，其尺寸和形状偏差对于齿轮副的接触条件和运行

状况影响极大。由于在加工齿轮坯时保持较小的公差，比加工高精度的轮齿要容易，所以也更加经济，因此应该尽量在现有设备条件下使齿轮坯的制造公差保持最小值。这样可以让齿轮轮齿加工时有较大的公差，从而获得更为经济的整体设计。

一、基准轴线与工作轴线的关系

　　基准轴线是加工或检验人员对单个零件确定轮齿几何形状的轴线，由基准面确定。齿轮依此轴线来确定细节，特别是确定齿距、齿廓和螺旋线的偏差。工作轴线是齿轮在工作时绕其旋转的轴线，它由安装面确定。理想情况是基准轴线与工作轴线重合，所以应该以安装面作为加工和检验时的基准面。

　　但在有些情况下，基准轴线与工作轴线不重合，这样，工作轴线需要与基准轴线用适当的公差联系起来。

二、基准轴线的确定

　　基准轴线的确定有如下三种基本方法实现。

　　1）如图 10-13 所示，用两个"短的"圆柱或圆锥形基准面上设定的两个圆的圆心来确定轴线上的两个点。

　　2）如图 10-14 所示，用一个"长的"圆柱或圆锥形的面来同时确定轴线的方向和位置。孔的轴线可以用与之相匹配并正确装配的工作心轴的轴线来代表。

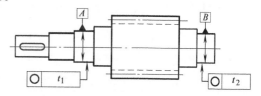

注：A 和 B 是预定的轴承安装表面

图 10-13　用两个"短的"基准面确定基准轴线

　　3）如图 10-15 所示，轴线的位置用一个"短的"圆柱形基准面上的一个圆的圆心来确定，而其方向则用垂直于此轴线的一个基准端面来确定。

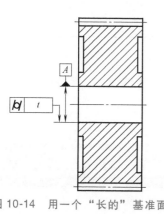

图 10-14　用一个"长的"基准面
确定基准轴线

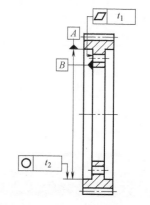

图 10-15　用一个圆柱面和一个
端面确定基准轴线

　　如果采用 1）和 3）的方法，其圆柱或圆锥形基准面轴向必须很短，以保证它们不会由自身单独确定另外一条轴线。3）的方法中，基准端面的直径越大越好。

对待与轴做成一体的小齿轮，最常用也是最合适的方法是将该零件安置于两端的顶尖上。这样，两个中心孔就确定了它的基准轴线，此时，工作轴线（轴承安装面）与基准轴线不重合，安装面的公差及齿轮公差均相对于此轴线来规定，如图 10-16 所示。

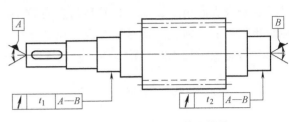

图 10-16　用中心孔确定基准轴线

显然，安装面对于中心孔的跳动公差必须规定很小的公差值。务必注意，中心孔 60°接触角范围内应对准成一直线。

三、齿轮坯精度的确定

齿轮坯的精度是指导性技术文件 GB/Z 18620.3—2008 中推荐的。

1. 基准面与安装面的形状公差

基准面与安装面及其他制造安装面的形状公差都不应大于表 10-11 中所规定的数值。在表 10-11 中，L 为较大的轴承跨距，D_d 为基准面直径，b 为齿宽。

表 10-11　基准面与安装面的形状公差（摘自 GB/Z 18620.3—2008）

确定轴线的基准面	公差项目		
	圆　度	圆 柱 度	平 面 度
用两个"短的"圆柱或圆锥形基准面上设定的两个圆的圆心来确定轴线上的两个点	$0.04\dfrac{L}{b}F_\beta$ 或 $0.1F_p$ 取两者中的小值		
用一个"长的"圆柱或圆锥形的面来同时确定轴线的位置和方向。孔的轴线可以用与之相匹配并正确地装配的工作心轴的轴线来代表		$0.04\dfrac{L}{b}F_\beta$ 或 $0.1F_p$ 取两者中的小值	
轴线位置用一个"短的"圆柱形基准面上一个圆的圆心来确定，其方向则用垂直于此轴线的一个基准端面来确定	$0.06F_p$		$0.06\dfrac{D_d}{b}F_\beta$

2. 工作安装面的跳动公差

当基准轴线与工作轴线不重合时，安装面相对于基准轴线的跳动公差，一般不应大于表 10-12 中规定的数值。

表 10-12　安装面的跳动公差（摘自 GB/Z 18620.3—2008）

确定轴线的基准面	跳动量（总的指示幅度）	
	径　　向	轴　　向
仅指圆柱或圆锥形基准面	$0.15\dfrac{L}{b}F_\beta$ 或 $0.3F_p$，取两者中的大值	—
一个圆柱基准面和一个端面基准面	$0.3F_p$	$0.2\dfrac{D_d}{b}F_\beta$

上述齿轮坯公差应减至能经济制造的最小值。

3. 齿顶圆柱面的尺寸和跳动公差

如果把齿顶圆柱面作为齿轮坯安装时的找正基准或齿厚检验的测量基准，其尺寸公差可参照表 10-13 选取，其跳动公差可参照表 10-12 选取。

表 10-13　齿轮孔、轴颈和齿顶圆柱面的尺寸公差

齿轮精度等级[1]	6	7	8	9
齿轮孔	IT6	IT7	IT7	IT8
轴颈	IT5	IT6	IT6	IT7
齿轮顶圆柱面[2]	IT8	IT8	IT8	IT9

[1] 当齿轮各参数精度等级不同时，按最高的精度等级确定公差值。
[2] 当齿顶圆不作为齿厚测量基准时，尺寸公差可按 IT11 级给定，但不大于 0.1mm。

此外，齿轮孔（或轴齿轮轴颈）的尺寸偏差也影响其制造和安装精度，其公差可参照表 10-13 选取。

四、轮齿齿面及其他表面的表面粗糙度

齿面的表面粗糙度影响齿轮传动精度（噪声和振动）、表面承载能力（如点蚀、胶合和磨损）和抗弯强度（齿根过渡曲面状况）。

表 10-14 是国家标准给定的齿轮齿面的 Ra 推荐值。根据齿面的表面粗糙度影响齿轮传动精度、表面承载能力和抗弯强度的实际情况，参照表 10-14 选取齿面的表面粗糙度数值。

表 10-14　齿面 Ra 的推荐值（摘自 GB/Z 18620.4—2008）　（单位：μm）

模数/mm	精度等级											
	1	2	3	4	5	6	7	8	9	10	11	12
$m<6$					0.5	0.8	1.25	2.0	3.2	5.0	10	20
$6 \leqslant m \leqslant 25$	0.04	0.08	0.16	0.32	0.63	1.0	1.6	2.5	4	6.3	12.5	2.5
$m>25$					0.8	1.25	2.0	3.2	5.0	8.0	16	32

除齿面外，齿轮坯其他表面的表面粗糙度可参照表 10-15 选取。

表 10-15　齿轮坯其他表面 Ra 的推荐值　（单位：μm）

齿轮精度等级	6	7	8	9
基准孔	1.25	1.25~2.5		5
基准轴颈	0.63	1.25	2.5	
基准端面	2.5~5		5	
齿顶圆柱面	5			

第六节　渐开线圆柱齿轮副的精度

前面是对单个齿轮的精度进行分析。本节简单介绍一对啮合的齿轮副的精度要求。

一、中心距偏差

中心距偏差是实际中心距对公称中心距的差。公称中心距是在考虑了最小侧隙及两齿轮的齿顶和其相啮的非渐开线齿廓齿根部分的干涉后确定的。在齿轮只是单向承载而不经常反转的情况下，最大侧隙的控制不是一个重要的考虑因素，此时中心距偏差主要取决于重合度的考虑。

在控制运动用的齿轮中，其侧隙必须控制；当轮齿上的负载常常反向时，对中心距的公差必须很仔细地考虑下列因素：轴、箱体和轴承的偏斜；由于箱体的偏差和轴承的间隙导致齿轮轴线的不一致与错斜；安装误差；轴承跳动；温度的影响（随箱体和齿轮零件间的温差、中心距和材料不同而变化）；旋转件的离心伸胀；还有如润滑剂污染的允许程度及非金属齿轮材料的溶胀等。

GB/Z 18620.3—2008 未提供中心距偏差的允许值。设计者可参照某些成熟产品的设计来确定或者参考表 10-16 中的规定。

表 10-16　中心距极限偏差（$\pm f_a$）

齿轮精度等级	5~6	7~8	9~10
中心距极限偏差（$\pm f_a$）	$\dfrac{1}{2}\text{IT7}$	$\dfrac{1}{2}\text{IT8}$	$\dfrac{1}{2}\text{IT9}$

二、轴线平行度偏差

由于轴线平行度偏差的影响与其向量的方向有关，**国家标准中对轴线平面内的偏差 $f_{\Sigma\delta}$ 和垂直平面上的偏差 $f_{\Sigma\beta}$ 做了不同的规定**，如图 10-17 所示。

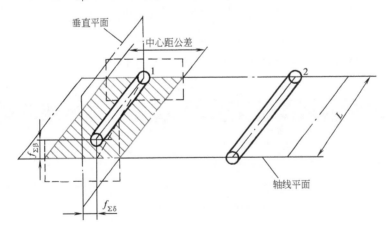

图 10-17　轴线平行度偏差

轴线平面是用两轴承跨距中较长的一个 L 和另一根轴上的一个轴承来确定的。
垂直平面上偏差的推荐最大值为

$$f_{\Sigma\beta} = 0.5\,\frac{L}{b}F_{\beta}$$

式中 L——轴承跨距（如两轴轴承跨距不等，取较长者）。

轴线平面内偏差的推荐最大值为

$$f_{\Sigma\delta} = 2f_{\Sigma\beta}$$

三、轮齿接触斑点

检测产品齿轮副在其箱体内所产生的接触斑点可以有助于对轮齿间载荷分布进行评估。

齿轮副的接触斑点是指装配好的齿轮副在轻微制动下运转后齿面的接触擦亮痕迹，可以用沿齿高方向和沿齿长方向的百分数来表示，如图 10-18 所示。

产品齿轮与测量齿轮的接触斑点，可用于装配后的齿轮螺旋线和齿廓精度的评估（图10-19和图 10-20），还可用接触斑点来规定和控制齿轮轮齿的齿长方向的配合精度。

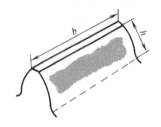

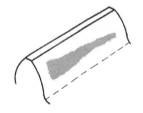

图 10-18 典型的规范接触近似为：齿宽 b 的 80%，有效齿面高度 h 的 70%，齿端修薄

图 10-19 有螺旋线偏差，齿廓正确，有齿端修薄

图 10-21 所示是 GB/Z 18620.4—2008 给出的在齿轮装配后（空载）检测时，所预计的齿轮接触斑点分布的一般情况。但需注意，实际接触斑点不一定与该图所示的完全一致。

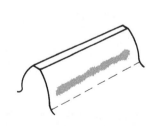

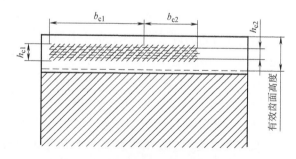

图 10-20 齿长方向配合正确，有齿廓偏差

图 10-21 接触斑点分布的示意图

表 10-17 和表 10-18 是各级精度的直齿轮、斜齿轮（对齿廓和螺旋线修形的齿面不适合）装配后所需的接触斑点。

表 10-17　直齿轮装配后的接触斑点（摘自 GB/Z 18620.4—2008）

精度等级 按 GB/T 10095—2008	b_{c1} 占齿 宽的百分比（%）	h_{c1} 占有效齿面 高度的百分比（%）	b_{c2} 占齿宽 的百分比（%）	h_{c2} 占有效齿面 高度的百分比（%）
4级及更高	50	70	40	50
5、6	45	50	35	30
7、8	35	50	35	30
9～12	25	50	25	30

注：b_{c1}——接触斑点的较大长度（%）；　b_{c2}——接触斑点的较小长度（%）；

　　h_{c1}——接触斑点的较大高度（%）；　h_{c2}——接触斑点的较小高度（%）。

表 10-18　斜齿轮装配后的接触斑点（摘自 GB/Z 18620.4—2008）

精度等级 按 GB/T 10095—2008	b_{c1} 占齿 宽的百分比（%）	h_{c1} 占有效齿面 高度的百分比（%）	b_{c2} 占齿宽 的百分比（%）	h_{c2} 占有效齿面 高度的百分比（%）
4级及更高	50	50	40	30
5、6	45	40	35	20
7、8	35	40	35	20
9～12	25	40	25	20

四、最小法向侧隙和齿厚极限偏差的确定

国家标准对属于齿轮副评定参数的侧隙指标没有规定，只是在指导性技术文件 GB/Z 18620.2—2008 中推荐采用。

1. 最小法向侧隙 $j_{bn\,min}$

法向侧隙 j_{bn} 是指在一对装配好的齿轮副中，当两个齿轮的工作齿面互相接触时，非工作齿面间的最短距离，如图 10-22 所示。

相啮合齿轮的齿厚和箱体孔的中心距都会影响侧隙大小。在一个已定的啮合中，侧隙会随着齿轮传动的速度、温度、负载等的变化而变化，因此在静态测量时必须有足够

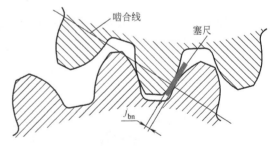

图 10-22　法向侧隙

的侧隙，以保证在带负载运行于最不利状态时仍有足够的侧隙。

我国现实生产中是采用减小单个齿轮齿厚的方法来实现法向侧隙的。有些国家采用的是改变齿轮安装中心距的方法来实现的。

最小法向侧隙 $j_{bn\,min}$ 是当一个齿轮的轮齿以最大允许实效齿厚与一个也具有最大允许实效齿厚的相配轮齿在最紧的允许中心距下啮合时，在静态条件下存在的最小允许侧隙。

最小法向侧隙的存在以补偿如齿轮轴的偏斜、安装时的偏心、轴承径向跳动及温度

影响、旋转零件的离心胀大，还有润滑剂的允许污染及非金属齿轮材料的溶胀等所造成的侧隙不够。

齿轮副的法向侧隙由齿轮的工作条件决定，与齿轮的精度等级无关，一般有三种确定方法。

（1）经验法 参考同类产品中齿轮副的法向侧隙值来确定。

（2）查表法 表 10-19 列出了对于中、大模数齿轮最小法向侧隙 j_{bnmin} 的推荐值，适用于由钢铁材料齿轮和钢铁材料箱体构成的传动装置，工作时节圆线速度小于 15m/s，箱体、轴和轴承都采用常用的制造公差。

表 10-19 对于中、大模数齿轮最小法向侧隙 j_{bnmin} 的推荐值

（摘自 GB/Z 18620. 2—2008）　　　　　　　　　（单位：mm）

m_n	最小中心距 a_i					
	50	100	200	400	800	1600
1. 5	0. 09	0. 11	—	—	—	—
2	0. 10	0. 12	0. 15	—	—	—
3	0. 12	0. 14	0. 17	0. 24	—	—
5	—	0. 18	0. 21	0. 28	—	—
8	—	0. 24	0. 27	0. 34	0. 47	—
12	—	—	0. 35	0. 42	0. 55	—
18	—	—	—	0. 54	0. 67	0. 94

表 10-19 中的数值也可用下式计算，即

$$j_{bnmin} = \frac{2}{3} \left(0.06 + 0.0005 \left| a_i \right| + 0.03 m_n \right) \tag{10-1}$$

式中 a_i——中心距，单位为 mm。

若忽略齿轮副加工和安装误差，那么两个啮合齿轮的齿厚上极限偏差之和为

$$E_{sns1} + E_{sns2} = -j_{bnmin} / \cos\alpha_n \tag{10-2}$$

（3）计算法 根据齿轮副的工作条件，如工作速度、温度、负载、润滑等条件来设计计算齿轮副最小法向侧隙。设计选定的最小法向侧隙 $j_{bn\,min}$ 应足以补偿齿轮传动时温度升高而引起的变形，并保证正常的润滑。

为补偿温升引起变形所需的最小侧隙 j_{bnmin1}（μm）由下式计算，即

$$j_{bnmin1} = a \left(\alpha_1 \Delta t_1 - \alpha_2 \Delta t_2 \right) 2\sin\alpha_n \tag{10-3}$$

式中 a——齿轮副中心距，单位为 mm；

α_1、α_2——齿轮和箱体材料的线胀系数；

α_n——齿轮法向啮合角；

Δt_1、Δt_2——齿轮和箱体工作温度与标准温度之差，标准温度为 20℃。

为保证正常润滑，所需的最小侧隙 j_{bnmin2} 取决于润滑方式和齿轮的工作速度。当油池

润滑时，$j_{bnmin2} = (5 \sim 10) m_n$。当喷油润滑时，对于低速传动（圆周速度 $v \leqslant 10\text{m/s}$），$j_{bnmin2} = 10m_n$；对于中速传动（$10\text{m/s} < v \leqslant 25\text{m/s}$），$j_{bnmin2} = 20m_n$；对于高速传动（$25\text{m/s} < v \leqslant 60\text{m/s}$），$j_{bnmin2} = 30m_n$；对于超高速传动（$v > 60\text{m/s}$），$j_{bnmin2} = (30 \sim 50) m_n$。$m_n$ 为法向模数。

齿轮副的最小法向侧隙由下式计算，即

$$j_{bnmin} = j_{bnmin1} + j_{bnmin2} \tag{10-4}$$

2. 齿厚偏差

（1）齿厚上极限偏差 E_{sns} 的确定　齿厚上极限偏差受最小法向侧隙、齿轮和齿轮副的加工、安装误差影响。两个啮合齿轮的齿厚上极限偏差之和为

$$E_{sns1} + E_{sns2} = -2f_a \tan\alpha_n - \frac{j_{bnmin} + J_n}{\cos\alpha_n} \tag{10-5}$$

式中　E_{sns1}、E_{sns2}——两个啮合齿轮的齿厚上极限偏差；

$\qquad f_a$——中心距偏差，国家标准中没有规定，设计者经验不足时，建议从表 10-16 中查取；

$\qquad J_n$——齿轮和齿轮副的加工、安装误差对侧隙减小的补偿量；

$\qquad \alpha_n$——法向压力角。

J_n 的数值根据下述公式计算，即

$$J_n = \sqrt{f_{pb1}^2 + f_{pb2}^2 + 2(F_\beta \cos\alpha_n)^2 + (f_{\Sigma\delta} \sin\alpha_n)^2 + (f_{\Sigma\beta} \cos\alpha_n)^2} \tag{10-6}$$

式中　f_{pb1}、f_{pb2}——两个啮合齿轮的基圆齿距（基节）偏差（可参考国家标准 GB/T 10095—2008 确定其值）；

$\qquad f_{\Sigma\delta}$、$f_{\Sigma\beta}$——齿轮副轴线平行度偏差；

$\qquad F_\beta$——啮合齿轮的螺旋线总偏差。

齿厚上极限偏差分配到每个啮合齿轮，可以按等值分配法和不等值分配法确定。一般使其中的大齿轮齿厚的减薄量大一些，使小齿轮齿厚的减薄量小一些，以使两个啮合齿轮的强度相匹配。

（2）法向齿厚公差 T_{sn} 的选择　法向齿厚公差 T_{sn} 一般不应该采用太小的值，值过小会加大制造成本。在很多情况下，允许用较宽的齿厚公差或工作侧隙，这样既不会影响齿轮的性能和承载能力，还可以获得比较经济的制造成本。建议按下式计算法向齿厚公差 T_{sn}，即

$$T_{sn} = \sqrt{F_r^2 + b_r^2} \times 2\tan\alpha_n \tag{10-7}$$

式中　F_r——径向跳动公差；

$\qquad b_r$——切齿径向进刀公差，b_r 的值分别对应齿轮精度等级 4~9（共 6 级）为 1.26IT7、IT8、1.26IT8、IT9、1.26 IT9 和 IT10，IT 的值按分度圆直径查表 3-1。

（3）齿厚下极限偏差 E_{sni} 的确定　齿厚下极限偏差 E_{sni} 是齿厚上极限偏差 E_{sns} 减去法向齿厚公差 T_{sn} 后获得的，即

$$E_{sni} = E_{sns} - T_{sn} \tag{10-8}$$

第七节 齿轮精度设计示例

例 10-1 某减速器中一直齿齿轮副，模数 $m_n = 3mm$，$\alpha = 20°$，小齿轮结构如图 10-23 所示，齿数 $z = 32$，中心距 $a_i = 288mm$，齿宽 $b = 20mm$，小齿轮孔径 $D = \phi40mm$，圆周速度 $v = 6.5m/s$，小批量生产。试确定小齿轮的精度等级、齿厚偏差、检验项目及其允许值，并绘制齿轮工作图。

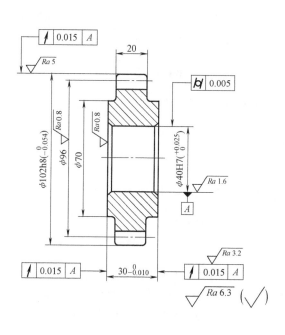

法向模数	m_n	3
齿数	z	32
齿形角	α	20°
螺旋角	β	0
径向变位系数	x	0
齿顶高系数	h_a	1
齿厚及其极限偏差	s_{Esni}^{Esns}	$4.712_{-0.186}^{-0.100}$
精度等级	8（F_p）、7（f_{pt}、F_α、F_β） GB/T 10095.1—2008	
配对齿轮	图号	
检查项目	代号	允许值/μm
单个齿距极限偏差	$\pm f_{pt}$	±12
齿距累积总偏差	F_p	53
齿廓总偏差	F_α	16
螺旋线总偏差	F_β	15

图 10-23 小齿轮工作图

解 1. 确定小齿轮精度等级

根据前述关于精度等级的选择说明（表 10-9 和表 10-10），针对减速器，取 F_p 为 8 级（该项目主要影响运动准确性，而减速器对运动准确性要求不太严），其余检验项目为 7 级。

2. 确定检验项目及其允许值

（1）单个齿距偏差 $\pm f_{pt}$ 允许值 查表 10-2 得 $\pm f_{pt} = \pm12\mu m$。

（2）齿距累积总偏差 F_p 允许值 查表 10-3 得 $F_p = 53\mu m$。

（3）齿廓总偏差 F_α 允许值 查表 10-4 得 $F_\alpha = 16\mu m$。

（4）螺旋线总偏差 F_β 允许值 查表 10-5 得 $F_\beta = 15\mu m$。

3. 齿厚偏差

（1）最小法向侧隙 j_{bnmin} 的确定　采用查表法，由式（10-1）得

$$j_{bnmin} = \frac{2}{3}(0.06+0.0005\,|\,a_i\,|+0.03m_n)$$

$$= \frac{2}{3}(0.06+0.0005\times288+0.03\times3)\,mm = 0.196mm$$

（2）确定齿厚上极限偏差 E_{sns}　据式（10-2）按等值分配，得

$$E_{sns} = -j_{bnmin}/(2\cos\alpha_n) = -0.196mm/(2\cos20°) = -0.104mm \approx -0.10mm$$

（3）确定齿厚下极限偏差 E_{sni}　查表10-8得 $F_r = 43\mu m$（也是影响运动准确性的项目，故按8级），$b_r = 1.26IT9 = 1.26\times87\mu m \approx 110\mu m$。按式（10-7）和式（10-8）得

$$T_{sn} = \sqrt{F_r^2+b_r^2}\times2\tan\alpha_n = \sqrt{43^2+110^2}\,\mu m\times2\tan20° \approx 86\mu m = 0.086mm$$

$$E_{sni} = E_{sns}-T_{sn} = (-0.10-0.086)\,mm = -0.186mm$$

齿厚公称值为 $s = \dfrac{\pi m}{2} = \dfrac{1}{2}\times3.1416\times3mm \approx 4.712mm$

4. 确定齿轮坯精度和表面粗糙度

1）根据齿轮结构，选择圆柱孔作为基准轴线。由表10-11得圆柱孔的圆柱度公差为

$$f = 0.1F_p = 0.1\times0.053mm \approx 0.005mm$$

参见表10-13齿轮孔的尺寸公差取7级，即为H7。

2）齿轮两端面在加工和安装时作为安装面，应提出其对基准轴线的跳动公差，参见表10-12，跳动公差为 $f = 0.2(D_d/b)F_\beta = 0.2\times(70/20)\times0.015mm \approx 0.011mm$，参见第四章表4-10，相当于5级，精度较高，考虑到经济加工精度，适当放宽，取0.015mm（相当于6级）。

3）齿顶圆作为检测齿厚的基准，应提出尺寸和跳动公差要求。参见表10-12，径向圆跳动公差为 $f = 0.3F_p = 0.3\times0.053mm \approx 0.016mm$；参考表10-13，尺寸公差取8级，即为h8。

4）参见表10-14和表10-15，齿面和其他表面的表面粗糙度如图10-23所示。

5. 画出小齿轮工作图

小齿轮工作图如图10-23所示（图中尺寸未全部标出）。齿轮有关参数见小齿轮工作图右上角位置的列表。

第八节　新旧国家标准对照

考虑到目前在企业中还在使用 GB/T 10095—1988 等旧标准，对新（GB/T 10095.1~2—

2008）旧（GB/T 10095—1988）进行对照分析。

新旧国家标准的差异主要表现在如下方面。

1. 标准的组成

新标准是一个由标准和技术报告组成的成套体系。而旧标准则是一项精度标准。

2. 采用 ISO 标准的程度

新标准等同采用 ISO 标准，而旧标准是等效采用 ISO 标准。

3. 适用范围

新标准仅适用于单个渐开线圆柱齿轮，不适用于齿轮副；对模数 $m_n \geq 0.5 \sim 70$mm、分度圆直径 $d \geq 5 \sim 10000$mm、齿宽 $\geq 4 \sim 1000$mm 的齿轮规定了偏差的允许值（F_i''、f_i'' 为 $m_n \geq 0.2 \sim 10$mm、$d \geq 5 \sim 1000$mm 时的值），标准的适用范围扩大了。

旧标准仅对模数 $m_n \geq 1 \sim 40$mm、分度圆直径到 4000mm、齿宽 $b \leq 630$mm 规定了公差和极限偏差值。

4. 偏差与公差代号

新标准中，各偏差和跳动名称与代号一一对应。

旧标准则对实测值、允许值设置两套代号，如代号 Δf_f 表示齿形误差，而 f_f 表示齿形公差。

5. 关于偏差与误差、公差与允许值

我们通常所讲的偏差是指测量值与规定值之差。在 ISO1328—1：1995 中使用 deviation，而不再用 error（误差）一词。在旧标准中和其他齿轮精度标准中，将能区分正负值的称为偏差，如齿距偏差 Δf_{pt}，不能区分正负值的统称为误差，如幅度值等。在等同采用 ISO 标准的原则下，将齿轮误差改为齿轮偏差。

允许值与公差之间有不同之处。所谓尺寸公差，就是尺寸允许的变动范围，即尺寸允许变化的量值，是一个没有正负号的绝对值。允许值可以理解为公差，也可以理解为极限偏差（上极限偏差和下极限偏差）。

6. 精度等级

新标准对单个齿轮规定了 13 个精度等级，旧标准对齿轮和齿轮副规定了 12 个精度等级。

7. 公差组和检验组

在精度等级中，新标准没有规定公差组和检验组。在 GB/T 10095.1—2008 中，规定切向综合偏差、齿廓和螺旋线形状与倾斜偏差不是标准的必检项目。

8. 齿轮坯公差与检验

新标准没有规定齿轮坯的尺寸与几何公差，而在 GB/Z 18620.3—2008 中推荐了齿轮坯精度。

9. 齿轮副的检验与公差

新标准对此没有做出规定，而是在 GB/Z 18620.3~4—2008 中推荐了侧隙、轴线平行度和轮齿接触斑点的要求和公差。

新旧国家标准差异见表 10-20。

互换性与测量技术基础　第4版

表 10-20　新旧国家标准差异表

GB/T 10095.1~2—2008	GB/T 10095—1988	GB/T 10095.1~2—2008	GB/T 10095—1988
单个齿轮		单个齿轮	
单个齿距偏差 f_{pt} 及允许值 齿距累积偏差 F_{pk} 及允许值 齿距累积总偏差 F_p 及允许值 基圆齿距偏差 f_{pb} 及允许值 说明：见 GB/Z 18620.1—2008，未给出公差数值	齿距偏差 Δf_{pt} 齿距极限偏差 $\pm f_{pt}$ k 个齿距累积误差 ΔF_{pk} k 个齿距累积公差 F_{pk} 齿距累积误差 ΔF_p 齿距累积公差 F_p 基节偏差 Δf_{pb} 基节极限偏差 $\pm f_{pb}$	齿廓形状偏差 $f_{f\alpha}$ 及允许值 齿廓倾斜偏差 $f_{H\alpha}$ 及允许值 齿廓总偏差 F_α 及允许值 说明：规定了计值范围	齿形误差 Δf_f 齿形公差 f_f
		切向综合总偏差 F_i' 及允许值 一齿切向综合偏差 f_i' 及允许值	切向综合误差 $\Delta F_i'$ 切向综合公差 F_i' 一齿切向综合误差 $\Delta f_i'$ 一齿切向综合公差 f_i'
径向圆跳动 F_r 及允许值	齿圈径向跳动误差 ΔF_r 齿圈径向跳动公差 F_r	径向综合总偏差 F_i'' 及允许值 一齿径向综合偏差 f_i'' 及允许值	径向综合误差 $\Delta F_i''$ 径向综合公差 F_i'' 一齿径向综合误差 $\Delta f_i''$ 一齿径向综合公差 f_i''
螺旋线形状偏差 $f_{f\beta}$ 及允许值 螺旋线倾斜偏差 $f_{H\beta}$ 及允许值 螺旋线总偏差 F_β 及允许值 说明：规定了偏差计值范围，公差不但与 b 有关，而且也与 d 有关	齿向误差 ΔF_β 齿向公差 F_β 螺旋线波度误差 $\Delta f_{f\beta}$ 螺旋线波度公差 $f_{f\beta}$		公法线长度变动误差 ΔF_w 公法线长度变动公差 F_w
	接触线误差 ΔF_b 接触线公差 F_b	齿厚偏差 齿厚上极限偏差 E_{sns} 齿厚下极限偏差 E_{sni} 齿厚公差 T_{sn} 说明：见 GB/Z 18620.2—2008，未推荐数值	齿厚极限偏差（规定了 14 个字母代号） 齿厚上极限偏差 E_{ss} 齿厚下极限偏差 E_{si} 齿厚公差 T_s
	轴向齿距偏差 ΔF_{px} 轴向齿距公差 F_{px}		
齿轮副		齿轮副	
传动总偏差（产品齿轮副）F' 说明：见 GB/Z 18620.1—2008，仅给出了符号	齿轮副的切向综合误差 $\Delta F_{ic}'$ 齿轮副的切向综合公差 F_{ic}'	一齿传动偏差（产品齿轮）f' 说明：见 GB/Z 18620.1—2008，仅给出了符号	齿轮副的一齿切向综合误差 $\Delta f_{ic}'$ 齿轮副的一齿切向综合公差 f_{ic}'
圆周侧隙 j_{wt} 最小圆周侧隙 j_{wtmin} 最大圆周侧隙 j_{wtmax}	圆周侧隙 j_t 最小圆周极限侧隙 j_{tmin} 最大圆周极限侧隙 j_{tmax}	法向侧隙 j_{bn} 最小法向侧隙 j_{bnmin} 最大法向侧隙 j_{bnmax}	法向侧隙 j_n 最小法向极限侧隙 j_{nmin} 最大法向极限侧隙 j_{nmax}
接触斑点 说明：见 GB/Z 18620.4—2008，推荐了直齿轮、斜齿轮装配后的接触斑点	齿轮副的接触斑点	中心距偏差 说明：见 GB/Z 18620.3—2008，没有公差，仅有说明	齿轮副的中心距偏差 Δf_a 齿轮副的中心距极限偏差 $\pm f_a$
轴线平面内的轴线平行度偏差 $f_{\Sigma\delta}=2f_{\Sigma\beta}$	x 方向的轴线平面内的轴线平行度误差 Δf_x x 方向的轴线平面内的轴线平行度公差 f_x	垂直平面上的轴线平行度偏差 $f_{\Sigma\beta}=0.5\dfrac{L}{b}F_\beta$	y 方向的轴线平面内的轴线平行度误差 Δf_y y 方向的轴线平面内的轴线平行度公差 f_y
精度等级与公差组		齿轮检验	
GB/T 10095.1—2008 规定了从 0~12 级，共 13 个等级 GB/T 10095.2—2008 对 F_i''、f_i'' 规定了从 4~12 级，共 9 个等级；对 F_r 规定了 0~12 级，共 13 个等级	将齿轮各项公差和极限偏差分成了 3 个公差组，每个公差组规定了 12 个公差等级	GB/T 10095.1—2008 规定不是必检项目 GB/T 10095.2—2008 提示：使用公差表需协商一致 GB/Z 18620—2008 推荐了 Ra、Rz 数值表	根据齿轮副的使用要求和生产规模，在各公差组中，选定检验组来鉴定和验收齿轮的精度

228

小结

本章主要介绍了齿轮加工误差，齿轮传动有四个方面的使用要求（传递运动准确性、传动平稳性、载荷分布均匀性和侧隙的合理性），影响四个方面使用要求的各项误差及其评定指标，渐开线圆柱齿轮的精度等级及标注。单个齿轮的评定项目较多，表10-21列出了主要项目的名称、代号及对齿轮传动的影响等。

表10-21　单个齿轮主要评定项目及特点

项目名称			代号	对传动的影响	精度等级规定
轮齿同侧齿面偏差	齿距偏差	1. 单个齿距偏差	f_{pt}	平稳性	0~12 级
		2. 齿距累积偏差	F_{pk}	平稳性	
		3. 齿距累积总偏差	F_p	准确性	
	齿廓偏差	1. 齿廓总偏差	F_α	平稳性	
		2. 齿廓形状偏差	$f_{f\alpha}$	平稳性	
		3. 齿廓倾斜偏差	$f_{H\alpha}$	平稳性	
	螺旋线偏差	1. 螺旋线总偏差	F_β	载荷分布均匀性	
		2. 螺旋线形状偏差	$f_{f\beta}$	载荷分布均匀性	
		3. 螺旋线倾斜偏差	$f_{H\beta}$	载荷分布均匀性	
	切向综合偏差	1. 切向综合总偏差	F_i'	准确性	
		2. 一齿切向综合偏差	f_i'	平稳性	
径向综合偏差与径向圆跳动	径向综合偏差	1. 径向综合总偏差	F_i''	准确性	4~12 级
		2. 一齿径向综合偏差	f_i''	平稳性	
	径向圆跳动		F_r	准确性	0~12 级
齿厚偏差			E_{sn}	侧隙	—

没有必要将所有评定项目都作为检验项目。到底哪些评定项目作为检验项目是由使用要求、制造特点以及检验条件决定的。齿轮的使用性能既与单个齿轮的精度有关，也与齿轮副的安装精度有关。表10-22列出了齿轮副主要评定项目的名称、代号及对传动的影响。

表10-22　齿轮副主要评定项目的名称、代号及对传动的影响

项目名称	代号	对传动的影响
中心距偏差	f_a	侧隙
轴线平行度偏差	$f_{\Sigma\beta}$、$f_{\Sigma\delta}$	侧隙，载荷分布均匀性
轮齿接触斑点	—	载荷分布均匀性
法向侧隙	j_{bn}	侧隙

齿轮坯的尺寸和几何误差对齿轮副的工作情况有着极大的影响。由于控制齿轮坯精度比控制轮齿精度容易，并且齿轮坯精度还会影响轮齿的加工精度，所以设计时尽量选择较高的齿轮坯精度。齿轮精度设计的一般步骤是：①选择精度等级；②确定检验项目及其允许值；③确定齿厚上、下极限偏差；④确定齿轮坯的精度；⑤确定各表面的表面粗糙度；⑥将各项要求标注在齿轮工作图上。

习 题

10-1 对齿轮传动有哪些使用要求？

10-2 齿轮轮齿同侧齿面的精度检验项目有哪些？它们对齿轮传动主要有何影响？

10-3 切向综合偏差有什么特点和作用？

10-4 径向综合偏差（或径向圆跳动）与切向综合偏差有何区别？用在什么场合？

10-5 齿轮精度等级的选择主要有哪些方法？

10-6 如何考虑齿轮的检验项目？单个齿轮有哪些必检项目？

10-7 齿轮副的精度项目有哪些？

10-8 齿轮副侧隙的确定主要有哪些方法？齿厚极限偏差如何确定？

10-9 对齿轮坯有哪些精度要求？

10-10 有一减速器中的直齿齿轮，模数 $m_n = 6mm$，$\alpha = 20°$，齿轮结构如图10-24所示，齿数 $z = 36$，中心距 $a_1 = 360mm$，齿宽 $b = 50mm$，齿轮孔径 $D = \phi55mm$，圆周速度 $v = 8m/s$，小批量生产。试确定齿轮的精度等级、齿厚偏差、检验项目及其允许值，并绘制齿轮工作图。

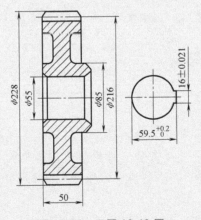

图10-24 习题10-10图

第十一章
计算机在本课程中的应用举例

导读

　　本章对计算机在本课程中的应用进行了简述，并列举了两个具体的应用实例：①用 Visual Basic 语言编写的直线度误差处理程序；②用 Auto Lisp 语言编写的光滑极限量规设计程序。通过本章学习，读者应了解计算机在互换性与测量技术领域中的应用概况，并能基本读懂两个实例程序。

第一节　概述

　　计算机技术是现代科学技术的重大成就之一。它具有高速、高精度的运算能力和逻辑分析、判断能力，可以部分代替人的脑力劳动。因此，它的应用已深入到人类生活的各个方面，几乎包罗万象，无孔不入。

　　在"互换性与测量技术基础"课程所涉及的领域内，计算机的应用也十分广泛，主要表现在以下几个方面。

　　（1）测量仪器的微机化　在微机系统的控制下，仪器可实现测量数据的自动采集、处理、显示和打印，大大提高了仪器的智能化、自动化和处理效率，增强了动态实时测量与记录的能力，如微机控制的数显万能测长仪、三坐标测量机、圆度仪和表面粗糙度测量仪等。

　　（2）手工测量数据的微机处理　用普通测量器具测量得到的数据，人工处理有时很繁杂。如用水平仪或准直仪测量直线度、平面度、平行度，在光学分度头上用矢径法测圆度、圆柱度等，靠手工按最小区域法评定误差，不但麻烦、费时，而且不易得到精确结果。通过程序，利用通用计算机，可以迅速准确地进行处理，给测量工作带来极大的方便。

　　（3）计算机辅助精度设计　计算机辅助精度设计是利用计算机完成公差数据的管理、

相关零件公差的分配和公差选用等。公差数据的管理是将标准中的数据存入计算机以备查询；相关零件公差的分配是完成尺寸链中各组成环尺寸极限偏差的合理分配；公差选用是应用公差选用原则，对尺寸公差、几何公差、表面粗糙度等进行自动选用或提供参考选用。在这些工作中，公差的自动选用问题较复杂，考虑的因素较多，要完全达到自动选用有相当的困难，目前，国内外许多学者在此领域做了大量研究工作，并取得了很多成果，相信在不久的将来，公差选用的自动化将成为现实。

（4）计算机辅助专用量具设计　在本课程中有光滑极限量规、螺纹量规和功能量规等专用量规的设计。在设计过程中，需要查取大量公差表格和各种标准数据，进行烦琐的计算和画图，这些工作都可以由计算机来完成，大大减轻了人的劳动，提高了工作效率。

限于篇幅，本章只介绍两个应用实例，供大家分析。

第二节　直线度误差的计算机处理

用水平仪或准直仪测量直线度误差，测得的数据用 Visual Basic 语言编的程序按最小区域法进行处理。

一、程序设计思想

在用最小区域法进行处理时，为了处理方便，程序首先把误差曲线上各点的坐标换算为相对于首尾两点连线的坐标（即以首尾两点连线作为 x 轴），然后找出最高点 I_1 和最低点 I_2（图 11-1），通过该两点分别作平行于 x 轴的直线 L_1 和 L_2。将 L_1 以高点 I_1 为中心向低点 I_2 方向旋转，同时，将 L_2 以低点 I_2 为中心向高点 I_1 方向旋转，直到其中一条直线首先与误差曲线上的某一点接触为止，该点就作为第二个高点（或低点），如图 11-1 所示的点 x_1 就是第二个高点。若上述三点呈相间分布（如图 11-1 所示的点 x_1、I_2 和 I_1，是"高—低—高"相间分布），

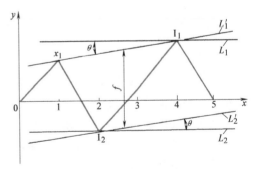

图 11-1　一次旋转就符合最小条件

则旋转后的两平行直线 L_1' 和 L_2' 之间沿纵坐标方向的距离就是直线度误差 f。

若三点不呈相间分布（如图 11-2a 所示的 I_2、x_1 和 I_1，呈"低—高—高"分布），则程序自动将第一个高点 I_1（或低点 I_2）舍去，改用第二个高点 x_1（或低点 x_2）作为新的 I_1（或 I_2），再按上述方法重新进行，直到高、低点呈相间分布为止，如图 11-2b 所示。

二、程序框图

该软件由一个主程序和若干个子程序模块组成。主程序框图如图 11-3 所示。

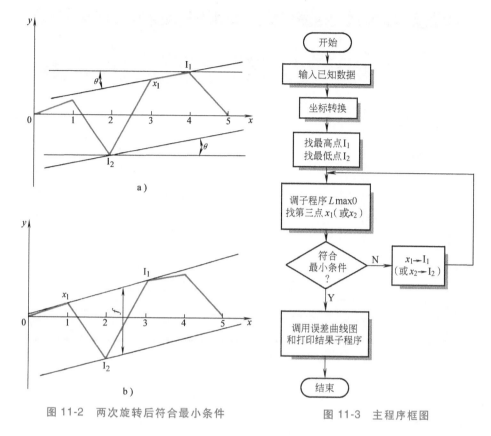

图 11-2 两次旋转后符合最小条件　　　　图 11-3 主程序框图

子程序 $L\,max0$ 又包含 $L\,max1$ 和 $L\,max2$ 两个子程序，分别处理 $I_1>I_2$ 或 $I_1<I_2$ 两种情况。

三、界面布置

Visual Basic 是一种应用广泛的可视化程序设计语言，用它可方便地设计出良好的用户图形界面。图 11-4 所示为本软件所采用的界面。界面上各控件（如文本框、组合框、按钮等）的作用已标注得很清楚，运行时，用户只需对有关控件进行简单操作（如在文本框中输入测量点数、仪器分度值、桥板长度，单击按钮，输入各点读数等），计算机就会自动计算出结果，并显示图形。

四、程序清单

直线度误差可用两端点连线法、最小二乘法和最小区域法等方法处理。前两种方法较简单，最小区域法最符合国家标准，但处理较麻烦。为节省篇幅，下面只列出与最小区域法有关的程序清单。

```
Option Explicit                        '声明变量
Private n, i, i1, i2, m, m1, m2, m3 As Integer
Private a, b, c, d, e, f, f1, g, j, h, k, p, q, x1, x2, s, r As Single
Private x ( ) , y ( ) , w ( ) , u ( ) As Single
```

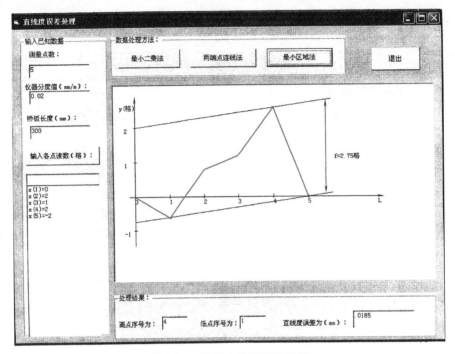

图 11-4　界面布置及运行实例

```
Private Sub Text1_ Change ( )          '读取测量点数
   Picture1. Cls
   n = Text1. Text
   ReDim x (n)
   ReDim y (n)
   ReDim w (n)
   ReDim u (n)
End Sub


Private Sub Text2_ Change ( )          '读取仪器分度值
   Picture1. Cls
   g = Text2. Text
End Sub


Private Sub Text3_ Change ( )          '读取桥板长度
   Picture1. Cls
   j = Text3. Text
End Sub


Private Sub command5_ Click ( )          '输入各点读数
```

```
    Combo1. Clear
    Picture1. Cls
    For i = 1 To n
        x (i) = InputBox (" x (" + CStr (i) + " ) = "," 输入各点读数")
        Combo1. AddItem " x (" + CStr (i) + " ) = " + CStr (x (i))
    Next i
End Sub


Private Sub Command3_ Click ()              '最小区域法主程序
    Picture1. Cls
    Dim y1
    d = 0
    For i = 1 To n                          '计算累计值
        d = d+x (i)
    Next i
    y1 = d/n
    For i = 1 To n                          '坐标转换
        y (i) = x (i) -y1
    Next i
    For i = 1 To n
        y (i) = y (i) + y (i-1)
    Next i
    h = y (0)
    b = h
    For i = 1 To n                          '找最高点和最低点
        If y (i) >=h Then
            h = y (i)
            i1 = i
        ElseIf y (i) <=b Then
            b = y (i)
            i2 = i
        End If
    Next i
    p = h                                   '保留 h 和 b 的值供画图用
    q = b


    Call lmax0                              '调找第三点的子程序
    Call wuchatu (Picture1)                 '调画误差曲线图的子程序
```

```
        Call baorongxian （Picture1）         '调画包容线的子程序
    End Sub
    Private Sub lmax0 （）                     '找第三点并判断是否符合最小条件
        a＝h－b
        e＝a
        If i1＞i2 Then                         '高点在低点后面
            Call lmax1
        Else
            Call lmax2                         '高点在低点前面
        End If
        If a＜e Then                          '第三点是次高点
            If x1＜i2 And i2＜i1 Then          '符合最小条件
                Call lprin
            ElseIf x1＞i2 And i2＞i1 Then
                Call lprin
            Else                               '不符合最小条件，将次高点作为最高点，重新
寻找
                i1＝x1
                h＝y （i1）
                Call lmax0
            End If
        Else                                   第三点是次低点
            If x2＞i1 And i1＞i2 Then           '符合最小条件
                Call lprin
            ElseIf x2＜i1 And i1＜i2 Then
                Call lprin
            Else                               '不符合最小条件，将次低点作为最低点，重新
寻找
                i2＝x2
                b＝y （i2）
                Call lmax0
            End If
        End If
    End Sub
    Private Sub lmax1 （）                     '高点在低点后面时找第三点子程序
        For i＝0 To n
            If i＜i1 Then                       '计算高点与各点连线的斜率，并找出最小值
                c＝ （h－y （i） ） ／ （i1－i）
```

```
          If c <= a Then
             a = c
             x1 = i
          End If
       End If
       If i > i2 Then              '计算低点与各点连线的斜率，并找出最小值
          d = (y (i) -b) / (i-i2)
          If d <= e Then
             e = d
             x2 = i
          End If
       End If
    Next i
    If a > e Then                  '判断第三点是次高点还是次低点
       k = e
    Else
       k = a
    End If
End Sub
Private Sub lmax2 ()               '高点在低点前面时找第三点子程序
    For i = 0 To n
       If i > i1 Then              '计算高点与各点连线的斜率，并找出最小值
       c = (h-y (i) ) / (i-i1)
       If c <= a Then
          a = c
          x1 = i
       End If
    End If
    If i < i2 Then                 '计算低点与各点连线的斜率，并找出最小值
       d = (y (i) -b) / (i2-i)
       If d <= e Then
          e = d
          x2 = i
       End If
    End If
    Next i
    If a > e Then                  '判断第三点是次高点还是次低点
       k = -e
```

```
    Else
        k = -a
    End If
End Sub


Private Sub lprin（）                    '显示结果子程序
    f =（h-k * i1）-（b-k * i2）
    f1 =（Int（f * g * j * 10+ 0.5）/ 10）/ 1000
    Text4. Text = i1
    Text5. Text = i2
    Text6. Text = f1
End Sub


PrivateSub wuchatu（object1）           '画误差曲线图子程序
object1. Cls
object1. Line（600，4800）-Step（0，-4500）   '画纵坐标
object1. Line-Step（-50，220）
object1. Line-Step（50，-220）
object1. Line-Step（50，220）
object1. CurrentX = 170
object1. Print " y（格）"
s = 3000 /（p-q）
    m1 = Int（p-q）
    Select Case m1
        Case Is < = 10
            m = 1
        Case 11 To 20
            m = 2
        Case 21 To 50
            m = 5
        Case 51 To 100
            m = 10
        Case 101 To 200
            m = 20
        Case Else
            m = 50
    End Select
If q > = 0 Then
```

```
       c = 4500
  ElseIf p <= 0 Then
    c = 1500
  Else
    c = s * p + 600
  End If
    m2 = Int ( p / m )
    m3 = Abs ( Int ( q / m ) )
    For i = 1 To m2
    object1. Line ( 600 + 50, ( c - i * m * s ) ) -Step ( -100, 0 )
    object1. CurrentX = 300
    object1. Print CStr ( i * m )
  Next i
  For i = 1 To m3
    object1. Line ( 600 + 50, ( c + i * m * s ) ) -Step ( -100, 0 )
    object1. CurrentX = 300
    object1. Print " -" + CStr ( i * m )
  Next i


object1. Line ( 450, c ) -Step ( 7000, 0 )    '画横坐标
object1. Line-Step ( -220, -50 )
object1. Line-Step ( 220, 50 )
object1. Line-Step ( -220, 50 )
object1. CurrentX = 7300
object1. Print " L"
d = 6700 / ( n + 2 )
For i = 0 To n
    object1. Line ( 600 + i * d, ( c-50 ) ) -Step ( 0, 100 )
    object1. Print CStr ( i )
Next i


For i = 0 To n                          '画误差曲线图
    w ( i ) = c - y ( i )  * s
    u ( i ) = 600 + i * d
Next i
object1. DrawWidth = 2
For i = 0 To n-1
    object1. Line ( u ( i ), w ( i ) ) - ( u ( i + 1 ), w ( i + 1 ) )
```

239

```
Next i
object1. DrawWidth = 4
For i = 1 To n
  object1. PSet (u (i), w (i))
Next i
End Sub
Private Sub baorongxian (object1)          '画包容线子程序
  object1. DrawWidth = 1
  If a < e Then                            '两高一低画包容线
    k = (w (i1) -w (x1)) / (u (i1) -u (x1))
    object1. Line (u (0), w (i2) - k * (u (i2) - u (0))) - (u (i2), w (i2))
    object1. Line - ((u (n) + d), (w (i2) + k * (u (n) - u (i2) + d)))
    r = w (i2) + k * (u (n) - u (i2) + d / 2)
    If i1 < x1 Then
      object1. Line (u (0), w (i1) - k * (u (i1) - u (0))) - (u (i1), w (i1))
      object1. Line - (u (x1), w (x1))
      object1. Line - ((u (n) + d), w (x1) + k * (u (n) - u (x1) + d))
    Else
      object1. Line (u (0), w (x1) - k * (u (x1) - u (0))) - (u (x1), w (x1))
      object1. Line - (u (i1), w (i1))
      object1. Line - ((u (n) + d), w (i1) + k * (u (n) - u (i1) + d))
    End If
  Else                                     '两低一高画包容线
    k = (w (i2) - w (x2)) / (u (i2) - u (x2))
    object1. Line (u (0), w (i1) - k * (u (i1) - u (0))) - (u (i1), w (i1))
    object1. Line - ((u (n) + d), (w (i1) + k * (u (n) - u (i1) + d)))
    If i2 > x2 Then
      object1. Line (u (0), w (x2) - k * (u (x2) - u (0))) - (u (x2), w (x2))
      object1. Line - (u (i2), w (i2))
      object1. Line - ((u (n) + d), w (i2) + k * (u (n) - u (i2) + d))
      r = w (i2) + k * (u (n) - u (i2) + d / 2)
    Else
      object1. Line (u (0), w (i2) - k * (u (i2) - u (0))) - (u (i2), w
```

（i2））

```
        object1. Line - (u (x2), w (x2))
        object1. Line - ((u (n) + d), w (x2) + k * (u (n) - u (x2) + d))
        r = w (x2) + k * (u (n) - u (x2) + d / 2)
      End If
    End If
        object1. Line ((u (n) + d / 2), r) -Step (-40, -200)    '画双箭头线
        object1. Line -Step (40, 200)
        object1. Line -Step (40, -200)
        object1. Line -Step (-40, 200)
        object1. Line -Step (0, - (f * s))
        object1. Line -Step (-40, 200)
        object1. Line -Step (40, -200)
        object1. Line-Step (40, 200)
        object1. CurrentX = object1. CurrentX + 200
        object1. CurrentY = object1. CurrentY + f * s / 2
        object1. Print " f=" + CStr (f) + " 格"
    End Sub
Private Sub Command4_ Click ()            '退出
    Unload Form1
End Sub
```

第三节　光滑极限量规的计算机辅助设计

本节介绍一种光滑极限量规的设计软件。

一、设计思路

如第八章所述，光滑极限量规是一种应用很广的专用量具。它的设计步骤如下：①根据被测工件尺寸大小、结构特点等因素，选择量规的结构形式；②根据被测工件的公差等级，查表求得量规的位置要素 Z_1 和量规的尺寸公差 T_1，并计算出通规、止规的上、下极限偏差；③查量规结构尺寸表，确定量规各部分的尺寸；④画量规的工作图，并标注尺寸及技术要求。

用计算机辅助设计，先将各种结构形式的量规尺寸（表 11-1 为单头双极限卡规的结构尺寸）和 T_1、Z_1 的数值（表 8-1）都用数据文件（或数据库）的形式存到计算机中。图 11-5 和图 11-6 所示分别为表 11-1 和表 8-1（一部分）存在计算机中的数据文件。

表 11-1 单头双极限卡规的结构尺寸　　　　　　　　　　（单位：mm）

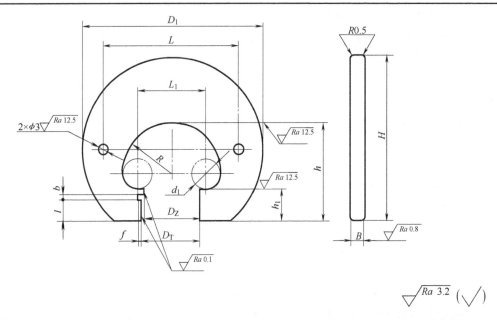

公称尺寸		D_1	L	L_1	R	d_1	l	b	f	h	h_1	B	H
大于	至												
1	3	32	20	6	6	6	5	2	0.5	19	10	3	31
3	6	32	20	6	6	6	5	2	0.5	19	10	4	31
6	10	40	26	9	8.5	8	5	2	0.5	22.5	10	4	38
10	18	50	36	16	12.5	8	8	2	0.5	29	15	5	46
18	30	65	48	26	18	10	8	2	0.5	36	15	6	58
30	40	82	62	35	24	10	11	3	0.5	45	20	8	72
40	50	94	72	45	29	12	11	3	0.5	50	20	8	82
50	65	116	92	60	38	14	14	4	1	62	24	10	100
65	80	136	108	74	46	16	14	4	1	70	24	10	114

　　量规的结构形式及适用范围用图形菜单显示在屏幕上（图 11-7 只列了部分结构形式），设计时，可用鼠标选择所需的结构形式。选好后，计算机就自动转入该种量规的设计程序。

　　程序是用 Auto Lisp 语言编写的（也可用 VBA、C 语言等）。利用该语言的查表、计算和绘图功能，方便地完成量规设计的全过程。该软件采用模块化结构，包含一个公用子程序（查表求 T_1、Z_1 的值，计算通规和止规的上、下极限偏差）和若干个专用子程序（各种结构形式的量规设计）。每个专用子程序开始都调用公用子程序。

1	3	32	20	6	6	6	5	2	0.5	19	10	3	31
3	6	32	20	6	6	6	5	2	0.5	19	10	4	31
6	10	40	26	9	8.5	8	5	2	0.5	22.5	10	4	38
10	18	50	36	16	12.5	8	8	2	0.5	29	15	5	46
18	30	65	48	26	18	10	8	2	0.5	36	15	6	58
30	40	82	62	35	24	10	11	3	0.5	45	20	8	72
40	50	94	72	45	29	12	11	3	0.5	50	20	8	82
50	65	116	92	62	38	14	14	4	1	62	24	10	100
65	80	136	108	74	46	16	14	4	1	70	24	10	114

图 11-5 单头双极限卡规的结构尺寸数据文件

10	18	1.6	2	2	2.8	2.8	4	3.4	6	4	8	6	11
18	30	2	2.4	2.4	3.4	3.4	5	4	7	5	9	7	13
30	50	2.4	2.8	3	4	4	6	5	8	6	11	8	16
50	80	2.8	3.4	3.6	4.6	4.6	7	6	9	7	13	9	19
80	120	3.2	3.8	4.2	5.4	5.4	8	7	10	8	15	10	22

图 11-6 量规的 T_1 和 Z_1 数据文件

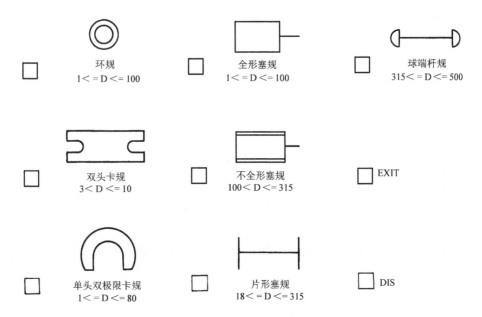

图 11-7 用屏幕图形菜单显示量规的结构形式

二、程序框图

公用子程序（bb0）的框图如图 11-8 所示。

专用子程序有若干个，每个子程序结构大体相同。单头双极限卡规程序（bb3）的框图如图 11-9 所示。

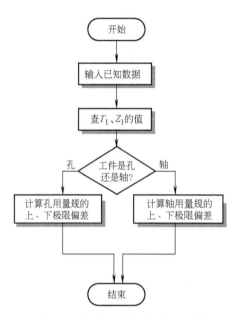

图 11-8 公用子程序（bb0）的框图

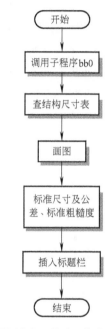

图 11-9 单头双极限卡规
程序（bb3）的框图

三、部分程序清单

公用子程序的程序清单如下。

```
; 公用程序
; file name：bb0.1sp
(setq d (getreal" zhi jin："))              ; 输入工件直径
(setq n (getint" gong cha deng ji："))       ; 输入公差等级
(setq s (getreal" shang ji xian pian cha：")) ; 输入上、下极限偏差
(setq x (getreal" xia ji xian pian cha："))
(setq gj (getint" zhou = 1，kong = 0："))     ; 输入工件是轴还是孔
(setq f (open " tz. txt" " r"))              ; 读 T₁、Z₁ 表
(setqDmin (1+ D) dmax (1-D))
(while (or (<D Dmin) (> D Dmax))
(setq data (read-linef)
```

```
            Dmin（atof（substr data 1 4））
            Dmax（atof（substr data 5 4））
        ）
    ）
（closef）
（setqT（atof（substr data（+（＊8（−n 5））1）4）））
（setqZ（atof（substr data（+（＊8（−n 5））5）4）））
（setqT1（／ T 2000.0））
（setqZ（／ Z 1000.0））
（cond（（=gj 1）
        （setq Ts（+（−S Z）T1）                    ；计算轴用量规上、下极限偏差
            Tx（−（−S Z）T1）
            Zs（+（+ X t1）T1）
            Zx X）
            ）
        （（=gj 0）                                    ；计算孔用量规上、下极限偏差
        （setq ts（+ x z t1）
        （setq tx（−（+ x z（t1）））
        （setq zs s）
        （setq zx（−（−s t1）t1））
        ）
    ）
```

单头双极限卡规的程序清单如下。
```
；单头双极限卡规
；直径（1−80）
；file name：bb3.1sp
（load" bb0"）                                        ；调用公用子程序
（setq f（open" DK3.dat" " r"））                      ；读结构参数表
（setqDmin（1+ D）dmax（1−D））
（while（or（<D Dmin）（> D Dmax））
（setq data（read−linef）
    Dmin（atof（substr data 1 5））
    Dmax（atof（substr data 6 5））
）
）
（closef）
（setq D0（atof（substr data 11 5）））
（setq L0（atof（substr data 16 5）））
```

```
（ setqL1（atof（substr data 21 5）））
（setqR（atof（substr data 26 5）））
（setqD1（atof（substr data 31 5）））
（setqL2（atof（substr data 36 5）））
（setqB0（atof（substr data 41 5）））
（setqF1（atof（substr data 46 5）））
（setq H0（atof（substr data 51 5）））
（setq H1（atof（substr data 56 5）））
（setqB1（atof（substr data 61 5）））
（setq H2（atof（substr data 66 5）））
（command " limits" " （list（ ∗ D0 2.4）（ ∗ D0 1.8）））      ；设极限范围
（command " zoom" " a" ）
（command " line" '（0 0）（list（ ∗ D0 2.4）0）      ；画边框线
      （list（ ∗ D0 2.4）（ ∗ D0 1.8））
      （list 0（ ∗ D0 1.8））" C" ）
（setq P（-（ ∗ D0 1.3）H2）                   ；画图
（setq P1（sqrt（-（ ∗ H2 D0）（ ∗ H2 H2）））））
（command " line"（list（+ D0（／ D 2））（+ PH1））
      （list（+D0（／ D 2））P）
      （list（+D0 P1）P）" " ）
（command " arc"（list（+D0 P1）P）" E"
      （listD0（ ∗ D0 1.3））" R"（／ D0 2））
（command " layer" " n" 1 " s" 1 " c" " blue" " " " " ）
（command " circle"（list（+ D0（／ L1 2））（+P（／ D1 2）H1））" D" D1）
（command " layer" " s" 0 " " ）
（cond（（>=L1 D）
      （command " pline"（list（+（／ D 2）D0）（+ P H1））" w" 0 " "
      （list（+（／ L1 2）D0）（+P H1））" A" " ce"
      （list（+（／ L1 2）D0）（+ P H1（／ D1 2）））" A" 90
   " arc" " ce"（list D0（-（+ P H0）R））
      （list D0   （+ P H0））" " ）
）
（（<L1 D）
（command " pline"（list（+（／ D 2）D0）（+ P H1））" W" 0 " " " tan"
      （list（+ D0（／ L1 2.0）（／ D1 2.0））（+ P H1（／ D1 2）））
   " A" " ce"（list（+（／ L1 2）D0）（+ P H1（／ D1 2）））
      （list（+ D0（／ L1 2）（／ D1 2））（+ P H1（／ D1 2）））
   " ARC" " ce"（list D0（-（+ P H0）R））
```

```
        (list D0 (+ P H0) ) " " )
   )
)
(command " circle" (list (+ D0 (/L0 2) ) (*D0 0.8) ) " D" 3)
(command " mirror" " w" (list D0 P) (list (*D0 1.5) (*D0 1.3) ) " "
        (list D0 P) (list D0 (*D0 1.3) ) " " )
(command " break" (list (-D0 (/ D 2) ) (+ P L2) )
        (list (-D0 (/D 2) ) (+ P L2 B0) ) )
(command " line" (list (-D0 (/ D 2) ) (+ P L2) )
        (list (-D0 (/D 2) F1) (+ P L2) )
        (list (-D0 (/D 2) F1) (+ P L2 B0) )
        (list (-D0 (/D 2) ) (+ P L2 B0) ) " " )
(command " line" (list (*D0 2) (*D0 1.3) )
        (list (*D0 2) P) (list (+ (*D0 2) B1) P)
        (list (+ (*D0 2) B1) (*D0 1.3) ) " C" )
(command " layer" " n" 2 " s" 2 " C" " red" " " " L" " center" " " " " )
(command " ltscale" 8)
(command " line" (list (- (*D0 0.5) 4) (*D0 0.8) )
        (list (+ (*D0 1.5) 4) (*D0 0.8) ) " "
(command " line" (list (- (*D0 2) 4) (*D0 0.8) )
        (list (+ (*D0 2) B1 4) (*D0 0.8) ) " "
(command " line" (list D0 (+P H0 4) ) (list D0 P) " " )
(command " line" (list (-D0 (/ D 2) D1) (+ P H1 (/ D1 2) ) )
        (list (+ (-D0 (/D 2) ) d1) (+ P H1 (/ D1 2) ) ) " "
(command " line" (list (- (+ D0 (/D 2.0) ) D1) (+ P H1 (/ D1 2) ) )
        (list (+ D0 (/D 2) D1) (+ P H1 (/ D1 2) ) ) " " )
(command " layer" " n" 3 " s" 3 " c" " blue" " " " )
(command " units" " " 1 " " " " " " " " )
(setq X (/ D 80) )                      ; 标注尺寸
(command" dim " " dimasz" (*4 x) " dimtxt" (*3.5 X) " dimexe" (*X4) )
        " dimtih" " off" " dimtoh" " off" " dimtad" " on" )
(command" hor" (list (-D0 (/ L1 2) ) (+ P H1) )
        (list (+ D0 (/L1 2) ) (+ P H1) )
        (list D0 (*D0 1.15) ) " " )
(command " hor" (list (-D0 (/ L0 2) ) (*D0 0.8) )
        (list (+ D0 (/L0 2) ) (*D0 0.8) )
        (list D0 (*D0 1.33) ) " " )
(setqS1 (rtos D0) )
```

```
(setqS2 (strcat "%%C" S1) )
(command " hor" (list ( * D0 0. 5) ( * D0 0. 8) )
    (list ( * D0 1. 5) ( * D0 0. 8) )
    (list D0 ( * D0 1. 5) ) S2)
(command " hor" (list (+ ( * D0 2) B1) P) (list ( * D0 2) P)
    (list ( * D0 1. 99) ( * D0 0. 4) ) " " )
(command " hor" (list (−D0 (/ D 2) ) P)
    (list (−D0 (/ D 2) F1) (+ P L2) )
    (list (−D0 (/ D 2) ) ( * D0 0. 4) ) " " )
(command " ver" (list (−D0 (/ D 2) ) P)
      (list (−D0 (/D 2) ) (+ P L2) )
      (list ( * D0 0. 5) (+ P (/ L2 2) ) ) " " )
(command " ver" (list (−D0 (/ D 2) ) (+ P L2) )
    (list (−D0 (/D 2) ) (+ P L2 B0) )
    (list ( * D0 0. 4) (+P L2 (/ B0 2) L2) ) " " )
(command " ver" (list (+ D0 (/ D 2) ) (+ P H1) )
    (list (+ D0 (/ D 2) ) P)
    (list ( * D0 1. 7) (+P (/ H1 2) ) ) " " )
(command " ver" (list (+ D0 (/ D 2) ) P)
    (list D0 (+P H0) )
    (list ( * D0 1. 8) (+P H1) ) " " )
(command " ver" (list (+ ( * D0 2) B1) P)
    (list (+ ( * D0 2) B1) ( * D0 1. 3) )
    (list ( * D0 2. 35) ( * D0 0. 8) ) " " " exit" )
(setqS ( * 1. 5 (sin ( * pi 0. 25) ) ) )
(setqC ( * 1. 5 (cos ( * pi 0. 25) ) ) )
(command " zoom" " w" (list (−D0 (/ L0 2) 3) (− ( * D0 0. 8) 3) )
    (list (+ (−D0 (/L0 2) ) 3) (+ ( * D0 0. 8) 3) ) )
(command " dim" " dia" (list (−D0 (/ L0 2) S) (+ ( * D0 0. 8) C) )
    " 2—%%C3" 25 " exit" )
(command " zoom" " p" )
(setqS ( * D1 0. 5 (sin ( * pi 0. 4) ) ) )
(setq C ( * D1 0. 5 (−1 (cos ( * pi 0. 4) ) ) ) )
(command " dim" " dia" (list (+ D0 (/ L1 2) S) (+ P H1 C) ) " " ( * D1 2) )
(setqS ( * R (sin (/ pi 6) ) ) )
(setqC ( * R (−1 (cos (/ pi 6) ) ) ) )
(setqS1 (rtos R) )
(setqS2 (strcat " R" S1) )
```

（command " rad" （list （-D0 S) （- （+ P H0) C)) S2)

（command " exit")

（command " units" " " 4 " " " " " " " ")

（command " dim" " dimtp" Ts " dimtm （-0 Tx) " dimtol" " on" " hor"

　　　　（list （-D0 （/ D 2)) P)

　　　　（list （+ D0 （/ D 2)) P)

　　　　（list D0 （ ∗ D0 0. 3)) " ")

（command " " dimtp" Zs " dimtm" （-0 Zx) " hor"

　　　　（list （-D0 （/ D 2)) （+ P H1))

　　　　（list （+ D0 （/ D 2)) （+ P H1))

　　　　（list D0 （- （+ P H1) 2)) " ")

（command " dimtol" " off" " exit")

（setq X （ ∗ D0 0. 12))；标注表面粗糙度

（setq Y （ ∗ D0 0. 12))

（command " insert" " 30" （list （ ∗ D0 1. 65) （+ P H0)) X Y " ")

（command " insert" " 3" （list （ ∗ D0 1. 55) （+ P H1)) X Y " ")

（command " insert" " 3" （list （-D0 （/ L0 2) 7) （+ （ ∗ D0 0. 8) 8)) X Y " -45")

（ command " insert" " 11" （list （+ D0 （/ D 2)) （+ P （/ H1 2))) X Y " ")

（ command " insert" " 110" （list （-D0 （/ D 2)) （+ P L2 B0 2)) X Y " ")

（ command " insert" " 7" （list （+ （ ∗ D0 2) （ ∗ B1 2)) （P) X Y)

（ command " insert" " 5" （list （+ （ ∗ D0 2) B1) （+ P H1)) X Y " ")

（ command " insert" " 5" （list （ ∗ D0 2. 35) （ ∗ D0 0. 15)) X Y " ")

（ command " insert" " yj3" （list （ ∗ D0 2) （ ∗ D0 1. 3)) X Y " ")　　；标注圆角

（ command " insert" " yj4" （list （+ （ ∗ D0 2) B1) （ ∗ D0 1. 3)) Y Y " ")

（ command " insert" " yq" （list （ ∗ D0 0. 12) （ ∗ D0 0. 04)) Y Y " ")；标注技术要求

（command " layer" " s" 0 " ")

（redraw)

程序中涉及的一些"块"（如表面粗糙度符号、文字叙述的技术要求等）都是事先做好存入计算机的，用时只要调出来插入适当的位置就行了。

四、程序运行举例

设计检验 $\phi30f7$ （$^{-0.020}_{-0.041}$）Ⓔ的工作量规。

单击菜单中的单头双极限卡规，计算机自动转到程序 bb3，根据屏幕提示，只要依次输入工件直径 30mm，公差等级 7 级，上极限偏差-0.020，下极限偏差-0.041，工件种类代号 1（孔为 0，轴为 1），计算机就自动运行，处理结果如下。

Command：（load" bb0")

zhi jin：30

gong cha deng ji：7

shang ji xian pian cha：-0.020

xia ji xian pian cha：-0.041

zhou=1，kong=0，1

计算机画出的单头双极限卡规如图11-10所示。

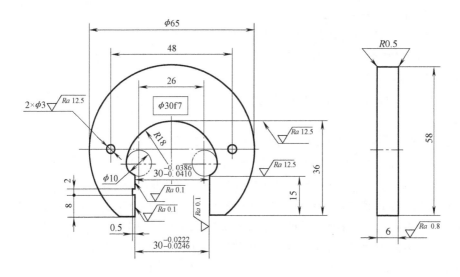

技术要求

1. 量规应稳定处理。

2. 测量面不应有任何缺陷。

3. 硬度不低于60HRC。

4. 形状公差为尺寸公差的1/2。

图 11-10　单头双极限卡规

> 小结

　　本章主要介绍了计算机在精度设计中的应用。为了顺利读懂两个实例程序清单，可以按下面的步骤进行：①在读程序之前，首先要明确想借助程序实现的功能与完成的任务，如实例中评定直线度误差和光滑极限量规设计内容；②了解编程语言的特点；③仔细分析程序设计思想和程序框图；④结合程序设计思想和程序框图以及程序中的注解，阅读程序清单。

习　题

11-1　举例说明计算机在互换性测量技术中的应用。

11-2　在处理直线度误差时，将误差曲线进行了旋转，使首尾两点连线转到水平位置作为横坐标，对处理结果有无影响？

11-3　分析直线度处理程序中寻找最高点、最低点及判断最小条件的一段程序。

11-4　分析量规设计程序中表格的存储与查取方法。

11-5　试用一种高级语言编一段程序，处理等精度多次重复测量的数据。

新 标 准		代替的旧标准
代 号	名 称	代 号
GB/T 321—2005	优先数和优先数系	GB 321—1980
GB/T 1800.1—2009	产品几何技术规范（GPS） 极限与配合 第1部分：公差、偏差和配合的基础	GB/T 1800.1—1997 GB/T 1800.2—1998 GB/T 1800.3—1998
GB/T 1800.2—2009	产品几何技术规范（GPS） 极限与配合 第2部分：标准公差等级和孔、轴极限偏差表	GB/T 1800.4—1999
GB/T 1801—2009	产品几何技术规范（GPS） 极限与配合 公差带和配合的选择	GB/T 1801—1999
GB/T 1803—2003	极限与配合 尺寸至18mm孔、轴公差带	GB/T 1803—1979
GB/T 1804—2000	一般公差 未注公差的线性和角度尺寸的公差	GB/T 1804—1992 GB/T 11335—1989
GB/T 6093—2001	几何量技术规范（GPS） 长度标准 量块	GB/T 6093—1985
GB/T 1182—2008	产品几何技术规范（GPS） 几何公差 形状、方向、位置和跳动公差标注	GB/T 1182—1996
GB/T 18780.1—2002	产品几何量技术规范（GPS） 几何要素 第1部分：基本术语和定义	
GB/T 1184—1996	形状和位置公差 未注公差值	GB 1184—1980
GB/T 16671—2009	产品几何技术规范（GPS） 几何公差 最大实体要求、最小实体要求和可逆要求	GB/T 16671—1996
GB/T 4249—2009	产品几何技术规范（GPS） 公差原则	GB/T 4249—1996
GB/T 17773—1999	形状和位置公差 延伸公差带及其表示法	
GB/T 1958—2004	产品几何量技术规范（GPS） 形状和位置公差 检测规定	GB/T 1958—1980
GB/T 1031—2009	产品几何技术规范（GPS） 表面结构 轮廓法 表面粗糙度参数及其数值	GB/T 1031—1995
GB/T 131—2006	产品几何技术规范（GPS） 技术产品文件中表面结构的表示法	GB/T 131—1993

（续）

新 标 准		代替的旧标准
代 号	名 称	代 号
GB/T 3505—2009	产品几何技术规范（GPS） 表面结构 轮廓法 术语、定义及表面结构参数	GB/T 3505—2000
GB/T 10610—2009	产品几何技术规范（GPS） 表面结构 轮廓法 评定表面结构的规则和方法	GB/T 10610—1998
GB/T 1957—2006	光滑极限量规 技术条件	GB/T 1957—1981
GB/T 10920—2008	螺纹量规和光滑极限量规 型式与尺寸	GB/T 6322—1986 GB/T 10920—2003 GB/T 8125—2004
GB/T 3177—2009	产品几何技术规范（GPS） 光滑工件尺寸的检验	GB/T 3177—1997
GB/T 275—2015	滚动轴承 配合	GB/T 275—1993
GB/T 307.1—2005	滚动轴承 向心轴承 公差	GB/T 307.1—1994
GB/T 307.2—2005	滚动轴承 测量和检验的原则及方法	GB/T 307.2—1995
GB/T 307.3—2005	滚动轴承 通用技术规则	GB/T 307.3—1996
GB/T 307.4—2012	滚动轴承 公差 第4部分：推力轴承公差	GB/T 307.4—2002
GB/T 157—2001	产品几何量技术规范（GPS） 圆锥的锥度与锥角系列	GB/T 157—1989
GB/T 4096—2001	产品几何量技术规范（GPS） 棱体的角度与斜度系列	GB/T 4096—1983
GB/T 11334—2005	产品几何量技术规范（GPS） 圆锥公差	GB/T 11334—1989
GB/T 12360—2005	产品几何量技术规范（GPS） 圆锥配合	GB/T 12360—1990
GB/T 5847—2004	尺寸链 计算方法	GB/T 5847—1986
GB/T 14791—2013	螺纹术语	GB/T 14791—1993
GB/T 9144—2003	普通螺纹 优选系列	GB 9144—1988
GB/T 9145—2003	普通螺纹 中等精度、优选系列的极限尺寸	GB/T 9145—1988
GB/T 9146—2003	普通螺纹 粗糙精度、优选系列的极限尺寸	GB/T 9146—1988
GB/T 192—2003	普通螺纹 基本牙型	GB/T 192—1981
GB/T 196—2003	普通螺纹 基本尺寸	GB/T 196—1981
GB/T 197—2003	普通螺纹 公差	GB/T 197—1981
GB/T 1095—2003	平键 键槽的剖面尺寸	GB/T 1095—1979
GB/T 1096—2003	普通型 平键	GB/T 1096—1979
GB/T 1097—2003	导向型 平键	GB/T 1097—1979
GB/T 1144—2001	矩形花键尺寸、公差和检验	GB/T 1144—1987
GB/T 10095.1—2008	圆柱齿轮 精度制 第1部分：轮齿同侧齿面偏差的定义和允许值	GB/T 10095.1—2001
GB/T 10095.2—2008	圆柱齿轮 精度制 第2部分：径向综合偏差与径向跳动的定义和允许值	GB/T 10095.2—2001
GB/Z 18620.1—2008	圆柱齿轮 检验实施规范 第1部分：轮齿同侧齿面的检验	GB/Z 18620.1—2002
GB/Z 18620.2—2008	圆柱齿轮 检验实施规范 第2部分：径向综合偏差、径向跳动、齿厚和侧隙的检验	GB/Z 18620.2—2002
GB/Z 18620.3—2008	圆柱齿轮 检验实施规范 第3部分：齿轮坯、轴中心距和轴线平行度的检验	GB/Z 18620.3—2002
GB/Z 18620.4—2008	圆柱齿轮 检验实施规范 第4部分：表面结构和轮齿接触斑点的检验	GB/Z 18620.4—2002

参 考 文 献

［1］ 周兆元，李翔英. 互换性与测量技术基础 ［M］. 3 版. 北京：机械工业出版社，2011.

［2］ 刘巽尔. 极限与配合 ［M］. 北京：中国标准出版社，2004.

［3］ 廖念钊. 互换性与技术测量 ［M］. 北京：中国计量出版社，2002.

［4］ 杨沿平. 机械精度设计与检测技术基础 ［M］. 2 版. 北京：机械工业出版社，2011.

［5］ 胡凤兰. 互换性与技术测量基础 ［M］. 北京：高等教育出版社，2005.

［6］ 陈于萍，等. 互换性与测量技术基础学习指导及习题集 ［M］. 北京：机械工业出版社，2008.

［7］ 高晓康，陈于萍. 互换性与测量技术 ［M］. 4 版. 北京：高等教育出版社，2015.

［8］ 张民安. 圆柱齿轮精度 ［M］. 北京：中国标准出版社，2002.

［9］ 李柱，等. 互换性与测量技术 ［M］. 北京：高等教育出版社，2004.

［10］ 甘永立. 几何量公差与检测 ［M］. 10 版. 上海：上海科学技术出版社，2013.

［11］ 王槐德. 机械制图新旧标准代换教程 ［M］. 北京：中国标准出版社，2004.

［12］ 杨好学，等. 公差与技术测量 ［M］. 北京：国防工业出版社，2009.

［13］ 赵美卿，等. 公差配合与技术测量 ［M］. 北京：冶金工业出版社，2008.

［14］ 王伯平. 互换性与测量技术基础 ［M］. 4 版. 北京：机械工业出版社，2013.